双色图解

电子电路全掌握

门宏　主编

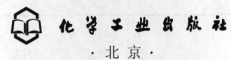

化学工业出版社

·北京·

图书在版编目（CIP）数据

双色图解电子电路全掌握／门宏主编 . —北京：化学
工业出版社，2014.2
ISBN 978-7-122-19466-4

Ⅰ . ①双… Ⅱ . ①门… Ⅲ . ①电子电路－图解
Ⅳ . ① TN710-64

中国版本图书馆 CIP 数据核字（2014）第 001858 号

责任编辑：宋　辉　　　　　　　　　　　　　文字编辑：杨　帆
责任校对：边　涛　　　　　　　　　　　　　装帧设计：王晓宇

出版发行：化学工业出版社（北京市东城区青年湖南街 13 号　邮政编码 100011）
印　　刷：北京云浩印刷有限责任公司
装　　订：三河市前程装订厂
787mm×1092mm　1/16　印张 22$^1/_2$　字数 595 千字　2014 年 4 月北京第 1 版第 1 次印刷

购书咨询：010-64518888（传真：010-64519686）　　售后服务：010-64518899
网　　址：http://www.cip.com.cn
凡购买本书，如有缺损质量问题，本社销售中心负责调换。

定　　价：68.00 元　　　　　　　　　　　　　　　　　版权所有　违者必究

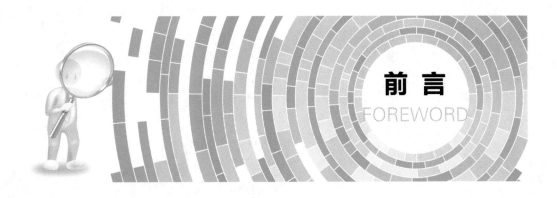

前 言
FOREWORD

　　电子电路是电子技术的核心内容，掌握了电子电路也就掌握了电子技术的精髓。电子电路的本质是将不同的电子元器件有机地组合在一起，构成具有特定功能的电子设备。电子设备的多样性决定了电子电路的多样性。为了帮助广大读者快速理解和掌握各种电子电路，我们编写了本书。

　　本书的特点是实用性、易读性、全面性、资料性。全书精选了11大类数百个经典电路和实用电路，内容涵盖了控制电路、放大振荡电路、数字电路、电源电路、报警与保护电路、家用和车载电器电路等几乎所有方面，还配有数十个"知识链接"，以拓展知识面。采用双色图解的形式和通俗易懂的语言，为读者详细解读每一个电路，使读者真正看一个、学一个、懂一个、会一个，而且能够举一反三，不断提高，达到电子电路全掌握的目的。

　　全书共分11章。第1章解读各种延时电路与定时器电路，第2章解读照明、调光、LED照明与智能节电控制电路，第3章解读光控、声控、自动控制与遥控电路，第4章解读各种放大电路与音响电路，第5章解读各种振荡电路与门铃电路，第6章解读有源滤波电路，第7章解读数字电路与逻辑控制电路，第8章解读电源电路与充电电路，第9章解读报警器与保护电路，第10章解读玩具、装饰与彩灯控制电路，第11章解读小家电与汽车电器电路。

　　本书由门宏主编，参加本书编写的还有门雁菊、施鹏、张元景、吴敏、张元萍、李扣全、吴卫星、张乐等。本书适合广大电子技术爱好者、电子技术人员、家电维修人员和相关行业从业人员阅读学习，并可作为职业技术学校和务工人员上岗培训的基础教材，也是一本电子电路的资料性工具书。

　　书中如有不当之处，欢迎读者朋友批评指正。

编　者

目 录
CONTENTS

第1章 延时与定时电路 ·· 1

　1.1　延时开关电路 ·· 1

　　1.1.1　延时接通电路 ·· 1

知识链接1　晶体闸流管 ·· 4

　　1.1.2　开机静噪电路 ·· 6

知识链接2　电容器 ·· 7

　　1.1.3　延时切断电路 ·· 9

知识链接3　晶体二极管 ·· 10

　　1.1.4　自动延时关灯电路 ·· 12

　　1.1.5　数字延时开关 ·· 13

　　1.1.6　触摸式延时开关 ·· 13

知识链接4　电路图的概念与要素 ····································· 14

　　1.1.7　多路控制延时开关 ·· 16

　　1.1.8　双向延时开关电路 ·· 17

　　1.1.9　超长延时电路 ·· 18

　　1.1.10　分段可调延时电路 ··· 19

知识链接5　电位器 ··· 20

　　1.1.11　时间继电器电路 ··· 22

知识链接6　继电器 ··· 24

　1.2　定时器电路 ·· 25

　　1.2.1　简单定时电路 ·· 25

知识链接7　电磁讯响器 ·· 26

1.2.2 单稳型定时电路 ┄┄┄┄┄┄┄┄┄┄┄┄┄┄┄┄┄┄┄┄┄ 27

1.2.3 声光提示定时器 ┄┄┄┄┄┄┄┄┄┄┄┄┄┄┄┄┄┄┄┄┄ 28

1.2.4 时间可变的定时器 ┄┄┄┄┄┄┄┄┄┄┄┄┄┄┄┄┄┄┄ 29

知识链接8 单稳态触发器 ┄┄┄┄┄┄┄┄┄┄┄┄┄┄┄┄┄┄ **30**

1.3 数显倒计时定时器 ┄┄┄┄┄┄┄┄┄┄┄┄┄┄┄┄┄┄┄┄┄ 31

1.3.1 电路工作原理 ┄┄┄┄┄┄┄┄┄┄┄┄┄┄┄┄┄┄┄┄┄ 31

1.3.2 门电路多谐振荡器 ┄┄┄┄┄┄┄┄┄┄┄┄┄┄┄┄┄┄┄ 32

1.3.3 60分频器 ┄┄┄┄┄┄┄┄┄┄┄┄┄┄┄┄┄┄┄┄┄┄┄ 33

1.3.4 减计数器 ┄┄┄┄┄┄┄┄┄┄┄┄┄┄┄┄┄┄┄┄┄┄┄ 33

1.3.5 译码显示电路 ┄┄┄┄┄┄┄┄┄┄┄┄┄┄┄┄┄┄┄┄┄ 34

知识链接9 LED数码管 ┄┄┄┄┄┄┄┄┄┄┄┄┄┄┄┄┄┄┄ **34**

第2章 照明与调光电路 ┄┄┄┄┄┄┄┄┄┄┄┄┄┄┄┄┄┄┄ 37

2.1 照明灯开关电路 ┄┄┄┄┄┄┄┄┄┄┄┄┄┄┄┄┄┄┄┄┄┄ 37

2.1.1 轻触台灯开关 ┄┄┄┄┄┄┄┄┄┄┄┄┄┄┄┄┄┄┄┄┄ 37

2.1.2 触摸开关电路 ┄┄┄┄┄┄┄┄┄┄┄┄┄┄┄┄┄┄┄┄┄ 38

2.1.3 门控电灯开关 ┄┄┄┄┄┄┄┄┄┄┄┄┄┄┄┄┄┄┄┄┄ 39

2.1.4 轻触延时节能开关 ┄┄┄┄┄┄┄┄┄┄┄┄┄┄┄┄┄┄┄ 39

2.1.5 多路控制楼道灯 ┄┄┄┄┄┄┄┄┄┄┄┄┄┄┄┄┄┄┄┄ 41

知识链接10 D触发器 ┄┄┄┄┄┄┄┄┄┄┄┄┄┄┄┄┄┄┄ **42**

2.1.6 自动路灯控制器 ┄┄┄┄┄┄┄┄┄┄┄┄┄┄┄┄┄┄┄┄ 43

2.2 调光电路 ┄┄┄┄┄┄┄┄┄┄┄┄┄┄┄┄┄┄┄┄┄┄┄┄┄ 44

2.2.1 单向晶闸管调光电路 ┄┄┄┄┄┄┄┄┄┄┄┄┄┄┄┄┄ 44

2.2.2 双向晶闸管调光电路 ┄┄┄┄┄┄┄┄┄┄┄┄┄┄┄┄┄ 45

2.2.3 低压石英灯调光电路 ┄┄┄┄┄┄┄┄┄┄┄┄┄┄┄┄┄ 45

2.2.4 红外遥控调光开关 ┄┄┄┄┄┄┄┄┄┄┄┄┄┄┄┄┄┄┄ 46

2.2.5 自动调光电路 ┄┄┄┄┄┄┄┄┄┄┄┄┄┄┄┄┄┄┄┄┄ 47

知识链接11 光敏二极管 ┄┄┄┄┄┄┄┄┄┄┄┄┄┄┄┄┄┄ **48**

2.3 节能小夜灯电路 ┄┄┄┄┄┄┄┄┄┄┄┄┄┄┄┄┄┄┄┄┄┄ 50

2.3.1 简易小夜灯 ┄┄┄┄┄┄┄┄┄┄┄┄┄┄┄┄┄┄┄┄┄┄ 50

2.3.2 自动变色小夜灯 ┄┄┄┄┄┄┄┄┄┄┄┄┄┄┄┄┄┄┄┄ 51

2.3.3 闪光小夜灯 ┄┄┄┄┄┄┄┄┄┄┄┄┄┄┄┄┄┄┄┄┄┄ 51

知识链接12 发光二极管 ┄┄┄┄┄┄┄┄┄┄┄┄┄┄┄┄┄┄ **52**

2.4 白光LED照明电路 ┄┄┄┄┄┄┄┄┄┄┄┄┄┄┄┄┄┄┄┄ 53

2.4.1 LED台灯电路 ┄┄┄┄┄┄┄┄┄┄┄┄┄┄┄┄┄┄┄┄┄ 53

知识链接 13 场效应管 ··· **55**

    2.4.2 LED 路灯电路 ··· 57
    2.4.3 LED 手电筒电路 ······································ 58

知识链接 14 电感器 ··· **58**

    2.4.4 太阳能 LED 手电筒电路 ······················· 60
    2.4.5 LED 应急灯 ··· 61
  2.5 智能节电楼道灯 ··· 62
    2.5.1 声控电路 ··· 62
    2.5.2 延时电路 ··· 63
    2.5.3 光控电路 ··· 63
    2.5.4 逻辑控制电路 ··· 63

知识链接 15 门电路 ··· **64**

  2.6 电子节能灯 ··· 66
    2.6.1 电路原理 ··· 67
    2.6.2 市电直接整流电路 ··································· 67
    2.6.3 高压高频振荡器 ····································· 68
    2.6.4 谐振启辉电路 ··· 69

第3章 自动控制与遥控电路 ································· **70**

  3.1 光控电路 ··· 70
    3.1.1 光控路灯控制器 ····································· 70

知识链接 16 太阳能电池 ····································· **71**

    3.1.2 光控变色龙 ··· 73
    3.1.3 报晓公鸡 ··· 74
  3.2 声控电路 ··· 75
    3.2.1 声控照明灯 ··· 75

知识链接 17 传声器 ··· **76**

    3.2.2 声控电源插座 ··· 78
    3.2.3 声控精灵鼠 ··· 80
  3.3 自动控制电路 ··· 81
    3.3.1 感应式自动照明灯 ································· 82
    3.3.2 恒温控制电路 ··· 83

知识链接 18 敏感电阻器 ····································· **84**

    3.3.3 电风扇自动开关电路 ······························ 85
    3.3.4 电风扇阵风控制器 ·································· 85

知识链接 19　光耦合器 ·· **86**

        3.3.5　双向电风扇电路 ································· 88

    3.4　遥控电路 ··· 89

        3.4.1　红外遥控开关 ································· 89

        3.4.2　照明灯多路红外遥控电路 ················· 91

        3.4.3　红外控制波斯猫 ····························· 92

        3.4.4　无线电遥控分组开关 ······················· 93

        3.4.5　无线万用遥控器 ····························· 94

    3.5　无线电遥控车模 ···································· 96

        3.5.1　电路控制原理 ································· 97

        3.5.2　发射电路 ······································ 98

        3.5.3　接收控制电路 ································· 99

        3.5.4　驱动电路 ······································ 99

        3.5.5　逻辑互锁控制电路 ·························· 99

知识链接 20　组合逻辑电路看图技巧 ·················· **100**

    3.6　电话遥控器 ··· 102

        3.6.1　电路结构原理 ································· 102

        3.6.2　模拟提机电路 ································· 104

        3.6.3　解码电路 ······································ 104

        3.6.4　密码检测电路 ································· 104

        3.6.5　控制驱动电路 ································· 104

第4章　放大与音响电路 ······························· **105**

    4.1　电压放大电路 ······································ 105

        4.1.1　单管电压放大电路 ·························· 105

知识链接 21　晶体三极管 ······························· **107**

        4.1.2　双管电压放大电路 ·························· 109

知识链接 22　电阻器 ····································· **110**

        4.1.3　信号寻迹器 ··································· 111

        4.1.4　阻容耦合电压放大电路 ···················· 112

        4.1.5　助听器 ·· 114

        4.1.6　集成运放电压放大电路 ···················· 115

知识链接 23　集成运算放大器 ·························· **116**

    4.2　负反馈电压放大电路 ····························· 118

        4.2.1　串联电流负反馈放大电路 ·················· 119

        4.2.2　并联电压负反馈放大电路 ·················· 119

4.2.3 射极跟随器电路 120

4.2.4 多级负反馈放大电路 120

4.2.5 集成运放电压跟随器 121

知识链接24 单元电路看图技巧 **121**

4.3 专用电压放大器 125

4.3.1 话筒放大器 125

4.3.2 磁头放大器 126

知识链接25 磁头 **126**

4.3.3 桥式电压放大器 127

4.3.4 前置放大器 128

4.3.5 音调控制电路 128

4.3.6 测量放大器 128

4.4 功率放大电路 129

4.4.1 单管功率放大器 129

4.4.2 推挽功率放大器 130

4.4.3 有源小音箱 133

4.4.4 OTL 功率放大器 133

4.4.5 OCL 功率放大器 136

4.4.6 集成功率放大器 136

4.4.7 BTL 功率放大器 137

知识链接26 扬声器 **139**

4.5 双声道功率放大器 141

4.5.1 电路结构与特点 142

4.5.2 电路工作原理 142

4.5.3 平衡调节电路 142

4.5.4 前置电压放大器 143

4.5.5 音调调节电路 143

4.5.6 功率放大器 143

4.5.7 扬声器保护电路 143

知识链接27 看懂电路图的基本方法 **145**

4.6 选频放大电路 146

4.6.1 谐振回路 146

4.6.2 中频放大电路 147

4.6.3 高频放大电路 148

4.7 自动选台调频收音机 149

4.7.1 整机电路分析 149

4.7.2 调频接收放大与鉴频电路 150

4.7.3 立体声解码电路 150

　　　　4.7.4　音频功率放大器 ··· 151

知识链接28　集成电路看图技巧 ································· **151**

| **第5章** | **振荡与门铃电路** ·································· **159** |

　5.1　正弦波振荡器 ··159
　　　　5.1.1　变压器耦合振荡器 ··································· 159
　　　　5.1.2　音频信号发生器 ····································· 160
　　　　5.1.3　三点式振荡器 ······································· 161
　　　　5.1.4　高频信号发生器 ····································· 163
　　　　5.1.5　晶体振荡器 ··· 165

知识链接29　晶体 ·· **166**

　　　　5.1.6　RC移相振荡器 ······································ 168
　　　　5.1.7　RC桥式振荡器 ······································ 169
　　　　5.1.8　信号注入器 ··· 170
　　　　5.1.9　集成运放桥式振荡器 ································· 171
　　　　5.1.10　集成运放正交振荡器 ································ 172
　5.2　多谐振荡器 ··172
　　　　5.2.1　晶体管多谐振荡器 ··································· 172
　　　　5.2.2　调皮的考拉 ··· 174
　　　　5.2.3　门电路构成的多谐振荡器 ····························· 174
　　　　5.2.4　单结晶体管构成的多谐振荡器 ························· 176
　　　　5.2.5　施密特触发器构成的多谐振荡器 ······················ 176
　　　　5.2.6　时基电路构成的多谐振荡器 ·························· 177

知识链接30　时基集成电路 ·································· **178**

　　　　5.2.7　完全对称的多谐振荡器 ······························ 180
　　　　5.2.8　门控多谐振荡器 ····································· 180
　　　　5.2.9　窄脉冲发生器 ······································· 181
　　　　5.2.10　压控振荡器 ·· 181
　　　　5.2.11　占空比可调的脉冲振荡器 ··························· 181
　　　　5.2.12　锯齿波发生器 ······································ 182
　　　　5.2.13　三角波发生器 ······································ 183
　5.3　门铃电路 ··183
　　　　5.3.1　单音门铃 ··· 183
　　　　5.3.2　间歇音门铃 ··· 184
　　　　5.3.3　电子门铃 ··· 184
　　　　5.3.4　音乐门铃 ··· 185

知识链接31　音乐集成电路 ·································· **185**

　　　　5.3.5　声光门铃 ··· 187

5.3.6 感应式叮咚门铃 ··· 188

5.3.7 对讲门铃 ··· 189

5.3.8 数字门铃 ··· 190

5.4 集成运放音频信号发生器 ·· 191

5.4.1 电路结构原理 ··· 191

5.4.2 RC桥式振荡器 ·· 192

5.4.3 电压跟随器 ··· 192

第6章 有源滤波电路 ··· 193

6.1 低通有源滤波器 ··· 193

6.1.1 一阶低通滤波器 ··· 193

6.1.2 二阶低通滤波器 ··· 194

6.1.3 三阶低通滤波器 ··· 195

6.2 高通有源滤波器 ··· 195

6.2.1 一阶高通滤波器 ··· 196

6.2.2 二阶高通滤波器 ··· 196

6.2.3 三阶高通滤波器 ··· 197

6.3 带通有源滤波器 ··· 197

6.3.1 压控源带通滤波器 ··· 197

6.3.2 多路反馈带通滤波器 ··· 198

6.3.3 带通数字滤波器 ··· 198

6.4 其他有源滤波器 ··· 199

6.4.1 带阻有源滤波器 ··· 199

6.4.2 通用可变滤波器 ··· 200

6.4.3 前级有源二分频电路 ··· 200

6.5 超重低音有源音箱 ··· 200

6.5.1 低通有源滤波器 ··· 201

6.5.2 缓冲放大器 ··· 201

6.5.3 功率放大器 ··· 201

6.5.4 音箱选择与改造 ··· 201

6.6 外置式频谱显示器 ··· 202

6.6.1 电路结构原理 ··· 202

6.6.2 带通有源滤波器 ··· 203

6.6.3 集成电平表电路 ··· 204

第7章 数字电路 ··· 205

7.1 双稳态触发器 ··· 205

7.1.1 晶体管双稳态触发器 ··· 205

7.1.2 门电路构成的双稳态触发器 ··· 207

7.1.3 D触发器构成的双稳态触发器 ··· 208

7.1.4 时基电路构成的双稳态触发器 ··· 209

　　　7.1.5　实用声波遥控器 ·· 209

知识链接32　数字集成电路 ·· 210

　　7.2　单稳态触发器 ·· 211
　　　7.2.1　晶体管单稳态触发器 ··· 211
　　　7.2.2　门电路构成的单稳态触发器 ································· 213
　　　7.2.3　D触发器构成的单稳态触发器 ···························· 214
　　　7.2.4　时基电路构成的单稳态触发器 ···························· 214
　　　7.2.5　声控坦克 ·· 215
　　7.3　施密特触发器 ·· 216
　　　7.3.1　晶体管施密特触发器 ··· 216
　　　7.3.2　非门电路构成的施密特触发器 ····························· 218
　　　7.3.3　光控自动窗帘 ·· 219

知识链接33　光敏晶体管 ·· 220

　　7.4　逻辑控制电路 ·· 221
　　　7.4.1　数控增益放大器 ·· 221
　　　7.4.2　数控频率振荡器 ·· 222
　　　7.4.3　双通道音源选择电路 ··· 223
　　7.5　模拟放大电路 ·· 224
　　　7.5.1　模拟电压放大器 ·· 224
　　　7.5.2　实用电压放大器 ·· 224
　　　7.5.3　简易CMOS收音机 ·· 225
　　7.6　数字抢答器 ·· 226
　　　7.6.1　电路结构与原理 ·· 226
　　　7.6.2　信号鉴别电路 ·· 228
　　　7.6.3　指示电路 ·· 228
　　　7.6.4　复位电路 ·· 229

知识链接34　数字电路看图技巧 ·· 229

第8章　电源与充电电路 ·· 236

　　8.1　整流滤波电路 ·· 236
　　　8.1.1　整流电路 ·· 236

知识链接35　整流桥堆 ·· 239

　　　8.1.2　负压整流电路 ·· 240
　　　8.1.3　滤波电路 ·· 242
　　　8.1.4　倍压整流电路 ·· 244
　　　8.1.5　可控整流电路 ·· 246
　　　8.1.6　实用整流电源 ·· 247

知识链接36　变压器 ·· **248**

8.2　稳压电路 ··250

8.2.1　简单稳压电路 ··· 250

知识链接37　稳压二极管 ·· **250**

8.2.2　简单LED稳压电路 ··· 252

8.2.3　串联型稳压电路 ·· 253

8.2.4　串联型LED稳压电路 ·· 254

8.2.5　采用集成稳压器的稳压电路 ································ 255

知识链接38　集成稳压器 ·· **257**

8.2.6　分挡式LED稳压电源 ·· 258

8.3　晶体管稳压电源 ··259

8.3.1　电路结构原理 ··· 259

8.3.2　整流滤波电路 ··· 260

8.3.3　稳压电路 ··· 261

8.3.4　指示电路 ··· 263

8.4　调压与逆变电路 ··263

8.4.1　交流调压电路 ··· 263

8.4.2　自动交流调压电路 ·· 264

8.4.3　直流逆变电路 ··· 264

8.5　电源变换电路 ···266

8.5.1　直流倍压电路 ··· 266

8.5.2　直流升压电路 ··· 266

8.5.3　万用表电子高压电池 ··· 267

8.5.4　电源极性变换电路 ·· 267

8.5.5　双电源产生电路 ·· 268

8.6　充电电路 ···268

8.6.1　手机智能充电器 ·· 269

8.6.2　太阳能充电器 ··· 270

8.6.3　电动车充电器 ··· 272

8.6.4　多用途充电器 ··· 273

8.6.5　恒流充电器 ·· 274

8.7　开关稳压电源 ···275

8.7.1　电路工作原理 ··· 275

8.7.2　三端开关电源集成电路 ·· 276

8.7.3　脉宽调制电路 ··· 277

8.7.4　高频整流滤波电路 ·· 278

知识链接39　开关稳压器 ·· **278**

第9章　报警与保护电路 ·········· 282

9.1　报警探测电路 ··········282
　　9.1.1　短路式报警探测电路 ·········· 282
　　9.1.2　断线式报警探测电路 ·········· 283
　　9.1.3　温度报警探测电路 ·········· 283
　　9.1.4　光照不足报警探测电路 ·········· 284
9.2　报警音源电路 ··········284
　　9.2.1　连续音报警音源电路 ·········· 285
　　9.2.2　断续音报警音源电路 ·········· 285
　　9.2.3　声光报警源电路 ·········· 286
　　9.2.4　强音强光报警源电路 ·········· 286
　　9.2.5　警笛声报警音源电路 ·········· 287
　　9.2.6　音乐声光报警源电路 ·········· 287
9.3　报警器 ··········288
　　9.3.1　振动报警器 ·········· 288

知识链接40　压电蜂鸣器 ·········· 289

　　9.3.2　风雨报警器 ·········· 289
　　9.3.3　冰箱关门提醒器 ·········· 291
　　9.3.4　光线暗提醒器 ·········· 292
　　9.3.5　市电过欠压报警器 ·········· 293
　　9.3.6　高温报警器 ·········· 294
　　9.3.7　低温报警器 ·········· 294
　　9.3.8　太阳能警示灯 ·········· 295
9.4　保护电路 ··········296
　　9.4.1　扬声器保护电路 ·········· 296
　　9.4.2　漏电保护器 ·········· 297

知识链接41　电流互感器 ·········· 299

　　9.4.3　电冰箱保护器 ·········· 300
　　9.4.4　电压安全监测电路 ·········· 301

第10章　玩具与装饰电路 ·········· 304

10.1　趣味玩具电路 ··········304
　　10.1.1　闪光陀螺 ·········· 304
　　10.1.2　音乐闪光外星人 ·········· 305
　　10.1.3　磁控婚礼娃娃 ·········· 307
　　10.1.4　电子萤火虫 ·········· 308
10.2　智力游戏电路 ··········310
　　10.2.1　反应测试器 ·········· 310
　　10.2.2　智取明珠电子棋 ·········· 311

10.2.3 电子硬币 …………………………………………………… 314

10.3 装饰电路 …………………………………………………315

10.3.1 闪光胸饰 …………………………………………………… 315

10.3.2 幻影镜框 …………………………………………………… 316

10.3.3 声光圣诞树 ………………………………………………… 318

10.4 彩灯控制器 …………………………………………………319

10.4.1 电路结构原理 ……………………………………………… 320

10.4.2 双向移位寄存器 …………………………………………… 321

10.4.3 控制电路 …………………………………………………… 322

10.4.4 交流固态继电器驱动电路 ………………………………… 322

知识链接42 时序逻辑电路看图技巧………………………… **323**

第11章 小家电与汽车电器电路 …………………………… 326

11.1 家庭实用电器电路 …………………………………………326

11.1.1 红外无线耳机 ……………………………………………… 326

11.1.2 调频无线话筒 ……………………………………………… 328

11.1.3 电子催眠器 ………………………………………………… 329

知识链接43 单结晶体管………………………………………… **329**

11.1.4 充电式催眠器 ……………………………………………… 332

11.1.5 雷电测距器 ………………………………………………… 332

11.1.6 超声波探测器 ……………………………………………… 334

知识链接44 超声波换能器……………………………………… **335**

11.1.7 数字显示温度计 …………………………………………… 337

11.2 汽车电器电路 ………………………………………………338

11.2.1 汽车空气清新器 …………………………………………… 338

11.2.2 车载MP3转发器 …………………………………………… 339

11.2.3 酒后驾车报警器 …………………………………………… 341

11.2.4 车载快速充电器 …………………………………………… 342

12.2.5 车载逆变电源 ……………………………………………… 343

11.2.6 汽车冷热两用恒温箱 ……………………………………… 345

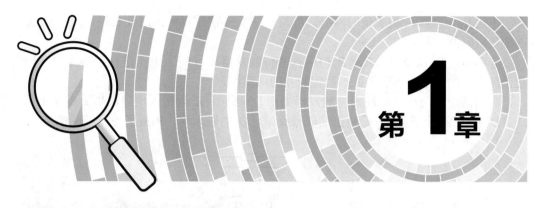

第1章

延时与定时电路

延时与定时电路是常用的自动控制电路，延时电路的特点是能够将指令自动延迟一定时间后执行，定时电路的特点是能够在指定的时间执行指定的任务。延时与定时电路在生产生活、教育卫生、科技国防等各领域广泛应用。

1.1 延时开关电路

延时开关电路包括延时接通电路、延时切断电路、双向延时电路等。延时开关电路应用广泛，例如延时关灯、扬声器延时保护、电风扇延时控制、空调和电冰箱延时启动等。

1.1.1 延时接通电路

延时接通电路的功能是：打开电源开关后，负载电源并不立即接通，而是延迟一段时间才接通。切断电源开关后，负载电源立即关断。

（1）直流延时接通开关电路

图1-1所示为直流延时接通开关电路，采用单向晶闸管控制，直流电源供电，包括延时电路、整形电路、控制电路和负载等组成部分，图1-2所示为直流延时接通开关原理方框图。

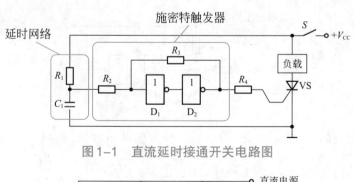

图1-1 直流延时接通开关电路图

图1-2 直流延时接通开关原理方框图

电阻R_1与电容C_1构成延时网络，R_1与C_1的大小决定延时的时间长短，改变R_1或C_1即可改变延时时间。

非门D_1、D_2以及电阻R_2、R_3构成施密特触发器，对C_1上电压进行整形处理，使其成为边沿陡峭的触发电压，以保证晶闸管触发的可靠性。

利用两个非门构成的施密特触发器如图1-3所示，R_2为输入电阻，R_3为反馈电阻。非门D_1、D_2直接连接，R_3将D_2的输出端信号反馈至D_1的输入端，构成了正反馈回路。

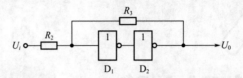

图1-3　非门构成的施密特触发器

施密特触发器具有两个稳定状态，即输出信号U_o要么为"1"，要么为"0"，这两个稳定状态在一定条件下能够互相转换。

无输入信号时，非门D_1输入端为"0"，所以触发器处于第一稳定状态，各非门输出端状态为：$D_1=1$、$D_2=0$。这时，R_2、R_3对输入信号形成对地的分压电路，如图1-4所示。

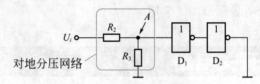

对地分压网络

图1-4　第一稳定状态

当接入输入信号U_i时，由于R_2、R_3的分压作用，非门D_1的输入端A点的实际电压是U_i的$\dfrac{R_3}{R_2+R_3}$倍，即$U_A=\dfrac{R_3}{R_2+R_3}U_i$。设非门的阈值电压为$\dfrac{1}{2}V_{DD}$，只有当输入信号上升到$U_i\geqslant\dfrac{R_2+R_3}{R_3}\times\dfrac{1}{2}V_{DD}$时，触发器才发生翻转。$\dfrac{R_2+R_3}{R_3}\times\dfrac{1}{2}V_{DD}$称为施密特触发器的正向阈值电压$U_{T+}$，即$U_{T+}=\dfrac{R_2+R_3}{2R_3}V_{DD}$。

由于R_3的正反馈作用，翻转过程是非常迅速和彻底的，触发器进入第二稳定状态，$D_1=0$、$D_2=1$。这时，R_2、R_3对输入信号形成对正电源V_{DD}的分压电路，如图1-5所示。

对电源分压网络

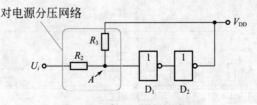

图1-5　第二稳定状态

当输入信号U_i经过峰值后下降至U_{T+}时，触发器并不翻转。这是因为V_{DD}经R_3、R_2在A点有一分压，叠加于U_i之上，使得A点的实际电压为：$U_A=U_i+\dfrac{R_3}{R_2+R_3}(V_{DD}-U_i)$。只有当$U_i$继续下降至$U_A\leqslant\dfrac{1}{2}V_{DD}$时，触发器才再次发生翻转回到第一稳定状态。施密特触发器的负向

阈值电压 $U_{T-}=\dfrac{R_3-R_2}{2R_3}V_{DD}$。滞后电压 $\Delta U_T=U_{T+}-U_{T-}=\dfrac{R_2}{R_3}V_{DD}$。

直流延时接通开关电路的工作原理可以描述如下：刚接通电源开关S时，由于电容两端电压不能突变，C_1上电压为"0"，施密特触发器输出电压为"0"，单向晶闸管VS因无触发电压而截止，负载不工作。这时，电源$+V_{CC}$经R_1向C_1充电。

随着充电的进行，C_1上电压不断上升。一定时间后，当C_1上电压达到施密特触发器的正向阈值电压时，施密特触发器翻转，输出电压变为"1"，经电阻R_4触发单向晶闸管VS导通，负载工作。C_1的充电时间就是该电路的延时接通时间。

切断电源开关S时，整个电路断电，单向晶闸管VS截止，负载立即停止工作。

（2）交流延时接通开关电路

图1-6所示为交流延时接通开关电路，采用双向晶闸管控制，交流电源供电，包括延时电路、整形电路、控制电路和负载，以及整流电源电路等组成部分，图1-7所示为交流延时接通开关原理方框图。

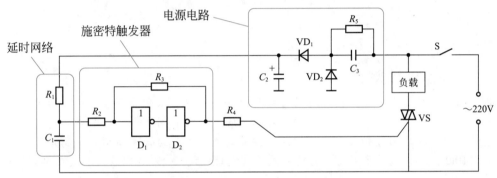

图1-6　交流延时接通开关电路图

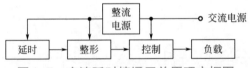

图1-7　交流延时接通开关原理方框图

电阻R_1与电容C_1构成延时网络，R_1与C_1的大小决定延时的时间长短，改变R_1或C_1即可改变延时时间。非门D_1、D_2以及电阻R_2、R_3构成施密特触发器，对C_1上电压进行整形处理，使其成为边沿陡峭的触发电压，以保证晶闸管触发的可靠性。

与直流延时接通开关电路不同的是，除了采用双向晶闸管外，交流延时接通开关电路还有一个整流电源电路，为延时控制电路提供直流工作电源。该整流电源电路是一个电容降压直接整流电路，C_3为降压电容，VD_1为整流二极管，VD_2为续流二极管，C_2为滤波电容，R_5为泄放电阻。

交流延时接通开关电路的工作原理是，刚接通电源开关S时，交流220V市电经C_3降压限流、VD_1半波整流、C_2滤波后，成为延时控制电路的直流工作电压，经R_1向C_1充电。由于电容两端电压不能突变，此时C_1上电压为"0"，施密特触发器输出电压为"0"，双向晶闸管VS因无触发电压而截止，负载不工作。

随着充电的进行，C_1上电压不断上升。一定时间后，当C_1上电压达到施密特触发器的正向阈值电压时，施密特触发器翻转，输出电压变为"1"，经电阻R_4触发双向晶闸管VS导通，负载工作。C_1的充电时间就是该电路的延时接通时间。

切断电源开关S时，整个电路断电，双向晶闸管VS截止，负载立即停止工作。

知识链接 **1** # 晶体闸流管

晶体闸流管简称为晶闸管，也叫做可控硅，是一种具有三个P-N结的功率型半导体器件，外形如图1-8所示。

图1-8　晶体闸流管

1. 晶体闸流管的种类

晶体闸流管种类很多。按控制特性可分为单向晶闸管、双向晶闸管、可关断晶闸管、正向阻断晶闸管、反向阻断晶闸管、双向触发晶闸管、光控晶闸管等。按电流容量可分为小功率晶闸管、中功率晶闸管和大功率晶闸管。按关断速度可分为普通晶闸管和高频晶闸管（工作频率＞10kHz）。按封装形式可分为塑封式、陶瓷封装式、金属壳封装式和大功率螺栓式等。

2. 晶体闸流管的符号

晶体闸流管的文字符号为"VS"，图形符号如图1-9所示。

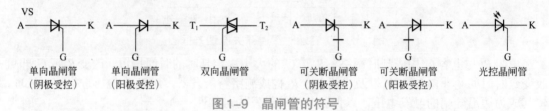

| 单向晶闸管 | 单向晶闸管 | 双向晶闸管 | 可关断晶闸管 | 可关断晶闸管 | 光控晶闸管 |
| （阴极受控） | （阳极受控） | | （阴极受控） | （阳极受控） | |

图1-9　晶闸管的符号

3. 晶体闸流管的引脚

晶体闸流管具有三个引脚。单向晶闸管的三个引脚分别是阳极A、阴极K和控制极G。常见单向晶闸管的引脚如图1-10所示，使用中应注意识别。

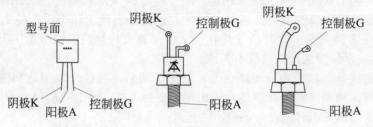

图1-10　单向晶闸管的引脚

双向晶闸管的三个引脚分别是控制极G、主电极T_1和T_2，常见双向晶闸管的引脚如图1–11所示，使用中应注意识别。

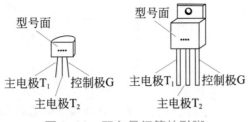

图1–11 双向晶闸管的引脚

4. 晶体闸流管的参数

晶体闸流管的主要参数有额定通态平均电流、正反向阻断峰值电压、维持电流、控制极触发电压和电流等。

（1）额定通态平均电流I_T是指晶闸管导通时所允许通过的最大交流正弦电流的有效值。应选用I_T大于电路工作电流的晶闸管。

（2）正向阻断峰值电压U_{DRM}是指晶闸管正向阻断时所允许重复施加的正向电压的峰值。反向峰值电压U_{RRM}是指允许重复加在晶闸管两端的反向电压的峰值。电路施加在晶闸管上的电压必须小于U_{DRM}与U_{RRM}并留有一定余量，以免造成击穿损坏。

（3）维持电流I_H是指保持晶闸管导通所需要的最小正向电流。当通过晶闸管的电流小于I_H时，晶闸管将退出导通状态而阻断。

（4）控制极触发电压U_G和控制极触发电流I_G，是指使晶闸管从阻断状态转变为导通状态时，所需要的最小控制极直流电压和直流电流。

5. 晶体闸流管的工作原理

晶体闸流管的特点是具有可控的单向导电性，即不但具有一般二极管单向导电的整流作用，而且可以对导通电流进行控制。

（1）单向晶闸管是PNPN四层结构，形成三个P-N结，具有三个外电极A、K和G，可等效为PNP、NPN两晶体管组成的复合管，如图1–12所示。在A、K间加上正电压后，管子并不导通。当在控制极G加上正电压时，VT_1、VT_2相继迅速导通，此时即使去掉控制极的电压，晶闸管仍维持导通状态。

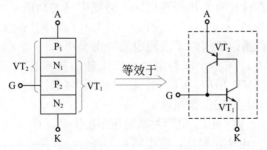

图1–12 单向晶闸管原理

（2）双向晶闸管是在单向晶闸管的基础之上开发出来的，是一种交流型功率控制器件。双向晶闸管不仅能够取代两个反向并联的单向晶闸管，而且只需要一个触发电路，使用很方便。

双向晶闸管可以等效为两个单向晶闸管反向并联，如图1–13所示。双向晶闸管可以控制双向导通，因此除控制极G外的另两个电极不再分阳极阴极，而称之为主电极T_1、T_2。

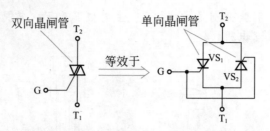

图1-13　双向晶闸管原理

（3）可关断晶闸管也称为门控晶闸管，是在普通晶闸管基础上发展起来的功率型控制器件，其特点是可以通过控制极关断。

普通晶闸管导通后控制极即不起作用，要关断必须切断电源，使流过晶闸管的正向电流小于维持电流I_H。可关断晶闸管克服了上述缺陷。如图1-14所示，当控制极G加上正脉冲电压时晶闸管导通，当控制极G加上负脉冲电压时晶闸管关断。

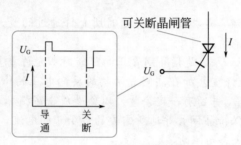

图1-14　可关断晶闸管原理

6. 晶体闸流管的用途

晶体闸流管具有以小电流控制大电流、以低电压控制高电压、以直流电控制交流电的作用，并具有体积小、重量轻、功耗低、效率高、开关速度快等优点，在无触点开关、可控整流、逆变电源、调光、调压、调速等方面得到广泛的应用。

1.1.2　开机静噪电路

为了防止功率放大器开机瞬间浪涌电流对扬声器的冲击、消除令人生厌的浪涌电流冲击噪声，功率放大器一般都设计有开机静噪电路。静噪电路的功能是，打开功率放大器电源开关后，扬声器与功放电路并不马上连接，而是要延时一段时间后才连接，这样就避开了开机瞬间产生的浪涌电流，自然也就消除了浪涌电流冲击噪声。

开机静噪电路如图1-15所示，双声道功率放大器与扬声器之间依靠继电器接点进行连接，而继电器则受晶体管VT_1和R_1、C_3等组成的延时电路的控制。

下面来分析开机静噪电路的工作原理。

刚开机（刚接通电源）时，由于电容两端电压不能突变，C_3上电压为"0"，使晶体管VT_1截止，晶闸管VS因无触发电压也截止，继电器K不吸合，其接点K_{-L}、K_{-R}断开，分别切断了左、右声道功放输出端与扬声器的连接，防止了开机瞬间浪涌电流对扬声器的冲击噪声。

随着$+V_{CC}$电源经R_1对C_3的充电，C_3上电压不断上升。经过一段时间的延时后，C_3上电压达到晶体管VT_1导通阈值时VT_1导通，其发射极电压经R_3加至晶闸管VS的控制极，触发VS导通，继电器K吸合，其接点K_{-L}、K_{-R}分别接通左、右声道扬声器进入正常工作状态。延时时间与R_1、C_3的取值有关，一般取$1 \sim 2s$。

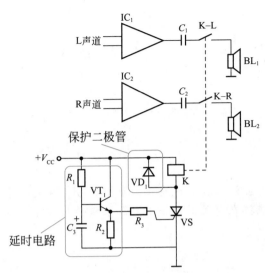

图1-15 开机静噪电路

采用继电器控制扬声器连接的优点是，开机静噪电路与音频功放电路完全隔离，不会发生音染，保证了功率放大器高保真的音质。

VD$_5$是保护二极管，防止VT$_3$截止的瞬间，继电器线包产生的反向电动势击穿VT$_3$。

知识链接 ② 电容器

电容器是储存电荷的元件，通常简称为电容，是一种最基本、最常用的电子元件，在电子电路中具有广泛的应用。

1. 电容器的种类

按电容量是否可调，电容器分为固定电容器和可变电容器两大类。

固定电容器包括无极性电容器和有极性电容器，外形如图1-16所示。按介质材料不同，固定电容器又有许多种类。无极性固定电容器有纸介电容器、涤纶电容器、云母电容器、聚苯乙烯电容器、聚酯电容器、玻璃釉电容器及瓷介电容器等。有极性固定电容器有铝电解电容器、钽电解电容器、铌电解电容器等。

图1-16 电容器

2. 电容器的符号

电容器的文字符号为"C",图形符号如图1-17所示。

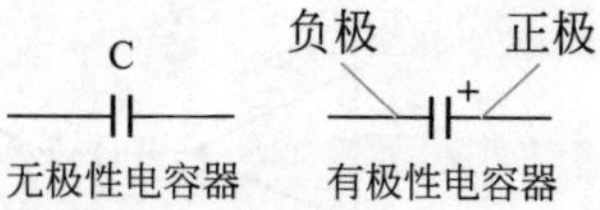

C　　　　　负极　　　正极

无极性电容器　　　有极性电容器

图1-17　电容器的符号

3. 电容器的极性

使用有极性电容器时应注意其引线有正、负极之分,在电路中,其正极引线应接在电位高的一端,负极引线应接在电位低的一端。如果极性接反了,会使漏电流增大并易损坏电容器。

4. 电容器的参数

电容器的主要参数有电容量和耐压。

(1)电容量是指电容器贮存电荷的能力,简称容量,基本单位是法拉,简称法(F)。由于法拉作单位在实际运用中往往显得太大,所以常用微法(μF)、毫微法(nF)和微微法(pF)作为单位。它们之间的换算关系是:$1F = 10^6 \mu F$,$1\mu F = 1000nF$,$1nF = 1000pF$。

(2)耐压是电容器的另一主要参数,表示电容器在连续工作中所能承受的最高电压。使用中应保证加在电容器两端的电压不超过其耐压值,否则将会损坏电容器。

5. 电容器的特点

电容器的特点是隔直流通交流,即直流电流不能通过电容器,交流电流可以通过电容器。

电容器对交流电流具有一定的阻力,称之为容抗,用符号"X_C"表示,单位为Ω。容抗等于电容器两端交流电压(有效值)与通过电容器的交流电流(有效值)的比值。从图1-18所示电容器特性曲线可知,容抗X_C分别与交流电流的频率f和电容器的容量C成反比,即$X_C = \dfrac{1}{2\pi f C}$。

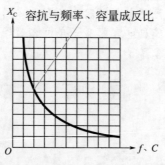

图1-18　电容器特性曲线

6. 电容器的工作原理

电容器的基本结构是两块金属电极之间夹着一绝缘介质层,如图1-19所示,可见两电极之间是互相绝缘的,直流电无法通过电容器。但是对于交流电来说情况就不同了,交流电可以通过在两电极之间充、放电而"通过"电容器。

（1）在交流电正半周时，电容器被充电，有一充电电流通过电容器，如图1–20（a）所示。

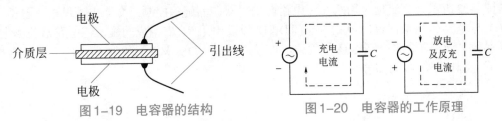

图1–19 电容器的结构　　　　　　　图1–20 电容器的工作原理

（2）在交流电负半周时，电容器放电并反方向充电，放电和反方向充电电流通过电容器，如图1–20（b）所示。

7. 电容器的用途

电容器的基本功能是隔直流通交流，电容器的各项用途都是这一基本功能的具体应用。电容器的主要用途是信号耦合、旁路滤波、移相和谐振。

1.1.3 延时切断电路

延时切断开关电路的功能是，打开电源开关后，负载电源立即接通。切断电源开关后，负载电源并不立即关断，而是延时一段时间后才关断。

（1）直流延时切断开关电路

图1–21所示为直流延时切断开关电路，采用单向晶闸管控制，直流电源供电，包括二极管VD_3与电容C_1构成的延时电路，非门D_1、D_2以及电阻R_2、R_3构成的施密特触发器整形电路，单向晶闸管VS构成的控制电路和负载等组成部分。

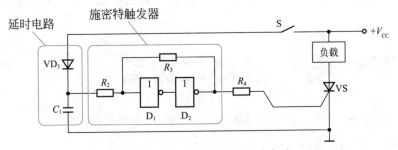

图1–21 直流延时切断开关电路

直流延时切断开关电路的工作原理是，接通电源开关S后，电源$+V_{CC}$经VD_3使C_1迅速充满电。C_1上电压由D_1、D_2等构成的施密特触发器整形处理后，经电阻R_4触发单向晶闸管VS导通，负载工作。这个过程非常迅速，可理解为接通电源开关S后负载立即工作。

切断电源开关S时，由于电容两端电压不能突变，C_1上电压仍为"1"，施密特触发器输出电压也仍为"1"，单向晶闸管VS因触发电压存在而保持导通状态，负载继续工作。

这时，C_1上电压开始经R_2和D_1输入端放电。随着放电的进行，C_1上电压不断下降。一定时间后，当C_1上电压下降到施密特触发器的负向阈值电压时，施密特触发器翻转，输出电压变为"0"，单向晶闸管VS因失去触发电压而截止，负载才停止工作。

C_1的放电时间就是该电路的延时切断时间。由于CMOS非门的输入阻抗很高，放电过程十分缓慢，因此采用较小的电容器即可获得较长的延时时间。改变C_1的大小可以改变延时时间。

（2）交流延时切断开关电路

图1-22所示为交流延时切断开关电路，采用双向晶闸管控制，交流电源供电，包括二极管VD_3与电容C_1构成的延时电路，非门D_1、D_2以及电阻R_2、R_3构成的施密特触发器整形电路，双向晶闸管VS构成的控制电路和负载，以及二极管VD_1、VD_2、电容C_2、C_3、电阻R_5构成的整流电源电路等组成部分。

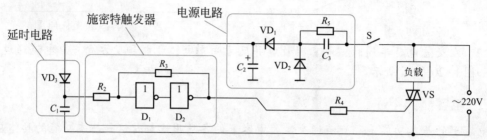

图1-22　交流延时切断开关电路

交流延时切断开关电路的工作原理是，接通电源开关S后，交流220V市电经C_3降压限流、VD_1半波整流、C_2滤波后，成为延时控制电路的直流工作电压，并经VD_3使C_1迅速充满电。C_1上电压由D_1、D_2等构成的施密特触发器整形处理后，经电阻R_4触发双向晶闸管VS导通，负载立即工作。

切断电源开关S时，由于电容两端电压不能突变，C_1上电压仍为"1"，并开始经R_2和D_1输入端缓慢放电。在C_1上电压下降到施密特触发器的负向阈值电压之前，施密特触发器输出电压仍为"1"，双向晶闸管VS因触发电压存在而继续保持导通状态，负载仍旧持续工作。

随着放电的进行，C_1上电压不断下降。直至C_1上电压下降到施密特触发器的负向阈值电压时，施密特触发器翻转其输出电压变为"0"，双向晶闸管VS因失去触发电压而截止，负载才停止工作。C_1的放电时间就是该电路的延时切断时间，改变C_1的大小可以改变延时时间。

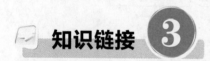

知识链接 3　晶体二极管

晶体二极管简称二极管，是一种常用的具有一个P-N结的半导体器件。

1. 晶体二极管的种类

晶体二极管品种很多，大小各异，仅从外观上看，较常见的有玻璃壳二极管、塑封二极管、金属壳二极管、大功率螺栓状金属壳二极管、微型二极管、片状二极管等，如图1-23所示。

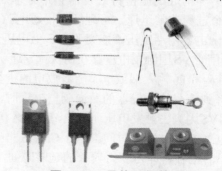

图1-23　晶体二极管

晶体二极管按其制造材料的不同，可分为锗二极管和硅二极管两大类，每一类又分为N型和P型。按其制造工艺不同，可分为点接触型二极管和面接触型二极管。按功能与用途不同，可分为一般二极管和特殊二极管两大类，包括整流二极管、检波二极管、开关二极管、稳压二极管、敏感二极管、变容二极管、发光二极管和光敏二极管等。

2. 晶体二极管的符号

晶体二极管的文字符号是"VD"，图形符号如图1-24所示。

图1-24　晶体二极管的符号

3. 晶体二极管的引脚

晶体二极管的两个引脚有正、负极之分，如图1-25所示。

图1-25　晶体二极管的引脚

（1）二极管电路符号中，三角一端为正极，短杠一端为负极。

（2）二极管实物中，有的将电路符号印在二极管上标示出极性；有的在二极管负极一端印上一道色环作为负极标记；有的二极管两端形状不同，平头为正极，圆头为负极，使用中应注意识别。

4. 晶体二极管的参数

晶体二极管的参数很多，常用的整流和检波二极管的主要参数有最大整流电流、最大反向电压和最高工作频率等。

（1）最大整流电流I_{FM}是指二极管长期连续工作时，允许正向通过P-N结的最大平均电流。使用中实际工作电流应小于二极管的I_{FM}，否则将损坏二极管。

（2）最大反向电压U_{RM}是指反向加在二极管两端而不致引起P-N结击穿的最大电压。使用中应选用U_{RM}大于实际工作电压2倍以上的二极管，如果实际工作电压的峰值超过U_{RM}，二极管将被击穿。

（3）最高工作频率f_M是指二极管能够正常工作的最高频率。由于P-N结极间电容的影响，使二极管所能应用的工作频率有一个上限。在做检波或高频整流使用时，应选用f_M至少2倍于电路实际工作频率的二极管，否则不能正常工作。

5. 晶体二极管的工作原理

晶体二极管的显著特点是具有单向导电性，一般情况下只允许电流从正极流向负极，而不允许电流从负极流向正极，图1-26形象地说明了这一点。

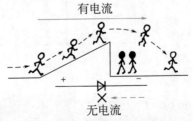

图1-26　晶体二极管的单向导电性

晶体二极管是非线性半导体器件。电流正向通过二极管时，要在P-N结上产生管压降 U_{VD}，锗二极管的正向管压降约为0.3V，如图1-27所示。硅二极管的正向管压降约为0.7V，如图1-28所示。另外，硅二极管的反向漏电流比锗二极管小得多。从伏安特性曲线可见，二极管的电压与电流为非线性关系。

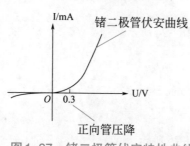

图1-27　锗二极管伏安特性曲线

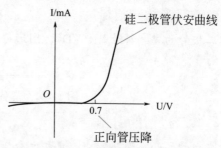

图1-28　硅二极管伏安特性曲线

6. 晶体二极管的用途

晶体二极管的主要用途是整流、检波和开关，可以构成半波整流电路、全波整流电路、桥式整流电路、负压整流电路、倍压整流电路、检波电路和电子开关电路等。

1.1.4　自动延时关灯电路

自动延时关灯电路主要应用在楼梯、走道、门厅等只需要短时间照明的场合，有效地避免了"长明灯"现象，既可节约电能，又可延长灯泡使用时间。

图1-29所示为采用单向晶闸管VS的自动延时关灯电路，整流二极管 $VD_1 \sim VD_4$ 构成桥式整流电路，将220V交流电整流为脉动直流电，以便单向晶闸管VS能够控制220V交流电的通断，即控制照明灯EL的开与关。

电路控制原理是，当按下控制按钮SB时，二极管 $VD_1 \sim VD_4$ 整流输出的直流电压经 VD_5 向 C_1 充电，同时通过 R_1 使单向晶闸管VS导通，照明灯EL点亮。由于充电时间常数很小，C_1 被迅速充满电。

松开控制按钮SB后，C_1 上所充电压经 R_1 加至单向晶闸管VS控制极，继续维持VS导通，同时 C_1 经 R_1 和VS控制极放电。

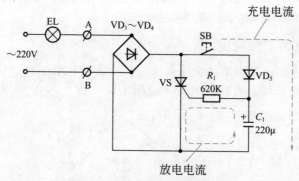

图1-29　自动延时关灯电路

随着放电的进行，$2 \sim 3$min后，C_1 上电压下降至不能继续维持单向晶闸管VS导通时，VS截止，照明灯EL自动熄灭。延时时间可通过改变 C_1 或 R_1 来调节。该电路体积小巧，可直接放入开关盒内取代原有的电灯开关S，接线方法如图1-30（a）所示，图1-30（b）所示为其外形。

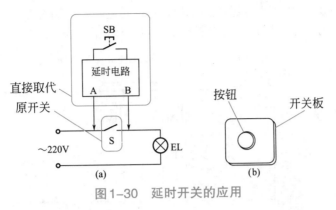

图1-30 延时开关的应用

1.1.5 数字延时开关

图1-31所示为数字延时开关电路，包括与非门D_1、D_2、单稳态触发器D_3等数字电路，还包括晶体管VT_1、二极管VD_1、电阻$R_1 \sim R_4$、按钮开关SB、继电器K_1等元器件。

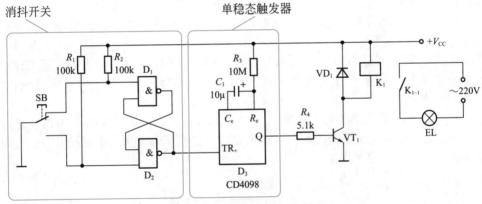

图1-31 数字延时开关电路

与非门D_1、D_2、按钮开关SB等构成消抖开关电路，每按一下SB，在D_2输出端即输出一个正脉冲，完全消除了机械开关触点抖动产生的抖动脉冲。

单稳态触发器D_3等构成延时电路，TR_+为触发端，Q为输出端。每触发一次，Q端便输出一定宽度的高电平，输出脉宽$T = 0.69R_3C_1$，可通过改变R_3与C_1进行调节。

电路工作原理是，按一下SB，消抖开关输出一正脉冲触发单稳态触发器D_3使其翻转，Q输出端的高电平经R_4使驱动晶体管VT_1导通，继电器K_1吸合，照明灯EL点亮。1分多钟后，D_3自动翻转恢复原态，Q输出端变为"0"，驱动晶体管VT_1截止，继电器K_1释放，照明灯EL熄灭。

1.1.6 触摸式延时开关

触摸式延时开关并没有传统意义上的"开关"存在，用户只需触摸特定的金属部件，照明灯即刻点亮，延时一定时间后会自动关灯。

图1-32所示为触摸式延时开关电路图，其中虚线以右部分可以单独制成产品，供用户直接替代原有的电灯开关S。电路中，单向晶闸管VS承担主控任务，控制着照明灯EL的开与关。晶体管VT_1、VT_2、电容C_1等组成触摸和延时控制电路，控制着单向晶闸管VS的导通与截止。$VD_1 \sim VD_4$为整流二极管，为电路提供直流工作电源。

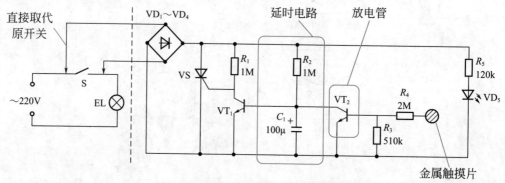

图1-32　触摸式延时开关电路图

该开关电路的特点是用一金属触摸片取代了按钮开关。平时，晶体管VT_2处于截止状态，C_1上充满电使晶体管VT_1导通，将单向晶闸管VS控制极的触发电压短路到地，VS截止，照明灯EL不亮。

当有人触摸金属片时，人体感应电压经安全隔离电阻R_4加至晶体管VT_2基极使其导通，C_1被快速放电而使晶体管VT_1截止，单向晶闸管VS控制极通过R_1获得触发电压而导通，照明灯EL点亮。

人体停止触摸后，晶体管VT_2恢复截止状态，$VD_1 \sim VD_4$桥式整流出的直流工作电源开始通过R_2向C_1充电，直至C_1上电压达到0.7V以上时，晶体管VT_1导通使单向晶闸管VS截止，照明灯EL熄灭。

C_1的充电时间就是电路的延时时间，大约为2min。发光二极管VD_5作为指示灯，与金属触摸片一起固定在开关面板上，如图1-33所示，可以在黑暗中指示出触摸开关的位置，方便用户开灯。

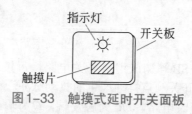

图1-33　触摸式延时开关面板

知识链接 **4** 电路图的概念与要素

要认识和看懂一个电路，首先要对电路图的基本概念有所了解，即知道什么是电路图，电路图有哪些种类，它们具有什么样的功能和作用。

1. 什么是电路图

顾名思义，电路图就是关于电路的图纸。电路图由各种符号和线条按照一定的规则组合而成，反映了电路的结构与工作原理。例如，图1-34所示为触摸开关电路图，它用抽象的符号反映出触摸开关的电路结构与工作原理。

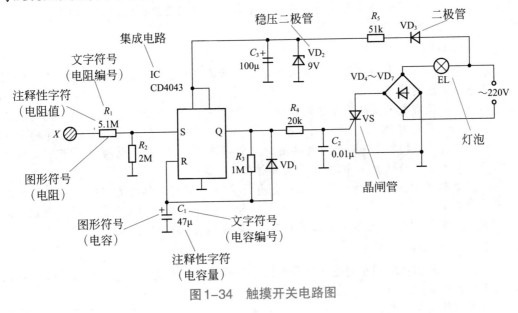

图1-34　触摸开关电路图

2. 电路图的种类和作用

通常所说的电路图是指电路原理图，广义的电路图概念还包括方框图和电路板图等。

(1) 电路原理图

电路原理图简称电路图，是一种反映电子设备中各元器件的电气连接情况的图纸。电路原理图由各种符号和字符组成，通过电路原理图，可以详细了解电子设备的电路结构、工作原理和接线方法，还可以进行定量的计算分析和研究。电路原理图是电子制作和维修的最重要的依据。

(2) 方框图

方框图是一种概括地反映电子设备的电路结构与功能的图纸。方框图由方框、线条和说明文字组成。方框图简明地反映出电子设备的电路结构和电路功能，有助于从整体上了解和研究电路原理。

(3) 电路板图

电路板图是一种反映电路板上元器件安装位置和布线结构的图纸。电路板图由写实性的电路板线路、相应位置上的元器件符号和注释字符等组成。电路板图是根据电路原理图设计绘制的实际的安装图，标明了各元器件在电路板上的安装位置。电路板图为实际制作和维修提供了很大的方便。

3. 电路图的构成要素

一张完整的电路图是由若干要素构成的，这些要素主要包括图形符号、文字符号、连线以及注释性字符等。下面通过图1-34所示触摸开关电路图的例子，作进一步的说明。

(1) 图形符号

图形符号是指用规定的抽象图形代表各种元器件、组件、电流、电压、波形、导线和连接状态等的绘图符号。图形符号由国家标准GB/T4728.1—2005予以规定。

图形符号是构成电路图的主体。图1-34所示触摸开关电路图中，各种图形符号代表了组成电路的各个元器件。例如，小长方形"—□—"表示电阻器，两道短杠"—||—"表示电容器等。各个元器件图形符号之间用连线连接起来，就可以反映出触摸开关的电路结构，即构成了触摸开关的电路图。

（2）文字符号

文字符号是指用规定的字符（通常为字母）表示各种元器件、组件、设备装置、物理量和工作状态等的绘图符号。

文字符号是构成电路图的重要组成部分。为了进一步强调图形符号的性质，同时也为了分析、理解和阐述电路图的方便，在各个元器件的图形符号旁，标注有该元器件的文字符号。例如，在图1-34所示触摸开关电路图中，文字符号"R"表示电阻器，"C"表示电容器，"VD"表示晶体二极管，"IC"表示集成电路，等等。

在一张电路图中，相同的元器件往往会有许多个，这也需要用文字符号将它们加以区别，一般是在该元器件文字符号的后面加上序号。例如，电阻器有5个，则分别以"R_1"、"R_2"、"R_3"、"R_4"、"R_5"表示；电容器有3个，则分别标注为"C_1"、"C_2"、"C_3"。

（3）注释性字符

注释性字符是指电路图中对图形符号和文字符号作进一步说明的字符。注释性字符也是构成电路图的重要组成部分。

注释性字符用来说明元器件的数值大小或者具体型号，通常标注在图形符号和文字符号旁。注释性字符还用于电路图中其他需要说明的场合。由此可见，注释性字符是分析电路工作原理，特别是定量地分析研究电路的工作状态所不可缺少的。

1.1.7　多路控制延时开关

多路控制延时开关是一种具有延时关灯功能的自动开关，按一下延时开关上的按钮，照明灯立即点亮，延时数分钟后自动熄灭，并且可以多路控制，特别适合作为门灯、楼道灯等公共部位照明灯的控制开关。

图1-35所示为多路控制延时开关电路图，由整流电路、延时控制电路、电子开关和指示电路等组成，图1-36所示为其电路原理方框图。

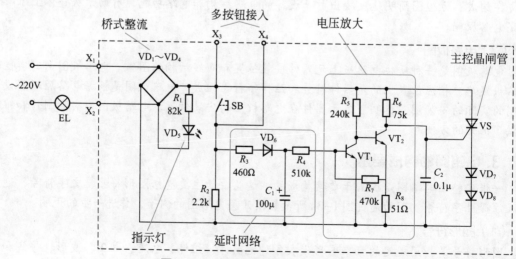

图1-35　多路控制延时开关电路图

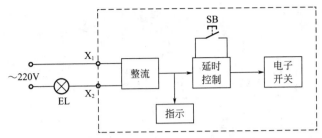

图1-36 多路控制延时开关原理方框图

（1）整流电路

二极管VD$_1$ ～ VD$_4$组成桥式整流电路，其作用是将220V交流电转换为脉动直流电，为延时控制电路提供工作电源。同时由于整流电路的极性转换作用，使用单向晶闸管VS即可控制交流回路照明灯EL的开与关。

（2）延时控制工作原理

晶体管VT$_1$、VT$_2$、二极管VD$_6$、电容C_1等组成延时控制电路，控制单向晶闸管VS的导通与截止，其控制特点是触发后瞬时接通、延时关断。

触发按钮SB尚未被按下时，电容C_1上无电压，晶体管VT$_1$截止、VT$_2$导通，晶闸管VS截止。这时，整流电路输出为峰值约310V的脉动直流电压。虽然VT$_2$导通，但由于R_6阻值很大，导通电流仅几毫安，不足以使照明灯EL点亮。

当按下SB时，整流输出的310V脉动直流电压经R_3、VD$_6$使C_1迅速充满电，并经R_4使VT$_1$导通、VT$_2$截止，VT$_2$集电极电压加至晶闸管VS控制极，VS导通使照明灯EL电源回路接通，EL点亮。

松开SB后，由于C_1上已充满电，照明灯EL继续维持点亮。随着C_1的放电，数分钟后，当C_1上电压下降到不足以维持VT$_1$导通时，VT$_1$截止、VT$_2$导通，VS在脉动直流电压过零时截止，照明灯EL熄灭。

（3）指示电路

发光二极管VD$_5$等组成指示电路，其作用是指示触发按钮的位置，以便在黑暗中易于找到。照明灯EL未亮时，整流输出的310V脉动直流电压经限流电阻R_1使发光二极管VD$_5$点亮。照明灯EL亮后，整流输出的脉动直流电压大幅度下降为3 ～ 4V（VS、VD$_7$、VD$_8$管压降之和），发光二极管VD$_5$熄灭。

将延时开关固定在标准开关板上，即可直接代换照明灯原来的开关。如需在多处控制同一盏灯，可将布置在其他地方的多个按钮并联接入X$_3$、X$_4$端子即可。

1.1.8 双向延时开关电路

双向延时开关电路同时具有延时接通和延时切断的功能。具体地说，双向延时开关电路打开电源开关后，负载电源并不立即接通，而是延时一段时间才接通。切断电源开关后，负载电源也不立即关断，而是延时一段时间才关断。

（1）直流双向延时开关电路

图1-37所示为直流双向延时开关电路，采用单向晶闸管控制，直流电源供电，包括电阻R_1与电容C_1构成的延时电路，非门D$_1$、D$_2$以及电阻R_2、R_3构成的施密特触发器整形电路，单向晶闸管VS构成的控制电路和负载等组成部分。

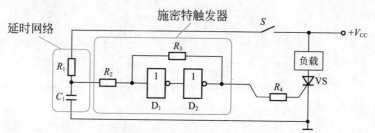

图1-37　直流双向延时开关电路

接通电源开关S后，电源$+V_{CC}$经R_1向C_1充电。在C_1上电压达到施密特触发器的正向阈值电压之前，施密特触发器输出电压为"0"，单向晶闸管VS因无触发电压而截止，负载不工作。随着充电的进行，C_1上电压不断上升。一定时间后，当C_1上电压达到施密特触发器的正向阈值电压时，施密特触发器翻转，输出电压变为"1"，经电阻R_4触发单向晶闸管VS导通，负载才工作。

切断电源开关S后，C_1开始经R_2和D_1输入端放电。在C_1上电压下降到施密特触发器的负向阈值电压之前，施密特触发器输出电压仍为"1"，单向晶闸管VS因触发电压存在而保持导通状态，负载继续工作。随着放电的进行，C_1上电压不断下降。一定时间后，当C_1上电压下降到施密特触发器的负向阈值电压时，施密特触发器翻转，输出电压变为"0"，单向晶闸管VS因失去触发电压而截止，负载才停止工作。

（2）交流双向延时开关电路

图1-38所示为交流双向延时开关电路，采用双向晶闸管控制，交流电源供电，包括电阻R_1与电容C_1构成的延时电路，非门D_1、D_2以及电阻R_2、R_3构成的施密特触发器整形电路，双向晶闸管VS构成的控制电路和负载，以及二极管VD_1、VD_2、电容C_2、C_3、电阻R_5构成的整流电源电路等组成部分。

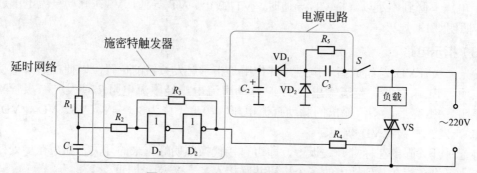

图1-38　交流双向延时开关电路

接通电源开关S后，交流220V市电经C_3降压限流、VD_1半波整流、C_2滤波后，成为延时控制电路的直流工作电压，经R_1向C_1充电。直至C_1上电压达到施密特触发器的正向阈值电压时，施密特触发器翻转输出为"1"，经电阻R_4触发双向晶闸管VS导通，负载才工作。

切断电源开关S后，C_1开始经R_2和D_1输入端缓慢放电。直至C_1上电压下降到施密特触发器的负向阈值电压时，施密特触发器翻转输出为"0"，双向晶闸管VS因失去触发电压而截止，负载才停止工作。

1.1.9　超长延时电路

图1-39所示为超长延时电路，可提供1h以上的延时时间。电路由4级时基电路构成的单

稳态触发器串联而成，每一级单稳态触发器受上一级定时结束时的下降沿触发，并在本级定时结束时触发下一级单稳态触发器。

4级单稳态触发器的输出端经或门D_1后作为延时输出，通过双向晶闸管VS控制负载工作与否。电路总的延时时间为各单稳态触发器定时时间之和，如各级定时元件R、C的数值相同，则总延时时间$T = 1.1nRC$，式中，n为单稳态触发器的级数。本电路中，$n = 4$。

电路的主控器件是双向晶闸管VS，由超长延时电路触发。超长延时电路启动后，或门D_1输出高电平"1"，经电阻R_9触发双向晶闸管VS导通，接通负载的交流220V电源回路，使负载工作。

超长延时结束后，或门D_1输出端变为"0"，双向晶闸管VS因失去触发电压而在交流电过零时截止，切断了负载的交流220V电源回路，负载停止工作。

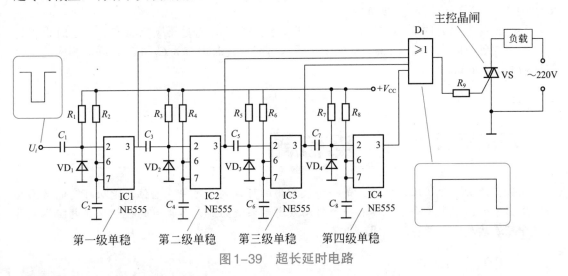

图1-39 超长延时电路

1.1.10 分段可调延时电路

分段可调延时电路可以实现$1 \sim 60s$和$1 \sim 60min$的延时，分两段控制，电路如图1-40所示。C_1、C_2是定时电容，RP和R_2是定时电阻，RP同时还是定时时间调节电位器，SB是启动按钮，S_1是分段控制开关。

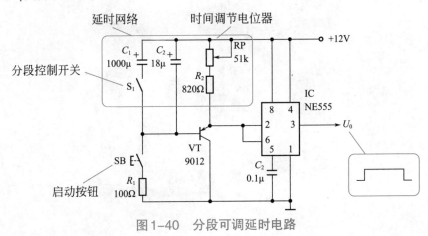

图1-40 分段可调延时电路

该电路的特点是采用晶体管VT构成阻抗变换电路，可将定时电阻的等效阻值提高β倍，这样就可以在较小的定时电容和定时电阻的情况下，实现较长时间的延时。

整机电路工作原理和工作过程解读如下。平时，电路输出端（IC的第3脚）为低电平，$U_o = 0V$。

当按下启动按钮SB时，电容C_2迅速充满电，PNP晶体管VT的基极电位为"0"，其发射极电位也为"0"（忽略管压降），使时基电路IC构成的施密特触发器翻转，输出端（第3脚）变为高电平，$U_o = 12V$，延时开始。

松开SB后，电容C_2上电压经VT、R_2和RP缓慢放电，VT发射极电位也从"0V"开始缓慢上升。当VT发射极电位上升到施密特触发器翻转阈值时，施密特触发器再次翻转，输出端（第3脚）变为低电平，$U_o = 0V$，延时结束。

调节电位器RP可改变放电的速度，也就改变了延时时间。按照电路图中的参数，调节RP可在1～60之间改变延时时间。

开关S_1控制着延时时间的计量单位（"秒"或"分"）。S_1处于断开状态时，定时电容为C_2，相应的延时时间为1～60s。S_1处于接通状态时，定时电容为C_1与C_2并联，相应的延时时间为1～60min。

 知识链接 **5** # 电位器

电位器是调节分压比的元件，是一种最常用的可调电子元件。电位器是从可变电阻器发展派生出来的，它由一个电阻体和一个转动或滑动系统组成，其动臂的接触刷在电阻体上滑动，即可连续改变动臂与两端间的阻值。

1. 电位器的种类

电位器的种类很多，如图1-41所示。按结构不同可分为旋转式电位器、直滑式电位器、带开关电位器、双连电位器及多圈电位器等。按照电阻体所用制造材料的不同，电位器又分为碳膜电位器、金属膜电位器、有机实心电位器、无机实心电位器、玻璃釉电位器及线绕电位器等。

图1-41　电位器

2. 电位器的符号

电位器的文字符号为"RP"，图形符号如图1-42所示。

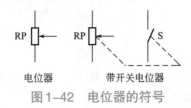

图1-42　电位器的符号

3. 电位器的参数

电位器的主要参数有标称阻值、阻值变化特性和额定功率。

（1）标称阻值是指电位器的两定臂引出端之间的阻值，如图1-43所示。

（2）阻值变化特性是指电位器的阻值随动臂的旋转角度或滑动行程而变化的关系。常用的有直线式（X）、指数式（Z）和对数式（D），如图1-44所示。直线式适用于大多数场合，指数式适用于音量控制电路，对数式适用于音调控制电路。

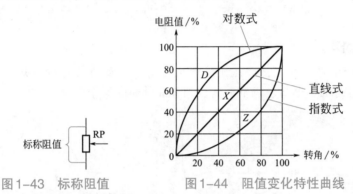

图1-43　标称阻值　　　　图1-44　阻值变化特性曲线

（3）额定功率是指电位器在长期连续负荷下所允许承受的最大功率，使用中电位器承受的实际功率不得超过其额定功率。

4. 电位器的工作原理

电位器的特点是可以连续改变电阻比。电位器的结构如图1-45所示，电阻体的两端各有一个定臂引出端，中间是动臂引出端。动臂在电阻体上移动，即可使动臂与上下定臂引出端间的电阻比值连续变化。

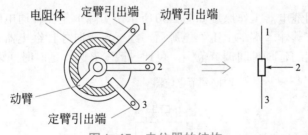

图1-45　电位器的结构

可将电位器RP等效为电阻R_a和R_b构成的分压器，来理解电位器的工作原理。

（1）当动臂2端位于电阻体中间时，$R_a = R_b$，动臂2端输出电压为输入电压的一半，如图1-46所示。

图1-46　动臂位于电阻体中间

（2）当动臂2端向上移动时，R_a减小而R_b增大。当动臂2端移至最上端时，$R_a = 0$，$R_b = $ RP，动臂2端输出电压为输入电压的全部，如图1-47所示。

（3）当动臂2端向下移动时，R_a增大而R_b减小。当动臂2端移至最下端时，$R_b = 0$，$R_a = $ RP，动臂2端输出电压为"0"，如图1-48所示。

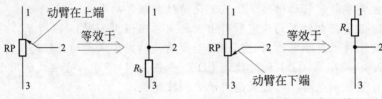

图1-47　动臂位于电阻体上端　　　图1-48　动臂位于电阻体下端

5. 电位器的用途

电位器的用途是可变分压，分压比随电位器动臂转角的增大而增大，如图1-49所示。电位器的主要用途是调节电压、调节电流、调节音量和音调等。

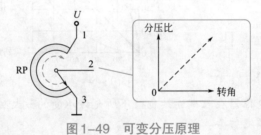

图1-49　可变分压原理

1.1.11　时间继电器电路

时间继电器是延时动作的继电器，根据延时结构不同可分为机械延时式和电子延时式两大类。

电子延时式时间继电器工作原理如图1-50所示，实际上是在普通电磁继电器前面增加了一个延时电路，当在其输入端加上工作电源后，经一定延时才使继电器K动作。电子延时式时间继电器具有较宽的延时时间调节范围，可通过改变R进行延时时间调节。

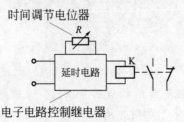

图1-50　电子延时式时间继电器

根据动作特点不同，时间继电器又分为缓吸式和缓放式两种。缓吸式时间继电器的特点是，继电器电路接通电源后需经一定延时各接点才动作，电路断电时各接点瞬时复位。缓放式时间继电器的特点是，电路通电时各接点瞬时动作，电路断电后各接点需经一定延时才复位。

（1）缓吸式时间继电器

缓吸式时间继电器电路如图1-51所示，555时基电路工作于施密特触发器模式，电位器RP与电容C_1组成延时电路。

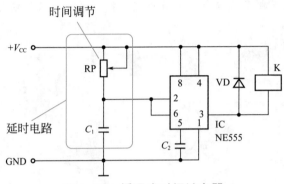

图1-51　缓吸式时间继电器

接通电源后，由于电容器C_1上电压不能突变，555时基电路输出端（第3脚）为高电平，所以继电器K并不立即吸合。这时电源$+V_{CC}$经RP向C_1充电，C_1上电压逐步上升。当C_1上电压达到$\frac{2}{3}V_{CC}$时，密特触发器翻转，555时基电路输出端（第3脚）变为低电平，继电器K吸合。延时吸合时间取决于RP与C_1的大小，调节RP可改变延时时间。

切断电源后，继电器K因失去工作电压而立即释放。

（2）缓放式时间继电器

缓放式时间继电器电路如图1-52所示，555时基电路工作于施密特触发器模式，电位器RP与电容C_1组成延时电路。$+V_{CC1}$为控制电源，$+V_{CC2}$为工作电源。

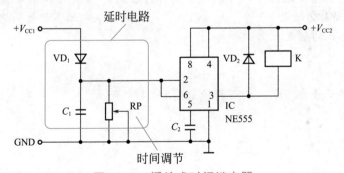

图1-52　缓放式时间继电器

接通电源后，$+V_{CC1}$经二极管VD_1使C_1迅速充满电，555时基电路输出端（第3脚）为低电平，继电器K立即吸合。

切断控制电源$+V_{CC1}$后，由于电容器C_1上电压不能突变，555时基电路输出端（第3脚）仍维持低电平，所以继电器K并不立即释放。这时C_1通过RP放电，C_1上电压逐步下降。当C_1上电压降到$\frac{1}{3}V_{CC2}$时，施密特触发器翻转，555时基电路输出端（第3脚）变为高电平，继电器K释放。延时释放时间取决于RP与C_1的大小，调节RP可改变延时时间。

知识链接 6 继电器

继电器是一种常用的控制器件，它可以用较小的电流来控制较大的电流，用低电压来控制高电压，用直流电来控制交流电等，并且可实现控制电路与被控电路之间的完全隔离。继电器外形如图1-53所示。

图1-53　继电器

1. 继电器的种类

继电器的种类很多，根据其结构与特征可分为电磁式继电器、干簧式继电器、湿簧式继电器、压电式继电器、固态继电器、磁保持继电器、步进继电器、时间继电器、温度继电器等。按照工作电压类型的不同，可分为直流继电器、交流继电器和脉冲继电器。

按照继电器触点的形式与数量，可分为单组触点继电器和多组触点继电器两类，其中单组触点继电器又分为常开触点（动合触点，简称H触点）、常闭触点（动断触点，简称D触点）、转换触点（简称Z触点）3种。多组触点继电器既可以包括多组相同形式的触点，又可以包括多种不同形式的触点。

2. 继电器的符号

继电器的文字符号为"K"，图形符号如图1-54所示。

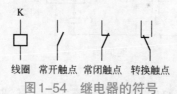

线圈　常开触点　常闭触点　转换触点
图1-54　继电器的符号

在电路图中，继电器的触点可以画在该继电器线圈的旁边，也可以为了便于图面布局将触点画在远离该继电器线圈的地方，而用编号表示它们是一个继电器。

3. 继电器的参数

继电器的主要参数有额定工作电压、额定工作电流、线圈电阻、触点负荷等。

（1）额定工作电压是指继电器正常工作时线圈需要的电压，对于直流继电器是指直流电压，对于交流继电器则是指交流电压。同一种型号的继电器往往有多种额定工作电压以供选择，并在型号后面加以规格号来区别。

（2）额定工作电流是指继电器正常工作时线圈需要的电流值，对于直流继电器是指直流电流值，对于交流继电器则是指交流电流值。选用继电器时必须保证其额定工作电压和额定工作电流符合要求。

（3）线圈电阻是指继电器线圈的直流电阻。对于直流继电器，线圈电阻与额定工作电压和额定工作电流的关系符合欧姆定律。

（4）触点负荷是指继电器触点的负载能力，也称为触点容量。例如，JZX-10M型继电器的触点负荷为直流$28V \times 2A$或交流$115V \times 1A$。使用中通过继电器触点的电压、电流均不应超过规定值，否则会烧坏触点，造成继电器损坏。一个继电器的多组触点的负荷一般都是一样的。

4. 电磁继电器

电磁继电器是最常用的继电器之一，它是利用电磁吸引力推动触点动作的。电磁继电器由铁芯、线圈、衔铁、动触点、静触点等部分组成，如图1-55所示。

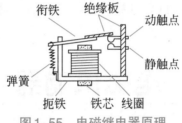

图1-55　电磁继电器原理

在继电器线圈未通电时，衔铁在弹簧的作用下向上翘起，动触点与静触点处于断开状态。当接通电源工作电流通过线圈时，铁芯被磁化将衔铁吸合，衔铁向下运动并推动动触点与静触点接通，实现了对被控电路的控制。

根据线圈要求的工作电压的不同，电磁继电器可分为直流继电器、交流继电器、脉冲继电器等类型。

5. 继电器的用途

继电器的主要用途是间接控制和隔离控制，使控制电路和被控电路完全隔离，可以方便地实现弱电控制强电、直流控制交流等功能，在自动控制、遥控、保护电路等方面得到广泛应用。

1.2　定时器电路

定时器电路是一种实用电路，包括固定时间定时器、时间可变定时器、倒计时定时器等。定时器启动后即自动运行，定时时间结束时会发出声、光提示，也可控制负载的动作。

1.2.1　简单定时电路

图1-56所示为最简单的定时器电路，以单向晶闸管VS为核心组成，R_1为定时电阻，C_1为定时电容，HA为自带音源的电磁讯响器，S为电源开关。定时时间由R_1和C_1确定，R_1和

C_1越大，定时时间越长。

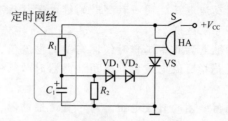

图1-56　简单定时器电路

打开电源开关S后，电源+V_{CC}开始经R_1向C_1充电。由于电容器两端电压不能突变，C_1上电压仍为"0"，单向晶闸管VS无触发电压而截止，自带音源讯响器HA无声。

随着时间的推移，C_1上所充电压越来越高。当C_1上电压达到单向晶闸管VS的触发电压时，VS被触发而导通，自带音源讯响器HA发声，提示定时时间结束。

晶体二极管VD_1、VD_2串联后接在单向晶闸管VS的控制极回路中，作用是提高晶闸管控制极的触发电压。因为C_1上电压必须超过两个二极管的管压降才能触发晶闸管，从而在同样大小的定时电阻与电容的情况下，获得更长的定时时间。R_2为C_1的泄放电阻，定时结束切断电源开关S后，可以迅速将C_1上电压放掉，以利再次启动定时器。

知识链接 7　电磁讯响器

电磁讯响器是一种微型的电声转换器件，应用在一些特定的场合，外形如图1-57所示。

图1-57　电磁讯响器

1. 电磁讯响器的种类

电磁讯响器可分为不带音源和自带音源两大类。

（1）不带音源讯响器相当于一个微型扬声器，工作时需要接入音频驱动信号才能发声。

（2）自带音源讯响器内部包含有音源集成电路，可以自行产生音频驱动信号，工作时不需要外加音频信号，接上规定的直流电压即可发声。按照所发声音的不同，自带音源讯响器又分为连续长音和断续声音两种。

2. 电磁讯响器的符号

电磁讯响器的文字符号是"HA"，图形符号如图1-58所示。

HA

图1-58　电磁讯响器的符号

3. 电磁讯响器的参数

电磁讯响器的参数主要有标称阻抗和工作电压等。

（1）标称阻抗

不带音源讯响器的标称阻抗有16Ω、32Ω、50Ω等，应根据需要选用。

（2）工作电压

自带音源讯响器的额定直流工作电压有1.5V、3V、6V、9V、12V等规格，可根据电路电源电压进行选用。

4. 电磁讯响器工作原理

电磁讯响器的频响范围较窄、低频响应较差，一般不宜作还音系统的扬声器用。但电磁讯响器具有体积小、重量轻和灵敏度高的特点，广泛应用在家用电器、仪器仪表、报警器、电子时钟和电子玩具等领域。

（1）不带音源讯响器的工作原理

电磁讯响器是运用电磁原理工作的，其内部结构如图1-59所示，由线圈、磁铁、振动膜片等部分组成。当给线圈通以音频电流时将产生交变磁场，振动膜片在交变磁场的吸引力作用下振动而发声。电磁讯响器的外壳形成一共鸣腔，使其发声更加响亮。

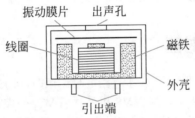

图1-59　不带音源讯响器结构原理

（2）自带音源讯响器的工作原理

自带音源讯响器结构如图1-60所示，内部包含有音源集成电路IC。接上规定的直流工作电压后，音源集成电路IC产生音频信号（连续长音或断续声音）并驱动电磁讯响器发声。

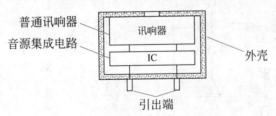

图1-60　自带音源讯响器结构原理

5. 电磁讯响器的用途

电磁讯响器的用途是发出保真度要求不高的声音。由于电磁讯响器体积较小，有利于设备的小型化。

1.2.2 单稳型定时电路

单稳态触发器本身就是一个定时电路。时基电路构成的单稳态定时器电路如图1-61

所示。RC组成定时网络，时基电路IC的置"0"端（第6脚）和放电端（第7脚）并接于定时电容C上端。触发脉冲U_i从时基电路的置"1"端（第2脚）输入，输出信号U_o由第3脚输出。时基电路构成的单稳态触发器由负脉冲触发，输出一个脉宽为T_W的正矩形脉冲。

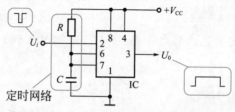

图1-61　单稳型定时电路

电路工作过程分析如下。

① 电路处于稳态时，$U_o = 0$，放电端（第7脚）导通到地，电容C上无电压。

② 当负触发脉冲U_i加到时基电路IC第2脚时，电路翻转为暂稳态，$U_o = 1$，放电端（第7脚）截止，电源$+V_{CC}$开始经R向C充电。

③ 由于C上电压直接接到时基电路IC的置"0"端（第6脚），当C上的充电电压达到$\frac{2}{3}V_{CC}$（置"0"端阈值）时，电路再次翻转回复稳态。U_o的输出脉宽$T_W = 1.1RC$。

1.2.3　声光提示定时器

声光提示定时器具有定时工作指示灯，在定时结束时同时发出声、光提示。声光提示定时器电路如图1-62所示，由单向晶闸管VS和晶体管$VT_1 \sim VT_3$等组成，VD_2和VD_3是发光二极管，HA是自带音源讯响器，S是电源开关，SB是启动按钮。

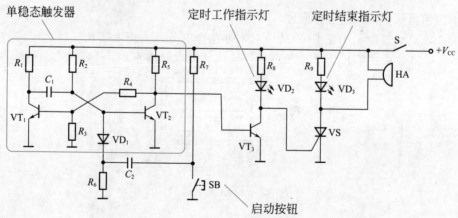

图1-62　声光提示定时器电路图

晶体管VT_1、VT_2等构成单稳态触发器，定时时间取决于单稳态触发器的输出脉宽T_W，由C_1经R_2的放电时间决定，$T_W = 0.7R_2C_1$。

晶体管VT_3、单向晶闸管VS等构成指示和提示电路。绿色发光二极管VD_2为定时器工作指示灯，由晶体管VT_3控制，R_8为其限流电阻。红色发光二极管VD_3为定时结束提示灯，R_9为其限流电阻。VD_3与自带音源讯响器HA均由晶闸管VS控制。

应用定时器时，按一下启动按钮SB，触发单稳态触发器翻转至暂稳态，VT_2集电极输出高电平，使晶体管 VT_3 导通，VD_2 发光（绿色）表示定时器已工作。此时晶闸管 VS 因控制极无触发电压而截止，VD_3 不发光，HA 不发声。

定时结束时，单稳态触发器自动回复稳态，VT_2 集电极输出为"0"，使晶体管 VT_3 截止，VD_2 熄灭。同时 VT_3 的集电极电压加至晶闸管 VS 控制极，触发 VS 导通，使 VD_3 发光（红色）、HA 发声，提示定时已结束。切断电源开关 S 后，提示声光停止。

1.2.4　时间可变的定时器

时间可变定时器的定时时间可根据需要设定，最短为 1s，最长为 1000s。在定时时间内，发光二极管点亮指示。定时时间终了，发出 6s 左右的提示音。

图 1-63 所示为时间可变定时器电路。电路采用了两个集成单稳态触发器，第一个单稳态触发器 IC_1 构成定时器主体电路，第二个单稳态触发器 IC_2 构成提示音电路。SB 为定时启动按钮，S_2 为电源开关。

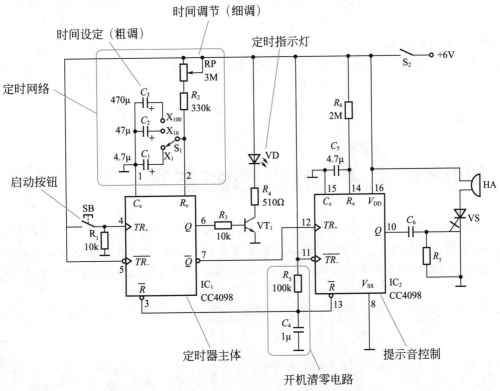

图 1-63　时间可变定时器

（1）定时控制电路

定时控制电路由集成单稳态触发器 IC_1 等构成，采用 TR_+ 输入端触发，当按下启动按钮 SB 时，正触发脉冲加至 TR_+ 端，IC_1 被触发，其输出端 Q 便输出一个宽度为 T_w 的高电平信号。

输出脉宽 T_w 由定时电阻 R 和定时电容 C 决定，$T_w = 0.7RC$，改变定时元件 R 和 C 的大小即可改变定时时间。电路中，定时电阻 R 等于 RP 与 R_2 之和，定时电容 C 等于 C_1、C_2、C_3 中被选中的一个。

S_1 为定时时间设定波段开关，S_1 指向 C_1 时定时时间为 1～10s（由 RP 调节，下同），S_1 指向 C_2 时定时时间为 10～100s，S_1 指向 C_3 时定时时间为 100～1000秒。RP 为定时时间调节电位器，因为定时电阻$R = RP + R_2$，调节RP，可使R最小为330kΩ、最大为3.33MΩ，调节率达10倍。

（2）发光指示电路

发光指示电路由晶体管VT_1和发光二极管VD等构成。当集成单稳态触发器IC_1输出端Q为高电平时，晶体管VT_1导通使发光二极管VD发光。R_4为VD的限流电阻，改变R_4可调节VD的发光亮度。

（3）提示音电路

提示音控制电路由集成单稳态触发器IC_2等构成，定时时间由R_6、C_5确定，约为6s。当IC_1定时结束时，其$\overline{Q}$端由低电平变为高电平，上升沿加至IC_2的TR_+端，IC_2被触发，IC_2的Q端便输出一个宽度为6s左右的高电平信号，使发声提示电路工作。

当集成单稳态触发器IC_2输出端Q变为高电平时，其上升沿经C_6、R_7微分电路产生正脉冲触发可关断晶闸管VS导通，使自带音源讯响器HA发出提示音。当IC_2暂稳态结束、输出端Q回复低电平时，其下降沿经C_6、R_7微分电路产生负脉冲触发可关断晶闸管VS截止，使HA停止发声。

（4）开机清零电路

为了防止开机时定时器被误触发，电路中设计了开机清零电路，由R_5、C_4等构成。在接通电源开关S_2的瞬间，因C_4上电压不能突变，$U_{C4} = 0$，加至两个单稳态触发器的$\overline{R}$端使其清零。

知识链接 8 单稳态触发器

单稳态触发器是具有一个稳态和一个暂稳态的触发器。单稳态触发器符号如图1-64所示，一般具有两个触发端：上升沿触发端TR_+和下降沿触发端$\overline{TR}$。具有两个输出端：Q端和$\overline{Q}$端，Q和$\overline{Q}$端的输出信号互为反相。另外还具有清零端$\overline{R}$、外接电阻端R_e和外接电容端C_e。

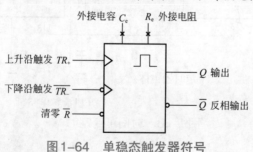

图1-64　单稳态触发器符号

1. 单稳态触发器的特点

单稳态触发器的特点是触发后能够自动从暂稳态回复到稳态。稳态时输出端$Q = 0$，在触发脉冲的触发下，电路翻转为暂稳态（$Q = 1$），经过一定时间后又自动回复到稳态（$Q = 0$）。

单稳态触发器被触发后即输出一个恒定宽度的矩形脉冲，该矩形脉冲的宽度由外接定时元件R_e和C_e决定，而与触发脉冲的宽度无关。表1-1为单稳态触发器真值表。

表1-1 单稳态触发器真值表

输入			输出	
R	TR_+	$\overline{TR_-}$	Q	$\overline{Q}$
1	⌐	1	⊓	⊔
1	0	⌐	⊓	⊔
1	⌐	0	不触发	
1	1	⌐	不触发	
0	任意	任意	0	1

2. 单稳态触发器的用途

单稳态触发器主要应用于脉冲信号展宽、整形、延迟电路，以及定时器、振荡器、数字滤波器、频率－电压变换器等。

1.3 数显倒计时定时器

倒计时定时器的用途很广泛。可以用作定时器，控制被定时的电器的工作状态，定时开或者定时关，最长定时时间99min，在定时的过程中，随时显示剩余时间。还可以用作倒计时计数，最长倒计时时间99s，由两位数码管直观显示倒计时计数状态。

1.3.1 电路工作原理

图1-65所示为倒计时定时器电路图，最大计时数"99"，计时间隔为"1"，计时单位为秒或分（由选择开关控制），倒计时初始时间可以预置。采用两位LED数码管显示。倒计时终了时有提示音，同时具有"通"、"断"两种控制形式。

倒计时定时器电路包括：①IC$_3$和IC$_4$构成的两位可预置数减计数器；②IC$_1$、IC$_2$以及LED数码管等构成的两位译码显示电路；③非门D$_1$、D$_2$等构成的秒信号产生电路；④IC$_5$、与门D$_5$等构成的60分频器；⑤晶体管VT$_1$、VT$_2$以及讯响器HA和继电器K$_1$等组成的提示和执行电路。S$_1$、S$_2$为预置数设定开关，S$_3$为启动按钮，S$_4$为秒/分选择开关。图1-66所示为倒计时定时器原理方框图。

电路工作原理如下：

倒计时定时器的核心是可预置数减计数器IC$_3$、IC$_4$，其初始数由拨码开关S$_1$、S$_2$设定，其输出状态由BCD码-7段译码器IC$_1$、IC$_2$译码后驱动LED数码管显示。非门D$_1$、D$_2$产生的秒信号脉冲，以及经IC$_5$等60分频后得到的分信号脉冲，由开关S$_4$选择后作为时钟脉冲送入减计数器的CP端。

当按下启动按钮S$_3$后，S$_1$与S$_2$设定的预置数进入减计数器，数码管显示出该预置数。然后减计数器就在时钟脉冲CP的作用下作减计数，数码管亦作同步显示。

当倒计时结束，减计数器显示为"00"时，输出高电平使VT$_1$、VT$_2$导通，继电器K$_1$吸合，其常开触点K$_{1-1}$闭合，接通被控电器；其常闭触点K$_{1-2}$断开，切断被控电器。同时，自带音源讯响器HA发出提示音。

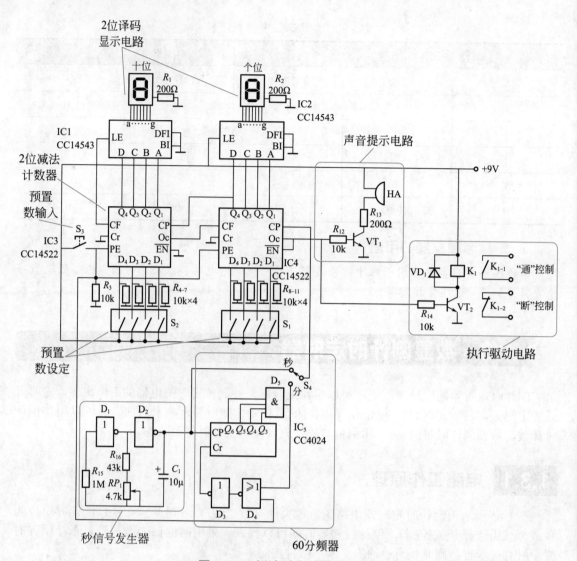

图1-65 倒计时定时器电路图

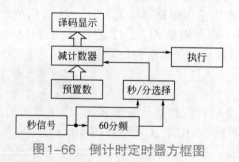

图1-66 倒计时定时器方框图

1.3.2 门电路多谐振荡器

CMOS门电路输入阻抗很高，构成多谐振荡器容易获得较大的时间常数，尤其适用于低频时钟振荡电路。本电路中，非门D_1、D_2等构成多谐振荡器，产生秒信号脉冲，振荡周期

$T \approx 2.2 \left(R_{16} + RP_1 \right) C_1$，可通过 RP_1 进行微调，使其为标准的1s。R_{15} 是补偿电阻，可提高振荡频率的稳定度。

1.3.3 60分频器

当倒计时定时器以"分"为计时单位时，需要每分钟1个脉冲的时钟信号，它是由秒信号经过60分频后得到的。

60分频器电路由 IC_5、D_5 等组成，如图1-67（a）所示。IC_5 采用7位二进制串行计数器 CC4024，$Q_1 \sim Q_7$ 分别为7位计数单元的输出端。从图1-67（b）计数状态表可见，当第60个脉冲到达，计数状态为"0111100"时，与门 D_5 输出一高电平使 IC_5 清零，计数状态回复为"0000000"，并开始新的一轮计数。D_5 输出信号为输入信号 f 的1/60，实现了60分频。

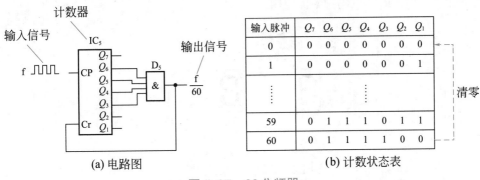

输入脉冲	Q_7	Q_6	Q_5	Q_4	Q_3	Q_2	Q_1
0	0	0	0	0	0	0	0
1	0	0	0	0	0	0	1
⋮				⋮			
59	0	1	1	1	0	1	1
60	0	1	1	1	1	0	0

(a) 电路图　　　　　(b) 计数状态表

图1-67　60分频器

1.3.4 减计数器

电路的核心是可预置数减计数器，由集成电路CC14522构成。CC14522是可预置数的二-十进制 $\frac{1}{N}$ 计数器，各引脚功能如图1-68所示。IC_3、IC_4 的预置数输入端 $D_1 \sim D_4$ 的状态由拨码开关 S_1、S_2 设定，开关断开为"0"、闭合为"1"。

当按下启动按钮 S_3 时，高电平加至 IC_3 和 IC_4 的"PE"端，使设定的预置数进入计数器中，然后计数器就在时钟脉冲作用下进行减计数。减计数过程如下：

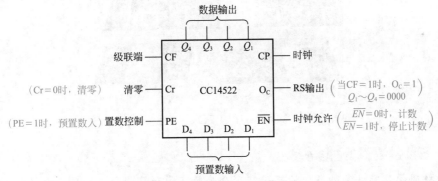

图1-68　CC14522引脚功能

① 当个位计数器（IC_4）减到"0000"时，再输入一个时钟脉冲，就跳变为其最高位

"1001"，其 Q_4 端输出一"1"脉冲（可理解为借位信号）使十位计数器（IC$_3$）减1。

　　② 当十位计数器减至"0000"时，其"O$_C$"端变为"1"，使个位计数器的"CF"端为"1"。

　　③ 当个位计数器再减至"0000"时，其"O$_C$"端变为"1"，并使本位的"$\overline{\text{EN}}$"端为"1"，计数停止。个位计数器的"O$_C$"端为两位减计数器的输出端。

1.3.5　译码显示电路

　　减计数器的输出状态由LED数码管显示。译码器IC$_1$、IC$_2$采用BCD-7段锁存译码集成电路CC14543，将减计数器IC$_3$、IC$_4$输出端（Q端）的4位BCD码（二-十进制8421码）译码后，驱动7段LED数码管显示，如图1-69所示。由于采用共阴数码管，所以IC$_1$、IC$_2$的"DFI"端接地。R_1、R_2为数码管限流电阻。

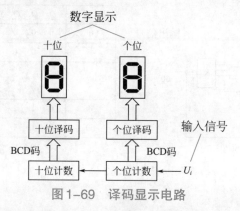

图1-69　译码显示电路

知识链接 **9**　LED数码管

　　LED数码管是最常用的一种字符显示器件，它是将若干发光二极管按一定图形组织在一起构成的，外形如图1-70所示。

图1-70　LED数码管

1. LED数码管的种类

　　LED数码管具有许多种类。按显示字形分为数字管和符号管，按显示位数分为一位、两位和多位数码管，按内部连接方式分为共阴极数码管和共阳极数码管两种，按字符颜色分为红色、绿色、黄色和橙色等。7段数码管是应用较多的一种数码管。

2. LED数码管的符号

LED数码管的图形符号如图1-71所示。

图1-71 LED数码管的图形符号

3. LED数码管的引脚

LED数码管具有较多引脚，使用中应注意识别。

（1）一位共阴极LED数码管共10个引脚，其中第3、第8两引脚为公共负极（该两管脚内部已连接在一起），其余8个引脚分别为7段笔画和1个小数点的正极，如图1-72所示。

（2）一位共阳极LED数码管共10个引脚，其中第3、第8两引脚为公共正极（该两引脚内部已连接在一起），其余8个引脚分别为7段笔画和1个小数点的负极，如图1-73所示。

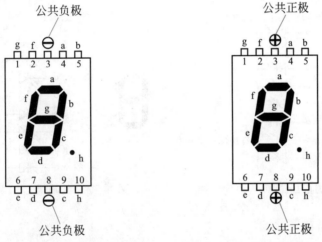

图1-72 一位共阴极LED数码管　　图1-73 一位共阳极LED数码管

（3）两位共阴极LED数码管共18个引脚，其中第6、第5两引脚分别为个位和十位的公共负极，其余16个引脚分别为个位和十位的笔画与小数点的正极，如图1-74所示。

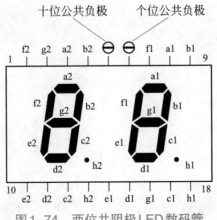

图1-74 两位共阴极LED数码管

4. LED数码管的显示原理

LED数码管的特点是发光亮度高、响应时间快、高频特性好、驱动电路简单等，而且体积小、重量轻、寿命长和耐冲击性能好。

7段数码管将7个笔画段组成"8"字形，能够显示"0～9"十个数字和"A～F"六个字母，如图1-75所示，可以用于二进制、十进制以及十六进制数的显示。

图1-75　LED数码管显示字形

共阴极LED数码管内电路如图1-76所示，8个LED（7段笔画和1个小数点）的负极连接在一起接地，译码电路按需给不同笔画的LED正极加上正电压，使其显示出相应数字。

共阳极LED数码管内电路如图1-77所示，8个LED的正极连接在一起接正电压，译码电路按需使不同笔画的LED负极接地，使其显示出相应数字。

图1-76　共阴极LED数码管内电路　　　　图1-77　共阳极LED数码管内电路

5. LED数码管的用途

LED数码管的主要用途是显示字符。例如，在时钟电路中显示时间，在计数电路中显示数字，在测量电路中显示结果等。

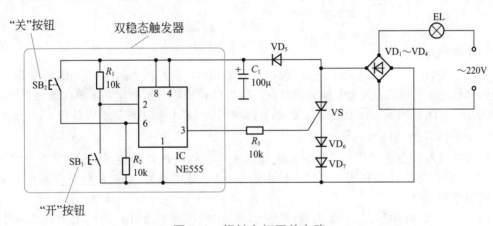

第**2**章

照明与调光电路

照明与调光电路是与日常生活联系最紧密的电路，例如照明灯开关电路、调光电路、小夜灯电路、电子节能灯电路、LED 照明电路、智能节电控制电路等。

▶ 2.1 照明灯开关电路

照明灯开关电路的功能是控制照明灯的开与关，特点是用电子电路取代简单的机械开关，使得照明控制更方便、更快速、更智能、更节电。

2.1.1 轻触台灯开关

图 2-1 所示为轻触台灯开关电路，"开"和"关"为两个轻触按钮开关 SB_1 和 SB_2，时基电路 IC 完成控制功能，单向晶闸管 VS 构成无触点直流开关，控制台灯 EL 的点亮与否。

图2-1 轻触台灯开关电路

时基电路 IC 构成 RS 型双稳态触发器。双稳态触发器的特点是具有两个稳定的状态，并且在外加触发信号的作用下，可以由一种稳定状态转换为另一种稳定状态。在没有外加触发信号时，现有状态将一直保持下去。

当按下"开"轻触按钮开关SB_1时，时基电路IC的第2脚被接地，即在RS触发器的置"1"输入端加上一个"0"电平触发脉冲，电路被置"1"，输出端（第3脚）输出为高电平，经R_3加至单向晶闸管VS的控制极，触发VS导通，台灯点亮。

当按下"关"轻触按钮开关SB_2时，时基电路IC的第6脚被接$+V_{CC}$，即在RS触发器的置"0"输入端加上一个"1"电平触发脉冲，电路被置"0"，输出端（第3脚）输出为"0"，单向晶闸管VS失去触发信号，在交流电过零时截止，台灯熄灭。

晶体二极管$VD_1 \sim VD_4$构成桥式整流电路，为控制电路提供直流电源，并使得单向晶闸管可以控制台灯的交流回路。VD_5起隔离作用，其左侧因为有C_1滤波而为时基电路IC提供平稳的直流电压，其右侧为脉动电压保证晶闸管VS可以在过零时截止。VD_6与VD_7的作用是垫高VS的管压降，确保在VS导通时IC仍能得到一定的工作电压。

2.1.2 触摸开关电路

图2-2所示为触摸开关电路。该触摸开关具有延时功能，可应用于楼道、走廊等公共部位的照明灯节电控制。行人用手触摸一下开关，照明灯即点亮，并在数十秒后自动熄灭。电路图分析如下。

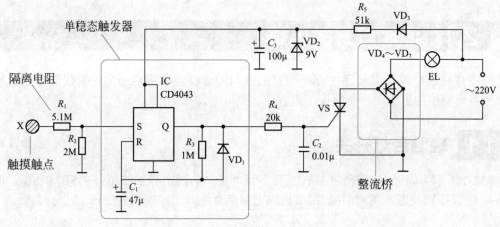

图2-2 触摸开关电路

（1）电路结构

触摸开关的控制核心是RS触发器集成电路CD4043，它是或非门结构的RS触发器，在这里接成单稳态工作模式。X为金属触摸触点，R_3与C_1构成阻容延时电路，单向晶闸管VS、整流桥$VD_4 \sim VD_7$等构成执行电路，在RS触发器输出信号的作用下控制照明灯EL的亮与灭。

（2）工作原理

当人体接触到金属触摸接点X时，人体感应电压经R_1加至触发器的S端（置"1"输入端），其中的正脉冲使触发器置"1"，输出端$Q=1$（高电平），通过R_4使单向晶闸管VS导通，照明灯EL点亮。

同时，输出端Q的高电平经R_3向C_1充电，C_1上电压逐步上升。当C_1上电压达到R输入端的阈值时，触发器被置"0"，输出端$Q=0$，单向晶闸管VS在交流电过零时关断，照明灯EL熄灭。

照明灯EL点亮的时间T_W由延时电路R_3与C_1的取值决定，$T_W = 0.69R_3C_1$，本电路中延时时间约为32s。二极管VD_1的作用是当延时结束$Q=0$时，将C_1上的电荷迅速放掉，为下一次触发做好准备。R_1为隔离电阻，以保证触摸接点的安全性。

如需要改变照明灯EL点亮的时间，可以通过改变R_3或C_1的大小来实现，增大R_3或C_1则亮灯时间加长，减小R_3或C_1则亮灯时间缩短。

（3）电源电路

二极管整流桥$VD_4 \sim VD_7$的作用是，无论交流220V市电的相线（火线）与零线怎样接入电路，都能保证控制电路正常工作。

整流二极管VD_3、降压电阻R_5、滤波电容C_3和稳压二极管VD_2组成电源电路，将交流220V市电直接整流为+9V电源供控制电路工作。

2.1.3 门控电灯开关

夜晚回家，打开门后要摸黑找电灯开关，很不方便。门控电灯开关可以解决这些不便，在夜晚回家打开门后，室内电灯立即自动点亮。

图2-3所示为门控电灯开关电路图，由双向晶闸管VS、干簧管S等组成门控无触点开关，控制照明灯EL的交流电源。

门控部分由常开触点干簧管S与永久磁铁构成，干簧管S安装在门框上，永久磁铁安装在门上靠近干簧管的位置，如图2-4所示。

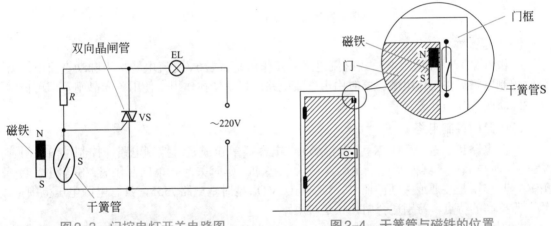

图2-3 门控电灯开关电路图　　　　　图2-4 干簧管与磁铁的位置

门关着时，磁铁靠近干簧管S使其触点闭合，将双向晶闸管VS的控制极短路，VS因无触发电压而截止，照明灯EL不亮。

当门打开时，磁铁离开了干簧管S，干簧管触点断开，电源电压经触发电阻R加至双向晶闸管VS的控制极，触发VS导通，照明灯EL点亮。

2.1.4 轻触延时节能开关

轻触延时节能开关是一种具有延时关灯功能的自动开关，按一下延时开关上的按钮，照明灯立即点亮，延时数分钟后自动熄灭，特别适合作为门灯、楼道灯等公共部位照明灯的控制开关，起到节能减排、绿色环保的功效。

图2-5所示为轻触延时节能开关电路图，由整流桥、延时控制电路、电子开关等组成，图2-6所示为电路结构方框图。

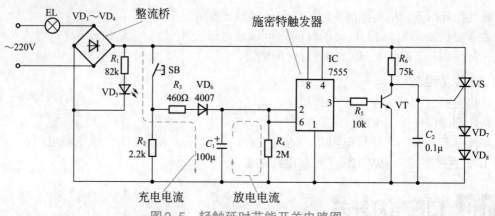

图2-5　轻触延时节能开关电路图

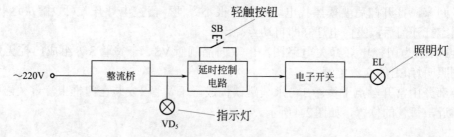

图2-6　轻触延时节能开关方框图

（1）整流桥

二极管$VD_1 \sim VD_4$组成桥式整流电路，其作用是将220V交流电转换为脉动直流电，为延时控制电路提供工作电源。同时由于整流电路的极性转换作用，使用单向晶闸管即可控制交流回路照明灯的开关。

（2）延时控制电路

时基电路IC、晶体管VT、二极管VD_6、电容C_1等组成延时控制电路，控制单向晶闸管VS的导通与截止，其控制特点是触发后瞬时接通、延时关断。单向晶闸管VS等组成电子开关，其作用是接通或关断照明灯。IC采用CMOS型时基电路7555，具有电源电压范围宽、输入阻抗高的特点，特别适合用作长延时电路。

SB为轻触控制按钮。SB尚未被按下时，电容C_1上无电压，时基电路第3脚输出为高电平，并经R_5使晶体管VT导通，晶闸管VS因无控制电压而截止。这时，整流电路输出为峰值约310V的脉动直流电压。虽然晶体管VT导通，但由于R_6阻值很大，导通电流仅几个毫安，不足以使照明灯EL点亮。

当按下SB时，整流输出的310V脉动直流电压经R_3、VD_6使C_1迅速充满电，时基电路第3脚输出变为低电平，晶体管VT截止，其集电极电压加至晶闸管VS控制极，VS导通使EL电源回路接通，照明灯EL点亮。

松开SB后，由于C_1上已充满电，照明灯EL继续维持点亮。随着C_1通过R_4放电，数分钟后，当C_1上电压下降到$\frac{1}{3}V_{cc}$时，时基电路再次翻转，晶体管VT导通，晶闸管VS在脉动直流电压过"0"时截止，照明灯EL熄灭。

（3）应用

发光二极管VD_5为指示灯，其作用是指示轻触按钮的位置，以便在黑暗中易于找到。照明灯 EL 未亮时，整流输出的 310V 脉动直流电压经 R_1 使发光二极管 VD_5 点亮，R_1 为限流电阻。照明灯 EL 亮后，整流输出的脉动直流电压大幅度下降为 3 ～ 4V（VS、VD_7、VD_8 管压降之和），发光二极管 VD_5 熄灭。

由于本轻触延时节能开关固定在标准开关板上，因此使用时可以直接代换照明灯原来的开关，如图 2-7 所示。

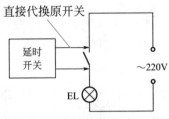

图 2-7　直接代换原有开关

2.1.5　多路控制楼道灯

多路控制楼道灯电路采用双向晶闸管控制，可以在任一楼层打开或关闭楼道灯，极大地方便了晚间楼道内的行人。图 2-8 所示为多路控制楼道灯电路图。

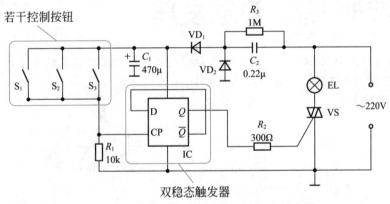

图 2-8　多路控制楼道灯电路图

（1）控制电路

电路控制部分为 D 触发器（IC）构成的双稳态触发器，其 Q 输出端信号经 R_2 加至双向晶闸管 VS 的控制极，作为 VS 的触发信号。

S_1、S_2、S_3 等为若干个控制按钮开关，任意一个按下时，将在电阻 R_1 上产生一个脉冲电压，触发双稳态触发器 IC 翻转。当双稳态触发器的 Q 输出端为"1"时，高电平经 R_2 触发双向晶闸管 VS 导通，楼道灯点亮。当双稳态触发器的 Q 输出端为"0"时，双向晶闸管 VS 因无触发信号而在交流电过零时截至，楼道灯熄灭。

控制按钮 S_1、S_2、S_3 等可以无限制地增加数量，互相并联即可。这些控制按钮根据需要分布在各个楼层，每个楼层的楼道灯也互相并联在一起。例如某人住在六楼，晚上回来时在一楼按一下控制按钮 S_1，所有楼层的楼道灯都点亮提供照明；当他到达六楼家门口时，按一下六楼的控制按钮 S_6，所有楼层的楼道灯都熄灭，既方便又节约电能。

（2）电源电路

控制电路采用电容降压整流电源供电，C_2 为降压电容，R_3 为其泄放电阻，VD_1 为整流二极管，VD_2为续流二极管，C_1为滤波电容。

电容降压整流电源工作原理是，交流电正半周时，经C_2降压、VD_1整流、C_1滤波后成为直流电压，作为控制电路的工作电源。交流电负半周时，经续流二极管VD_2、降压电容C_2构成回路，如图2-9所示。电容降压整流电源的最大特点是电路简单、成本低廉，主要应用于小电流供电场合。

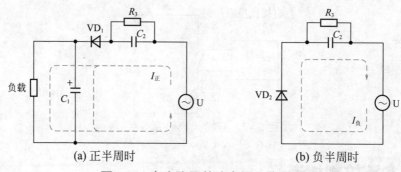

(a) 正半周时   (b) 负半周时

图2-9　电容降压整流电源工作原理

D触发器

D触发器又称为延迟触发器，是一种边沿触发器。D触发器具有数据输入端D、时钟输入端CP、输出端Q和反相输出端$\overline{Q}$，如图2-10所示。图2-10（a）为CP上升沿触发的D触发器，图2-10（b）为CP下降沿触发的D触发器。

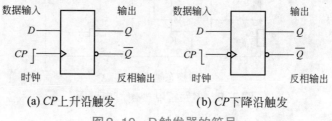

(a) CP上升沿触发   (b) CP下降沿触发

图2-10　D触发器的符号

1. D触发器的特点

D触发器的特点是，输出状态的改变依赖于时钟脉冲CP的触发，即在时钟脉冲边沿的触发下，数据才得以由输入端D传输到输出端Q。没有触发信号时触发器中的数据则保持不变。上升沿触发型D触发器和下降沿触发型D触发器的真值表分别见表2-1和表2-2。

表2-1　D触发器真值表（上升沿触发）

输入		输出	
CP	D	Q	$\overline{Q}$
⌐	0	0	1
⌐	1	1	0
⌐	任意	不变	

表2-2 D触发器真值表（下降沿触发）

输入		输出	
CP	D	Q	$\bar{Q}$
⅃	0	0	1
⅃	1	1	0
⌐	任意	不变	

2. D触发器的用途

D触发器常用于数据锁存、计数和分频等电路中。

2.1.6 自动路灯控制器

自动路灯控制器能够实时检测环境光，并依据环境光的变化自动控制路灯的开启或关闭，实现路灯的自动化控制。自动路灯控制器电路如图2-11所示，555时基电路IC构成施密特触发器，R_1为光敏电阻，VT是触发晶体管，VS是双向晶闸管。

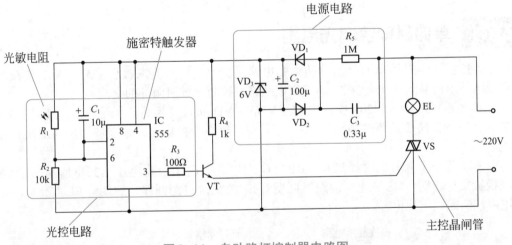

图2-11 自动路灯控制器电路图

自动路灯控制器电路包括主控电路、光控电路、电源电路等部分，图2-12所示为其原理方框图。

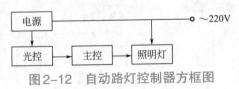

图2-12 自动路灯控制器方框图

（1）控制电路

主控器件采用双向晶闸管VS，实现了无触点开关控制，体积小、寿命长、造价低、开关速度快。光敏电阻R_1和555时基电路IC等组成光控电路，控制双向晶闸管VS的导通与截止。

当环境光线明亮时，光敏电阻R_1阻值很小，555时基电路输出端（第3脚）为低电平，晶体管VT和晶闸管VS均截止，照明灯EL不亮。

当环境光线昏暗时，光敏电阻R_1阻值变大，555时基电路输出端（第3脚）变为高电平，使晶体管VT导通，电源电压经R_4、VT加至双向晶闸管VS控制极，使晶闸管VS导通，照明灯EL点亮。

安装时应注意不要让自身灯泡EL的灯光照射到光敏电阻R_1上，以免出现误动作。该电路用于路灯控制，会根据自然环境光的强弱自动控制路灯的开与关。

（2）电源电路

电容器C_3、整流二极管VD_1和VD_2、稳压二极管VD_3等组成电容降压整流电源电路，为控制电路提供+6V工作电压。C_3为降压电容器，R_1是C_3的泄放电阻，C_2为滤波电容器。

采用电容降压整流电源电路，具有电路简单、功耗低、成本低的优点。缺点是整个电路带220V市电，调试和使用中应注意安全。

2.2 调光电路

应用晶闸管可以实现无级调光。晶闸管调光的基本原理是，通过改变触发脉冲的时间来改变晶闸管的导通角，从而改变了实际通过晶闸管的交流电的平均电压，达到改变照明灯亮度的目的。

2.2.1 单向晶闸管调光电路

图2-13所示为采用单向晶闸管的调光电路。交流电由整流二极管$VD_1 \sim VD_4$变换为脉动直流电，单向晶闸管VS接在脉动直流电回路，控制通过照明灯的交流电。

接通电源开关S后，220V交流电源经$VD_1 \sim VD_4$极性变换后，无论正半周还是负半周，都是从上到下正向通过单向晶闸管VS。正是有了极性变换电路，才能够用单向晶闸管控制交流电。

电源在每个半周开始时经过R_1、RP向C_1充电。当C_1上所充电压达到单向晶闸管VS的控制极触发电压时，VS导通，沟通了照明灯EL的交流电源回路，照明灯EL点亮。R_2是触发电阻，C_2是抗干扰电容。

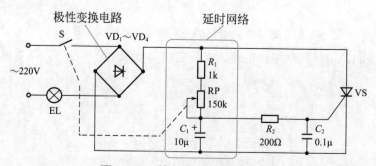

图2-13 单向晶闸管调光电路

在每个半周结束时（即交流电过零时）单向晶闸管VS截止，切断照明灯EL的交流电源回路，照明灯EL熄灭。由于220V交流电具有100个半周（50Hz），同时白炽灯泡具有一定的热惰性，所以看起来照明灯EL是一直亮着的。

从每个半周开始到晶闸管VS被触发的时间，就是C_1的充电时间。调节电位器RP可改变C_1的充电时间常数，即改变VS的导通角，如图2-14所示。

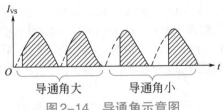

图2-14 导通角示意图

减小电位器RP的阻值，晶闸管VS导通角增大，通过照明灯EL的平均电压增大，灯光亮度增强。增大电位器RP的阻值，晶闸管VS导通角减小，通过照明灯EL的平均电压减小，灯光亮度减弱。RP一般采用带开关电位器，并使开关S刚打开时RP处于最大阻值。这样，在使用中打开开关时灯光微亮，然后再逐步调亮，效果较好。

2.2.2 双向晶闸管调光电路

图2-15所示为采用双向晶闸管的调光电路。VS为双向晶闸管，VD为双向触发二极管。调节电位器RP可改变双向晶闸管VS的导通角，从而达到调光的目的。

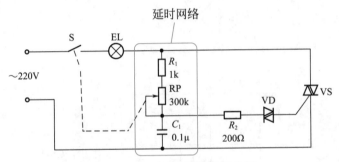

图2-15 双向晶闸管调光电路

双向晶闸管是一种交流型功率控制器件，可以控制双向导通，因此可以直接接在照明灯EL的交流回路中。与单向晶闸管调光电路相比，双向晶闸管调光电路省去了4个整流二极管组成的极性变换电路，电路更加简洁，体积更小，成本更低。

2.2.3 低压石英灯调光电路

石英灯是一种时尚灯具，大都采用12V石英灯泡，具有亮度高、功耗小、寿命长和安全的特点。图2-16所示为低压石英灯调光电路，可以控制石英灯的亮度在微亮到全亮之间连续可调。

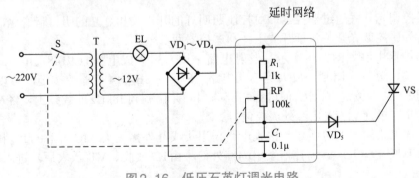

图2-16 低压石英灯调光电路

电路中，VS为单向晶闸管，VD₅为触发二极管，EL为12V石英灯泡，T为电源变压器。电阻R_1、电位器RP和电容C_1构成定时电路，与VD₅一起产生触发电压U_G。

接通电源后，变压器T次级的12V、50Hz交流电压经二极管VD₁～VD₄桥式整流为100Hz的脉动电流，每个半周开始时通过R_1、RP向C_1充电，由于充电电流很小，不足以使石英灯EL发光。

随着时间的推移，当C_1上所充电压达到VD₅的导通电压时，VD₅导通输出一个触发电压U_G，使单向晶闸管VS导通，石英灯EL发光。当交流电压过零时晶闸管关断，下一个半周开始时重复以上过程。

图2-17所示为电路工作波形示意图，图中"t"为充电时间。当（R_1+RP）的阻值较小时，充电时间t较短，晶闸管VS的导通角较大，石英灯EL上获得电压较大，发光较亮。当（R_1+RP）的阻值较大时，充电时间t较长，晶闸管VS的导通角较小，石英灯EL上获得电压较小，发光较暗。调节电位器RP即可改变晶闸管的导通角，从而达到调光的目的。

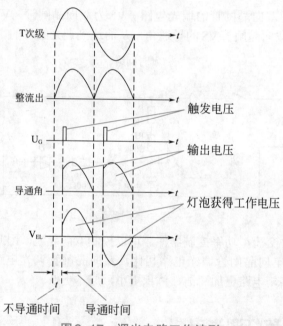

图2-17　调光电路工作波形

2.2.4　红外遥控调光开关

红外遥控调光开关通过遥控器即可控制照明灯的开、关和灯光的明、暗变化，并具有记忆功能。红外遥控调光开关包括开关主体和遥控器两部分。

红外遥控器电路如图2-18所示，发射电路采用专用集成电路TC9148（IC₄），其内部包含编码、振荡、分频、调制、放大等单元电路。SB₁～SB₄为4个遥控按键，可以分别控制4盏灯。当按下某一按键时，IC₄便进行相应的编码并调制到38kHz的载频上，经VT₂放大后驱动红外发光二极管VD₆发出红外遥控信号。

开关主体电路如图2-19所示，接收电路采用集成红外接收头（IC₁）和与IC₄相配套的解码集成电路TC9149（IC₂）。遥控器发出的红外信号由IC₁接收、VT₁放大后，进入IC₂解码得到控制信号。

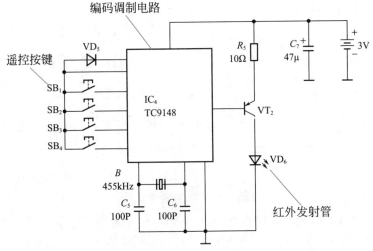

图2-18 红外遥控器电路

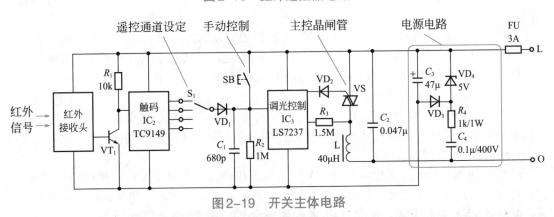

图2-19 开关主体电路

IC$_3$为调光控制集成电路LS7237，内部集成有逻辑控制器、锁相环路、亮度存储器、数字比较器等，具有开、关和灯光亮度调节功能。当IC$_2$输出的控制信号经S$_1$、VD$_1$加至IC$_3$时，IC$_3$便产生相应的触发信号经VD$_2$使双向晶闸管VS导通、截止或改变导通角，以达到控制电灯开关或调光的目的。

SB为手动控制按键。S$_1$为遥控通道设定开关，如用一个遥控器控制4盏灯，则应将4个开关主体电路中的S$_1$分别拨向不同的位置。安装时，用调光开关主体直接取代原有的电灯开关即可。

使用时，按一下遥控器上的按键（小于0.4s），照明灯泡即亮；再按一下，灯泡即灭。按住按键不放（大于0.4s），灯泡将会由亮渐暗再由暗渐亮地循环变化，在达到所需亮度时松开按键即可。此亮度会被电路记忆，下次打开电灯时即为此亮度。

2.2.5 自动调光电路

自动调光电路能够根据环境光的强弱，自动调节照明灯的亮度，属于一种灯光自动控制电路，晶体闸流管构成了控制的主体。

图2-20所示为自动调光电路，单向晶闸管VS构成主控电路，光敏二极管VD$_6$、晶体管VT$_1$和VT$_2$等构成光控电路，单结晶体管V等构成触发电路，二极管VD$_1$～VD$_4$构成桥式整流电路。

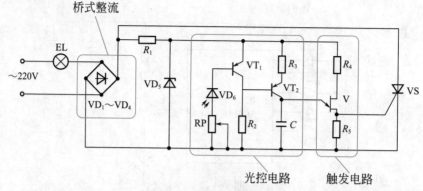

图2-20　自动调光电路

照明灯EL电源回路的交流220V电压，经$VD_1 \sim VD_4$桥式整流后成为直流脉动电压，正向加在单向晶闸管VS两端。晶闸管VS导通时，照明灯EL有电流流过而点亮。晶闸管VS的导通角不同，照明灯EL流过的电流大小也不同，灯光亮度也就不同。这就是一般的调光原理。

自动调光电路的特点在于，晶闸管VS控制极的触发脉冲，来自光控触发电路。光敏二极管VD_6接在晶体管VT_1基极，用于感知环境光的变化，并通过单结晶体管V调整触发脉冲的时延，改变晶闸管VS的导通角，实现自动调光的目的。

环境光越强，VD_6的光电流越大，VT_1的集电极电流也越大，使VT_2的基极电位升高，其集电极电流变小（VT_1和VT_2是PNP管），使得电容C的充电电流变小、充电时间延长，导致单结晶体管V产生的触发脉冲在时间上后移，晶闸管VS导通角变小，照明灯EL两端的平均电压降低，亮度减弱。

环境光越弱，VD_6的光电流越小，VT_1的集电极电流也越小，VT_2的集电极电流变大，使得电容C的充电电流变大、充电时间缩短，导致单结晶体管V产生的触发脉冲在时间上前移，晶闸管VS导通角变大，照明灯EL两端的平均电压提高，亮度增强。

稳压二极管VD_5的作用，是稳定光控触发电路的工作电压，使整个电路工作更加稳定可靠。

知识链接 11　光敏二极管

光敏二极管是一种常用的光敏器件，和晶体二极管相似，光敏二极管也是具有一个P-N结的半导体器件，所不同的是光敏二极管有一个透明的窗口，以便使光线能够照射到P-N结上。常见光敏二极管如图2-21所示。

图2-21　光敏二极管

1. 光敏二极管的种类

光敏二极管有许多种类，包括P-N结型、PIN结型、雪崩型和肖特基结型等，用得最多的是硅材料P-N结型光敏二极管。常见外形有透明塑封光敏二极管、金属壳封装光敏二极管、树脂封装光敏二极管等。

2. 光敏二极管的符号

光敏二极管的文字符号为"VD"，图形符号如图2-22所示。

图2-22　光敏二极管的符号

3. 光敏二极管的引脚

光敏二极管两引脚有正、负极之分，如图2-23所示，靠近管键或色点的是正极，另一脚是负极；较长的是正极，较短的是负极。

图2-23　光敏二极管的引脚

4. 光敏二极管的参数

光敏二极管的主要参数是最高工作电压、光电流、光敏灵敏度等。

① 最高工作电压U_{RM}是指在无光照、反向电流不超过规定值（通常为$0.1\mu A$）的前提下，光敏二极管所允许加的最高反向电压。光敏二极管的U_{RM}一般在$10 \sim 50V$范围，使用中不要超过。

② 光电流I_L是指在受到一定光照时，加有反向电压的光敏二极管中所流过的电流，为几十微安。一般情况下，选用光电流I_L较大的光敏二极管效果较好。

③ 光电灵敏度S_n是指在光照下，光敏二极管的光电流I_L与入射光功率之比，单位为$\mu A/\mu W$。光电灵敏度S_n越高越好。

5. 光敏二极管工作原理

光敏二极管的特点是具有将光信号转换为电信号的功能，并且其光电流I_L的大小与光照强度成正比，光照越强光电流I_L越大，如图2-24所示。

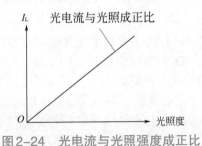

图2-24　光电流与光照强度成正比

光敏二极管通常工作在反向电压状态，如图2-25所示。无光照时，光敏二极管VD截止，反向电流$I=0$，负载电阻R_L上的输出电压$U_o=0$。有光照时，VD的反向电流I明显增大并随光照强度的变化而变化，这时输出电压U_o也较大并随光照强度的变化而变化，从而实现了光电转换。

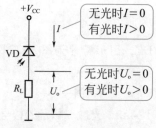

图2-25　光电转换原理

6. 光敏二极管的用途

光敏二极管的主要用途是进行光电转换，在光控、红外遥控、光探测、光纤通信和光电耦合等方面有广泛的应用。

2.3　节能小夜灯电路

小夜灯是一种特定场合使用的照明灯具，它对亮度的要求不高，但需要通宵点亮。利用发光二极管作为电光源的小夜灯，具有亮度适当、功耗很低、使用寿命很长的特点，而且可以制成红、绿、黄、橙、蓝等多种颜色，还可以变色。

2.3.1　简易小夜灯

图2-26所示为发光二极管构成的简易小夜灯电路图，采用电容降压整流，有利于简化电路、缩小体积、提高可靠性。小夜灯工作电流仅为10mA，十分节能，若以每晚点亮8h计，连续使用两个月仅耗电1度。

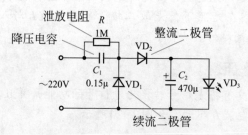

图2-26　简易小夜灯电路图

电路中，VD_3为发光二极管，作为小夜灯的电光源，可以按照各自喜好选用不同颜色的发光二极管。C_1为降压电容，VD_2为整流二极管，VD_1为续流二极管。我们知道，电容器可以通过交流电，并存在一定的容抗，正是这个容抗限制了通过电容器的交流电流的大小。

在交流220V市电正半周时，电流经C_1降压限流、VD_2整流后通过发光二极管VD_3使其发光。在交流220V市电负半周时，电流经续流二极管VD_1和C_1构成回路。C_2为滤波电容，使通过发光二极管的电流为稳定的直流电流。R是降压电容C_1的泄放电阻。

2.3.2　自动变色小夜灯

自动变色小夜灯不仅能够提供夜间微光照明，而且会自动改变颜色，别有一番趣味。自动变色小夜灯采用双色发光二极管作为电光源，由555时基电路进行驱动，电路如图2-27所示。

555时基电路（IC）与定时电阻R_2和R_3、定时电容C_3等构成多谐振荡器，其输出端（第3脚）输出信号U_o为连续方波。

双色发光二极管的特点是可以发出两种颜色的光，它是将两种发光颜色（常见的为红色和绿色）的管芯反向并联后封装在一起，如图2-28所示。当工作电压为左正右负时，电流I_a通过管芯VD_a使其发红光。当工作电压为左负右正时，电流I_b通过管芯VD_b使其发绿光。

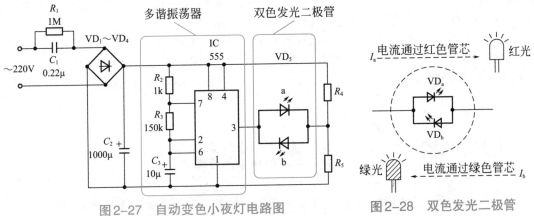

图2-27　自动变色小夜灯电路图　　　　图2-28　双色发光二极管

双色发光二极管VD_5接在555时基电路的输出端（第3脚），当输出电压$U_o = 1$（高电平）时，电流通过管芯VD_a使其发红光。当输出电压$U_o = 0$（低电平）时，电流通过管芯VD_b使其发绿光。R_4、R_5是VD_5的限流电阻。由于555时基电路多谐振荡器的振荡周期约为"1s+1s"，因此小夜灯的实际效果是"红1秒"、"绿1秒"地自动变色。

降压电容C_1、整流二极管$VD_1 \sim VD_4$、滤波电容C_2等，组成电容降压整流滤波电源电路，提供电路所需的直流电源。R_1是降压电容C_1的泄放电阻。

2.3.3　闪光小夜灯

闪光小夜灯发出的是间隙性闪亮的微光，既可以提供小夜灯式的照明，又具有醒目的提示作用，如将它设置在电灯开关旁，需要时可以使人迅速找到开关开启电灯。图2-29所示为闪光小夜灯电路图，电路包括振荡器、LED电光源和整流电源等组成部分。

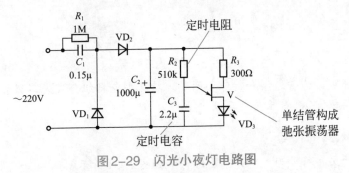

图2-29　闪光小夜灯电路图

单结晶体管V等构成弛张振荡器，电阻R_2和电容C_3是定时元件，决定着电路的振荡周期，振荡周期$T \approx R_2C_3\ln\left[\dfrac{1}{1-\eta}\right]$，式中：ln为自然对数，即以e（2.718）为底的对数；η为单结晶体管的分压比。改变R_2或C_3即可改变振荡周期。

电路是利用单结晶体管的负阻特性工作的。刚接通电源后，C_3上电压为"0"，单结晶体管V因无发射极电压而截止，串接在V第一基极的发光二极管VD_3不亮。随着电源经R_2向C_3充电，C_3上电压不断上升。当C_3上电压大于单结晶体管的峰点电压时，单结晶体管V迅速导通，发光二极管VD_3点亮发光。

由于单结晶体管V的负阻特性，导通后其发射极与第一基极间电压急剧减小，接在发射极的C_3被快速放电。当C_3上电压小于单结晶体管的谷点电压时，单结晶体管V退出导通状态而截止，发光二极管VD_3熄灭，电源重又开始经R_2向C_3充电。如此周而复始形成振荡，发光二极管VD_3也就周期性地闪光，闪光周期约为0.8s。R_3是限流电阻。

降压电容C_1、泄放电阻R_1、续流二极管VD_1、整流二极管VD_2、滤波电容C_2等组成电容降压整流电路，将220V市电直接转换为直流电压供振荡闪光电路工作。比起变压器整流电路来说，电容降压整流具有电路简单、成本低廉、体积小、重量轻的优点。

知识链接 ⑫ 发光二极管

发光二极管简称为LED，是一种具有一个P-N结的半导体电致发光器件。

1. 发光二极管的种类

发光二极管种类很多，外形如图2-30所示。按发光光谱可分为可见光发光二极管和红外光发光二极管两类，其中可见光发光二极管包括红、绿、黄、橙、蓝、白等多种颜色。按发光效果可分为固定颜色发光二极管和变色发光二极管两类，其中变色发光二极管包括双色和三色等。

图2-30　发光二极管

发光二极管还可分为普通型和特殊型两类。特殊型包括组合发光二极管、带阻发光二极管（电压型发光二极管）、闪烁发光二极管等。

2. 发光二极管的符号

发光二极管的文字符号为"VD"，图形符号如图2-31所示。

图2-31　发光二极管的符号

3. 发光二极管的引脚

发光二极管是一个有正、负极之分的半导体器件，使用前应先分清它的正极与负极。

发光二极管两引脚中，较长的是正极，较短的是负极。对于透明或半透明塑料封装的发光二极管，可以用肉眼观察到它的内部电极的形状，正极的内电极较小，负极的内电极较大，如图2-32所示。

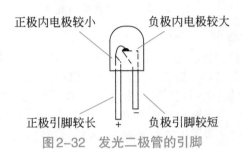

图2-32　发光二极管的引脚

4. 发光二极管的参数

发光二极管的主要参数是最大工作电流和最大反向电压。

（1）最大工作电流 I_{FM} 是指发光二极管长期正常工作所允许通过的最大正向电流。使用中不能超过此值，否则将会烧毁发光二极管。

（2）最大反向电压 U_{RM} 是指发光二极管在不被击穿的前提下，所能承受的最大反向电压。发光二极管的最大反向电压 U_{RM} 一般都不大，为5V左右，使用中不应使发光二极管承受超过5V的反向电压，否则发光二极管将可能被击穿。

5. 发光二极管的用途

发光二极管的特点是会发光。发光二极管与普通二极管一样具有单向导电性，当有足够的正向电流通过P-N结时，便会发出不同颜色的可见光或红外光。发光二极管的主要用途是作为指示灯使用，也可构成显示屏，广泛应用在显示、指示、遥控和通信等领域。

2.4 白光LED照明电路

白光LED照明电路采用白色发光二极管作为电光源。LED照明灯可以说是本世纪最有发展前途的电光源之一，由于LED固体电光源具有绿色环保、节能高效的明显优点，LED照明电路的应用也越来越广泛。

2.4.1 LED台灯电路

利用多个白光LED组成LED阵列，即可构成LED台灯。图2-33所示为LED台灯电路，电路中采用了20个高亮度白光LED组成发光阵列，照明效果良好。

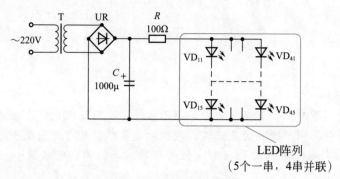

图2-33　LED台灯电路

（1）白光LED的发光原理

LED（发光二极管）是一种将电能直接转换成光能的半导体器件。早期的LED主要用作电子设备的指示灯。白光LED的开发成功，使得LED照明成为现实。

白光LED的基本结构如图2-34所示，由蓝光LED芯片与黄色荧光粉复合而成。蓝光LED芯片在通过足够的正向电流时会发出蓝光，这些蓝光一部分被荧光粉吸收激发荧光粉发出黄光，另一部分蓝光与荧光粉发出的黄光混合，最终得到白光。

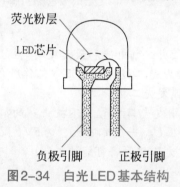

图2-34　白光LED基本结构

（2）驱动电路

电源变压器T和整流桥堆UR构成整流电路，将220V市电整流为18V直流电压，再经C滤波后作为照明电源。

20个LED每5个串联成一串，共4串并联，组成台灯的照明阵列。这样安排的好处，一是5个LED串联的总电流与一个LED的电流相等，有利于降低总电流；二是4串LED并联，如果有LED损坏，不影响其他串LED继续照明。

（3）恒流供电

为了进一步提高照明质量和效果，可以对LED照明阵列实行恒流供电。图2-35所示为具有恒流源的LED台灯电路，场效应管VT与电阻R构成恒流源。

结型场效应管可以方便地构成恒流源，如图2-36所示。恒流原理是，如果通过场效应管的漏极电流 I_D 因故增大，源极电阻 R_S 上形成的负栅压也随之增大，迫使 I_D 回落；如果通过场效应管的漏极电流 I_D 因故减小，源极电阻 R_S 上形成的负栅压也随之减小，迫使 I_D 回升，最终使电流 I_D 保持恒定。恒定电流 $I_D = \dfrac{|U_P|}{R_S}$，式中 U_P 为场效应管的夹断电压。

我们知道，LED是电流驱动型器件，电流的变化会影响LED的发光强度和光色。采用恒流源供电后，电源电压的波动将不再影响LED的驱动电流，LED的发光强度和光色得到稳定，照明质量和效果大大改善。

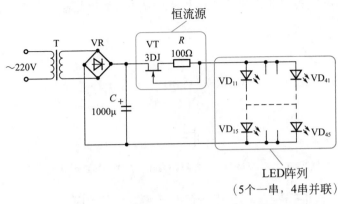

图2-35 具有恒流源的LED台灯电路

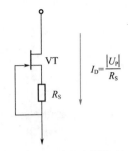

图2-36 场效应管恒流源

 知识链接 13 场效应管

场效应晶体管通常简称为场效应管，是一种利用场效应原理工作的半导体器件，外形如图2-37所示。和普通双极型晶体管相比较，场效应管具有输入阻抗高、噪声低、动态范围大、功耗小、易于集成等特点，得到了越来越广泛的应用。

图2-37 场效应管

1. 场效应管的种类

场效应管的种类很多，主要分为结型场效应管和绝缘栅场效应管两大类，又都有N沟道和P沟道之分。

绝缘栅场效应管也叫做金属氧化物半导体场效应管，简称为MOS场效应管，分为耗尽型MOS管和增强型MOS管。

场效应管还有单栅极管和双栅极管之分。双栅场效应管具有两个互相独立的栅极G_1和

G_2，从结构上看相当于由两个单栅场效应管串联而成，其输出电流的变化受到两个栅极电压的控制。双栅场效应管的这种特性，使得其用作高频放大器、增益控制放大器、混频器和解调器时带来很大方便。

2. 场效应管的符号

场效应管的文字符号为"VT"，图形符号如图2-38所示。

结型N沟道　　　结型P沟道　　　MOS耗尽型单栅N沟道　　MOS耗尽型单栅P沟道

MOS增强型单栅N沟道　　MOS增强型单栅P沟道　　MOS耗尽型双栅N沟道　　MOS耗尽型双栅P沟道

图2-38　场效应管的符号

3. 场效应管的引脚

场效应管一般具有3个引脚（双栅管有4个引脚），分别是栅极G、源极S和漏极D，它们的功能分别对应于双极型晶体管的基极b、发射极e和集电极c。由于场效应管的源极S和漏极D是对称的，实际使用中可以互换。常用场效应管的引脚如图2-39所示，使用中应注意识别。

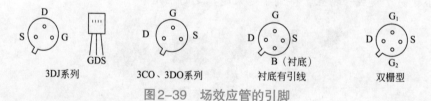

3DJ系列　　　3CO、3DO系列　　　衬底有引线　　　双栅型

图2-39　场效应管的引脚

4. 场效应管的参数

场效应管的参数很多，包括直流参数、交流参数和极限参数。主要参数有饱和漏源电流、夹断电压、开启电压、跨导、漏源击穿电压、最大耗散功率、最大漏源电流等。

① 饱和漏源电流I_{DSS}是指结型或耗尽型绝缘栅场效应管中，栅极电压$U_{GS}=0$时的漏源电流。

② 夹断电压U_P是指结型或耗尽型绝缘栅场效应管中，使漏源间刚截止时的栅极电压。

③ 开启电压U_T是指增强型绝缘栅场效应管中，使漏源间刚导通时的栅极电压。

④ 跨导g_m是表示栅源电压U_{GS}对漏极电流I_D的控制能力，即漏极电流I_D变化量与栅源电压U_{GS}变化量的比值。g_m是衡量场效应管放大能力的重要参数。

⑤ 漏源击穿电压BU_{DS}是指栅源电压U_{GS}一定时，场效应管正常工作所能承受的最大漏源电压。这是一项极限参数，加在场效应管上的工作电压必须小于BU_{DS}。

⑥ 最大耗散功率P_{DSM}也是一项极限参数，是指场效应管性能不变坏时所允许的最大漏源耗散功率。使用时场效应管实际功耗应小于P_{DSM}并留有一定余量。

⑦ 最大漏源电流I_{DSM}是又一项极限参数，是指场效应管正常工作时，漏源间所允许通过的最大电流。场效应管的工作电流不应超过I_{DSM}。

5. 场效应管的特点与工作原理

场效应管的特点是由栅极电压U_G控制其漏极电流I_D。和普通双极型晶体管相比较，场效应管具有输入阻抗高、噪声低、动态范围大、功耗小、易于集成等特点。

（1）场效应管的工作原理

场效应管的基本工作原理如图2-40所示（以结型N沟道管为例）。由于栅极G接有负偏压（$-U_G$），在G附近形成耗尽层。

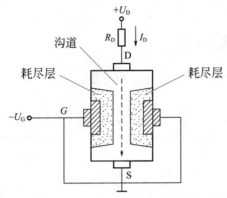

图2-40　场效应管工作原理

当负偏压（$-U_G$）的绝对值增大时，耗尽层增大，沟道减小，漏极电流I_D减小。当负偏压（$-U_G$）的绝对值减小时，耗尽层减小，沟道增大，漏极电流I_D增大。

可见，漏极电流I_D受栅极电压的控制，所以场效应管是电压控制型器件，即通过输入电压的变化来控制输出电流的变化，从而达到放大等目的。

（2）场效应管的偏置电压

和双极型晶体管一样，场效应管用于放大等电路时，其栅极也应加偏置电压。加偏置的方法有固定偏置法、自给偏置法、直接耦合法等。

结型场效应管的栅极应加反向偏置电压，即N沟道管加负栅压，P沟道管加正栅压。增强型绝缘栅场效应管应加正向栅压。耗尽型绝缘栅场效应管的栅压可正可负可为"0"。

6. 场效应管的用途

场效应管的主要用途是放大、恒流、阻抗变换、可变电阻和电子开关等。

2.4.2　LED路灯电路

图2-41所示为节能环保的LED路灯电路，采用电容降压全波整流电源电路，200个白光LED组成照明LED阵列。

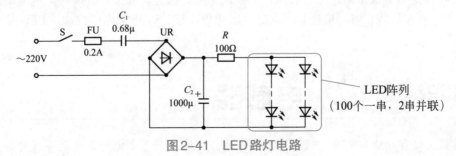

图2-41　LED路灯电路

　　电路中，C_1是降压限流电容，UR是整流全桥，C_2是滤波电容，R是LED的限流电阻，FU是熔断器，S是电源开关。该电路简洁、可靠、效率高，工作原理如下。交流220V市电经C_1降压限流、UR全波整流、C_2滤波后，成为直流电压驱动LED阵列发光。

　　LED阵列的安排是，在空间排列上为20个×10列；在电气连接上每100个LED相串联，共两串再并联。这样连接的优点是充分利用电容降压整流电源的空载电压高、输出电流较小的特性，100个LED串联后管压降是单个LED的100倍，而工作电流与单个LED相同，提高了电源利用率，降低了总电流。

2.4.3　LED手电筒电路

　　LED手电筒是一种节能环保的便携式照明设备，它的前端安装有5～8个白光LED作为电光源，使用电池供电。

　　1.5V手电筒仅用一节电池供电，体积小、重量轻。由于LED自身具有近2V的管压降，1.5V并不能正常点亮LED，因此升压电路是必须的。图2-42所示为具有升压功能的1.5V手电筒电路。

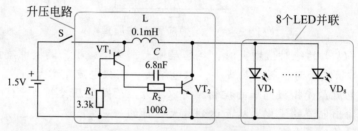

图2-42　1.5V手电筒电路

　　PNP晶体管VT_1、NPN晶体管VT_2、储能电感L、反馈电容C、电阻R_1和R_2等构成升压电路，将电池提供的1.5V电压升压为3V电压，驱动LED发光。$VD_1 \sim VD_8$为8个高亮度白光LED。

　　电路是利用储能电感L的自感电动势实现升压的，现在我们来分析升压电路的工作原理。

　　接通电源后，PNP晶体管VT_1因R_1提供基极偏流而导通，进而通过R_2使VT_2也导通，将电感L和电容C的右端接电源负端。由于电容C两端电压不能突变，致使VT_1（PNP管）因基极电位更低而进入深度饱和状态，并向VT_2提供更大的基极偏流使其也进入深度饱和状态。这时1.5V电源经VT_1发射极-基极向C充电。

　　随着C充电的完成，VT_1（PNP管）因基极电位升高而退出饱和状态，并使VT_2也退出饱和状态，VT_2集电极电位升高又通过C反馈到VT_1基极，导致两管迅速截止，C开始放电。随着C放电的完成，两管退出截止，电路又回到初始状态。

　　如此周而复始形成振荡，晶体管VT_2不断地导通、截止。在VT_2导通时，电流流经电感L使其储能。在VT_2截止时，电感L产生自感电动势，与1.5V电源电压叠加使LED发光。

知识链接 14　电感器

　　电感器是储存电能的元件，通常简称为电感，是常用的基本电子元件之一，可分为固定电感器、可变电感器、微调电感器三大类，外形如图2-43所示。

图2-43　电感器

1. 电感器的种类

电感器种类繁多，形状各异。按其采用材料不同，可分为空心电感器、磁芯电感器、铁芯电感器、铜芯电感器等。线圈装有磁芯或铁芯，可以增加电感量，一般磁芯用于高频场合，铁芯用于低频场合。线圈装有铜芯，则可以减小电感量。

按用途可分为固定电感器、阻流圈、偏转线圈和振荡线圈等。固定电感器包括立式电感器、卧式电感器、片状电感器等。

2. 电感器的符号

电感器的文字符号为"L"，图形符号如图2-44所示。

图2-44　电感器的符号

3. 电感器的参数

电感器的主要参数是电感量和额定电流。

① 电感量是指电感器产生自感电动势的能力。电感量的基本单位是亨利，简称亨，用字母"H"表示。在实际应用中，一般常用毫亨（mH）或微亨（μH）作单位。它们之间的相互关系是：1H＝1000mH，1mH＝1000μH。

② 额定电流是指电感器在正常工作时，所允许通过的最大电流。使用中，电感器的实际工作电流必须小于额定电流，否则电感线圈将会严重发热甚至烧毁。

4. 电感器的特点

电感器的特点是通直流阻交流。直流电流可以无阻碍地通过电感器，而交流电流通过时则会受到很大的阻力。

电感器对交流电流所呈现的阻力称之为感抗，用符号"X_L"表示，单位为Ω。感抗等于电感器两端交流电压（有效值）与通过电感器的交流电流（有效值）的比值。从图2-45所示电感器特性曲线可知，感抗X_L分别与交流电的频率f和电感器的电感量L成正比，即$X_L = 2\pi f L$。

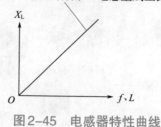

图2-45　电感器特性曲线

5. 电感器的工作原理

电感线圈在通过电流时会产生自感电动势，自感电动势总是反对原电流的变化。

① 当通过电感线圈的原电流增加时，自感电动势与原电流反方向，阻碍原电流增加。当原电流减小时，自感电动势与原电流同方向，阻碍原电流减小。

② 自感电动势的大小与通过电感线圈的电流的变化率成正比。

直流电的电流变化率为"0"，所以其自感电动势也为"0"，直流电可以无阻力地通过电感线圈（忽略电感线圈极小的导线电阻）。

交流电的电流时刻在变化，它在通过电感线圈时必然受到自感电动势的阻碍。交流电的频率越高，电流变化率越大，产生的自感电动势也越大，交流电流通过电感线圈时受到的阻力也就越大。

6. 电感器的用途

电感器的主要用途是储能、分频、滤波、谐振和磁偏转等。

2.4.4　太阳能LED手电筒电路

太阳能LED手电筒利用光伏电池产生电能，储存于镍氢电池中，供白光LED照明用，是一种几乎不消耗能源的绿色清洁照明设备。图2-46所示为太阳能LED手电筒电路，采用6个高亮度白光LED作为电光源，两节镍氢电池组成蓄电池组。

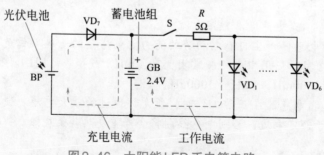

图2-46　太阳能LED手电筒电路

在阳光照射下，光伏电池BP产生电能，经二极管VD$_7$向蓄电池组GB充电。由于光伏电池产生的电流很小，属于涓流充电，因此省去了充电限流控制电路。VD$_7$的作用是防止无光照时蓄电池组的电能向光伏电池倒流。

打开电源开关S后，蓄电池组GB便向白光LED（VD$_1$～VD$_6$）供电使其发光照明。R是VD$_1$～VD$_6$的限流电阻。太阳能LED手电筒在阳光、灯光下均能充电，甚至在阴雨天的光照下也能充电，使用十分方便。

2.4.5 LED应急灯

应急灯的功能是在市电电源发生故障而失去照明时，自动提供临时的应急照明。LED应急灯具有启动快、效率高的特点，广泛应用于机关、学校、商场、展览馆、影剧院、车站码头和机场等公共场所的应急照明。

图2-47所示为LED应急灯电路图，包括整流电源、充电电路、市电检测、光控、电子开关和LED照明灯等组成部分，图2-48所示为LED应急灯方框图。

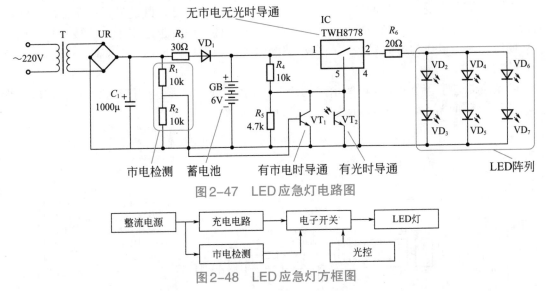

图2-47 LED应急灯电路图

图2-48 LED应急灯方框图

（1）整流电源与充电电路

电源变压器T、整流全桥UR和滤波电容C_1组成整流电源电路，将交流220V市电转换为9V直流电压，经R_3、VD_1向6V蓄电池GB充电。R_3是充电限流电阻，VD_1的作用是在市电停电时阻止蓄电池向整流电路倒灌电流。

（2）检测与控制电路

控制电路的核心是高速开关集成电路TWH8778（IC），其内部设有过压、过流、过热等保护电路，具有开启电压低、开关速度快、通用性强、外围电路简单的特点，并可方便地连接电压控制和光控等，特别适合电路的自动控制。

TWH8778的第1脚为输入端，第2脚为输出端，第5脚为控制端。当控制端有1.6V以上的开启电压时，TWH8778导通，电源电压从第2脚输出至后续电路。电阻R_4、R_5将输入端电压分压后，作为控制端的开启电压。

电阻R_1、R_2和晶体管VT_1组成市电检测电路。市电正常时，滤波电容C_1上的9V直流电压经R_1、R_2分压后，使晶体管VT_1导通，将R_5上的开启电压短路到地，TWH8778因无开启电压而截止。市电因故停电时，晶体管VT_1因无基极偏压而截止，R_5上的开启电压使TWH8778导通。

光敏晶体管VT_2构成光控电路。白天光敏晶体管VT_2有光照而导通，将R_5上的开启电压短路到地，TWH8778因无开启电压而截止。夜晚光敏晶体管VT_2无光照而截止，R_5上的开启电压使TWH8778导通。

（3）LED照明光源

6个高亮度白光LED（$VD_2 \sim VD_7$）组成照明灯，受电子开关TWH8778控制。在市电检测电路和光控电路的共同作用下，市电正常时应急灯不亮，蓄电池充电。白天市电断电时应急灯仍不亮。只有在夜晚市电断电时，电子开关TWH8778导通，应急灯才点亮。

2.5 智能节电楼道灯

声光控楼道灯是一种智能灯具，它只在夜晚有人时才亮灯，既能满足照明需要，又能最大限度地节约电能。声光控楼道灯不仅适用于公寓楼，而且也适用于办公楼、教学楼等公共场所，还可以作为行人较少的小街小巷的路灯。如能广泛应用，必将收到很明显的节电效益。

声光控楼道灯电路如图2-49所示，包括声控电路、延时电路、光控电路、逻辑控制电路和电子开关等组成部分，图2-50所示为电路原理方框图。

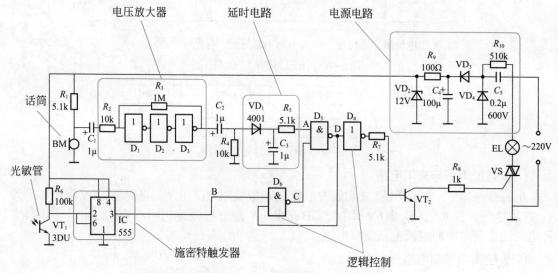

图2-49　声光控楼道灯电路图

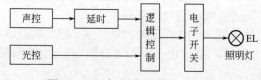

图2-50　声光控楼道灯方框图

2.5.1 声控电路

声控电路由拾音电路（BM）和电压放大器（D_1、D_2、D_3）等构成。声音信号（脚步声、讲话声等）由驻极体话筒BM接收并转换为电信号，经电压放大器放大后输出。

电压放大器由三个CMOS非门D_1、D_2、D_3串接而成，R_3为反馈电阻，R_2为输入电阻，电压放大倍数$A = R_3/R_2 = 100$倍（40dB）。改变R_3或R_2即可改变放大倍数。用CMOS非门组成电压放大器，具有电路简单、增益较高、功耗极低的优点，适用于小信号电压放大。

2.5.2 延时电路

因为楼道灯不能随着声音的有无而一亮一灭，应持续照明一段时间，所以必须有延时电路。VD_1、C_3、R_5以及D_5的输入阻抗组成延时电路。

当有声音信号时，电压放大器输出电压通过VD_1使C_3迅速充满电，使后续电路工作。当声音消失后，由于VD_1的隔离作用，C_3只能通过R_5和D_5的输入端放电，由于CMOS非门电路的输入阻抗高达数十兆欧，因此放电过程极其缓慢，实现了延时，延时时间约为30s。可通过改变C_3来调整延时时间。

2.5.3 光控电路

为使声光控楼道灯在白天不亮灯，由光敏晶体管VT_1和555时基电路IC等组成光控电路。夜晚无环境光时，光敏晶体管VT_1截止，555时基电路输出为"0"。白天较强的环境光使光敏晶体管VT_1导通，555时基电路输出为"1"。

2.5.4 逻辑控制电路

逻辑控制电路由与非门D_5、D_6等组成。声光控楼道灯必须满足以下逻辑要求：①白天整个楼道灯不工作；②晚上有一定响度的声音时楼道灯打开；③声音消失后楼道灯延时一段时间才关闭；④本灯点亮后不会被误认为是白天。逻辑控制原理如图2-51所示。

白天，光控电路输出端（B点）为"1"，本灯未亮故D点也为"1"，与非门D_6输出端（C点）为"0"，关闭了与非门D_5，此时不论声控延时电路输出如何，D_5输出端（D点）恒为"1"，照明灯不亮。

夜晚，光控电路输出端（B点）为"0"，D_6输出端（C点）变为"1"，打开了与非门D_5，D_5的输出状态由声控延时电路决定。当有声音时，声控延时电路输出端（A点）为"1"，D_5输出端（D点）变为"0"，使电子开关导通，照明灯EL点亮。声音信号消失后再延时一段时间，A点电平才变为"0"，照明灯EL熄灭。

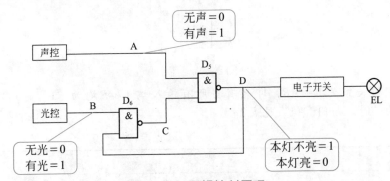

图2-51 逻辑控制原理

当本灯EL点亮时，D点的"0"同时加至D_6的另一输入端将其关闭，使得B点的光控信号无法通过。这样，即使本灯的灯光照射到光敏晶体管VT_1上，系统也不会误认为是白天而使照明灯刚点亮就立即关闭。

由电容C_5、整流二极管VD_3和VD_4、稳压二极管VD_2等组成电容降压整流电路，为控制电路提供+12V工作电压。

知识链接 **15** 门电路

能够实现各种基本逻辑关系的电路通称为门电路。门电路是最基本和最常用的数字电路，是构成组合逻辑电路的基本单元，也是构成时序逻辑电路的组成部件之一。门电路基本上都采用双列直插式封装，如图2-52所示。门电路的文字符号为"D"。

图2-52 门电路

1. 门电路的主要特点

门电路工作于开关状态，处理的是二进制数字信号，即门电路的输入信号和输出信号只有两种状态："0"或"1"。

门电路的输出信号与输入信号之间具有特定的逻辑关系，输出信号的状态仅取决于当时的输入信号的状态。门电路的功能可用逻辑表达式表示，并可用逻辑代数进行分析。

门电路的种类主要有与门、或门、非门、与非门、或非门、异或门和异或非门等。

2. 与门

与门的符号和逻辑表达式如图2-53所示，A、B为输入端，Y为输出端。与门可以有更多的输入端。

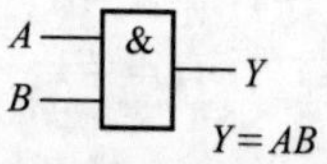

$$Y = AB$$

图2-53 与门

与门的逻辑关系为$Y = AB$，即只有当所有输入端A和B均为"1"时，输出端Y才为"1"；否则Y为"0"。与门真值表见表2-3。

表2-3 与门真值表

输 入		输 出
A	B	Y
0	0	0
0	1	0
1	0	0
1	1	1

3. 或门

或门的符号和逻辑表达式如图2-54所示，A、B为输入端，Y为输出端。或门可以有更多的输入端。

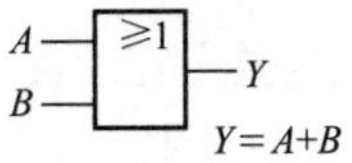

图2-54 或门

或门的逻辑关系为$Y=A+B$，即只要输入端A和B中有一个为"1"时，Y即为"1"；所有输入端A和B均为"0"时，Y才为"0"。或门真值表见表2-4。

表2-4 或门真值表

输 入		输 出
A	B	Y
0	0	0
0	1	1
1	0	1
1	1	1

4. 非门

非门的符号和逻辑表达式如图2-55所示，A为输入端，Y为输出端。

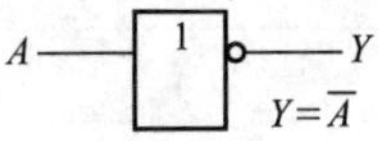

图2-55 非门

非门的逻辑关系为$Y=\overline{A}$，即输出端Y总是与输入端A相反。非门又叫反相器。非门真值表见表2-5。

表2-5 非门真值表

输 入	输 出
A	Y
0	1
1	0

5. 与非门

与非门的符号和逻辑表达式如图2-56所示，A、B为输入端，Y为输出端。与非门可以有更多的输入端。

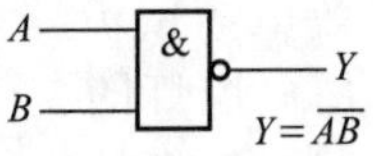

图2-56 与非门

与非门的逻辑关系为$Y=\overline{AB}$，即只有当所有输入端A和B均为"1"时，输出端Y才为

"0"；否则Y为"1"。与非门真值表见表2-6。

表2-6　与非门真值表

输　　入		输　　出
A	B	Y
0	0	1
0	1	1
1	0	1
1	1	0

6. 或非门

或非门的符号和逻辑表达式如图2-57所示，A、B为输入端，Y为输出端。或非门可以有更多的输入端。

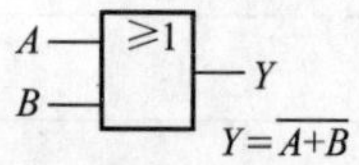

图2-57　或非门

或非门的逻辑关系为$Y=\overline{A+B}$，即只要输入端A和B中有一个为"1"时，Y即为"0"；所有输入端A和B均为"0"时，Y才为"1"。或非门真值表见表2-7。

表2-7　或非门真值表

输　　入		输　　出
A	B	Y
0	0	1
0	1	0
1	0	0
1	1	0

7. 门电路的用途

门电路的主要用途是逻辑控制，并可以构成多谐振荡器和触发器，还可以用作模拟放大器。

2.6　电子节能灯

电子节能灯作为新一代的电照明设备，具有节电、明亮、易启动、无频闪、功率因数高、电源电压范围宽等突出优点，得到越来越广泛的应用。

电子节能灯由节能荧光灯管和高效电子镇流器两部分组成。节能荧光灯管采用三基色荧光粉制造，发光效率大大提高，是白炽灯的5～6倍，比普通荧光灯提高40%左右。高效电子镇流器采用开关电源技术和谐振启辉技术，工作频率40～60kHz，不仅效率和功率因数进一步提高，而且彻底消除了普通荧光灯的频闪和"嗡嗡"噪声，对保护眼睛也极为有利。

2.6.1 电路原理

电子节能灯电路如图2-58所示，除节能灯管以外的电路，习惯上称为电子镇流器。电子镇流器的作用，是将50Hz交流220V市电变换为50kHz高频交流电，再去点亮节能灯管。

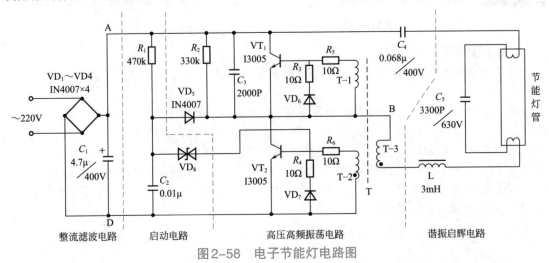

图2-58 电子节能灯电路图

电路包括：①整流二极管$VD_1 \sim VD_4$和滤波电容器C_1组成的整流滤波电路，其功能是将交流市电转变为直流电。②晶体管VT_1、VT_2和高频变压器T等组成的高压高频振荡电路，其功能是产生高频交流电。③电阻R_1、电容C_2和双向二极管VD_8等组成的启动电路，其功能是在刚接通电源时启动振荡电路。④电容C_5、电感L等组成的谐振启辉电路，其功能是产生节能灯管所需的启辉高压。图2-59所示为电路原理方框图。

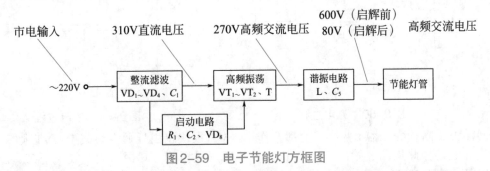

图2-59 电子节能灯方框图

电路工作原理是，50Hz的交流220V市电直接经$VD_1 \sim VD_4$桥式整流、C_1滤波后，输出约310V的直流电压（空载时），作为高频振荡器的工作电源。在刚接通电源时，由R_1、C_2、VD_8组成的启动电路使自激振荡器起振。

功率开关管VT_1、VT_2和高频变压器T等组成开关式自激振荡器，将310V直流电压变换为50kHz、约270V的高频交流电压，作为节能灯管的工作电压。C_5和L组成串联谐振电路，使节能灯管启辉点亮。

2.6.2 市电直接整流电路

高频振荡器所需要的直流工作电源，直接由交流220V市电整流获得，彻底摈弃了电源变压器，因此电源效率大为提高，设备体积大为缩小。

交流220V电源不经过电源变压器而直接由整流二极管VD_1～VD_4桥式整流，再经滤波电容器C_1滤除交流成分后，即可输出+310V（空载时）的直流电压。

2.6.3 高压高频振荡器

高压高频振荡器是电子节能灯的核心电路，它由振荡电路和启动电路组成。

（1）振荡电路

功率开关管VT_1、VT_2和高频变压器T等组成开关式自激振荡器，为节能灯管提供高压高频交流电压。

接通电源后，VT_2在启动电路的触发下导通，此时+310V直流电压经C_4、灯管上端灯丝、C_5、灯管下端灯丝、L、T_{-3}、VT_2的集电极-发射极形成回路，对谐振电容C_5充电，充电电流$I_充$如图2-60中点划线所示，C_5上电压为上正下负。

由于高频变压器T各绕组的耦合作用，VT_2很快由导通变为截止，VT_1则由截止变为导通，此时谐振电容C_5通过灯管上端灯丝、C_4、VT_1的集电极-发射极、T_{-3}、L、灯管下端灯丝放电，放电电流$I_放$如图2-61中虚线所示。

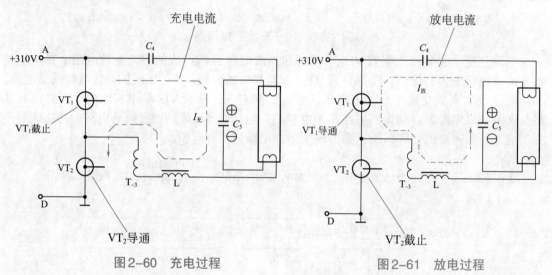

图2-60　充电过程　　　　　　　图2-61　放电过程

同样由于高频变压器T各绕组的耦合作用，VT_1很快也由导通变为截止，VT_2则又由截止变为导通，如此周而复始，VT_1、VT_2交替导通形成振荡，其振荡频率取决于C_5、L串联谐振电路，约为50kHz。

电容C_4的作用是隔直流通交流，阻止+310V的直流电压直接进入节能灯管，允许50kHz的高频交流电压通过。R_3、VD_6和R_4、VD_7分别接在VT_1和VT_2基极回路，为T_{-1}和T_{-2}提供负半周时的泄放通道。

（2）启动电路

由于功率开关管VT_1、VT_2的基极偏置电压均取自高频变压器T的振荡反馈电压，电路未起振时两管均因无基极偏置电压而截止，因此在刚接通电源时必须由启动电路使电路起振。

如图2-62所示，接通电源后，+310V直流电压开始经R_1对C_2充电，当C_2上电压上升到双向二极管VD_8的阈值时，VD_8导通，向VT_2基极提供偏置电压使其导通，引起振荡。VT_2导通后，通过VD_5将C_2上已充的电压放掉，不影响电路正常振荡。

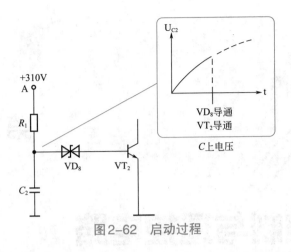

图2-62 启动过程

2.6.4 谐振启辉电路

节能灯管的工作原理要求必须首先有一个高电压作用于其两端使其启辉，然后再将电压降低维持点亮即可。在普通铁芯镇流器荧光灯中，由辉光启动器完成这一任务。在电子节能灯中，则采用了谐振启辉电路，其工作原理如图2-63所示。

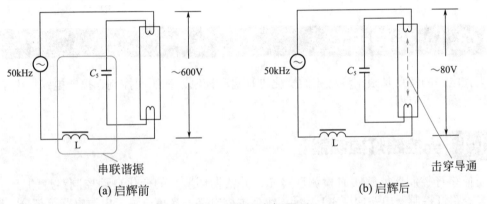

(a) 启辉前

(b) 启辉后

图2-63 谐振启辉原理

高压高频振荡器提供的50kHz、约270V的交流电压，加在C_5、L串联谐振回路两端并产生谐振，于是在谐振电容C_5两端即产生一个Q倍于回路电压的高电压（约600V），如图2-63（a）所示。节能灯管并接于谐振电容C_5两端，C_5两端的电压即为节能灯管的工作电压。串联谐振时C_5两端的600V高压将节能灯管内的气体击穿而使其启辉。

当节能灯管点亮后，其内阻急剧下降，该内阻并联于C_5两端，使C_5、L串联谐振电路Q值大大下降，故C_5两端（即灯管两端）的高启辉电压（约600V）即下降为正常的工作电压（约80V），维持节能灯管稳定地正常发光，如图2-63（b）所示。

第**3**章

自动控制与遥控电路

　　自动控制与遥控电路可细分为光控电路、声控电路、智能控制电路、红外遥控电路和无线电遥控电路等，给生产和生活带来极大便利。特别是晶闸管无触点功率开关的应用，不仅提高了控制速度和可靠性，而且彻底消除了机械触点产生电弧的隐患，增强了控制电路在易燃易爆环境中使用的安全性，拓展了智能电路的适用范围。

3.1　光控电路

　　光控电路的特点是根据环境光的变化进行自动控制，在照明控制、报警电路、电子玩具等领域得到广泛应用。

3.1.1　光控路灯控制器

　　光控路灯控制器能够实时检测环境光，并依据环境光的变化自动控制路灯的开启或关闭。光控路灯控制器电路如图3-1所示，包括主控电路、光控电路、电源电路等部分，图3-2所示为其原理方框图。

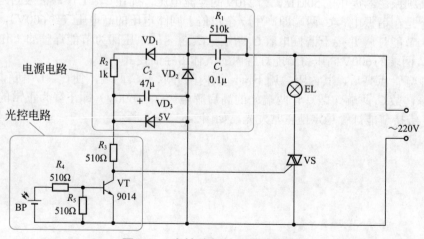

图3-1　光控路灯控制器电路图

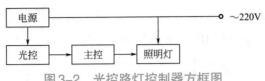

图3-2 光控路灯控制器方框图

（1）光控原理

主控器件采用双向晶闸管VS，实现了无触点开关控制，体积小、寿命长、造价低、开关速度快。太阳能电池BP和晶体管VT等组成光控电路，控制双向晶闸管VS的导通与截止。

无光照时（夜晚），太阳能电池BP无输出电压，晶体管VT因无基极偏置电流而截止，+5V电压加至双向晶闸管VS控制极，使VS导通，照明灯EL点亮。

有光照时（白天），太阳能电池BP在光照下产生输出电压，使晶体管VT导通，将+5V电压旁路，双向晶闸管VS因失去控制极触发电压，在过零时截止，关闭照明灯EL。

（2）电源电路

电容器C_1、整流二极管VD_1和VD_2、稳压二极管VD_3等组成电容降压整流电源电路，为控制电路提供+5V电压。C_1（0.1μF）为降压电容器，在220V、50Hz电源下可提供约6.9mA电流。交流电正半周时，220V电源经C_1降压、VD_1整流、C_2滤波、VD_3稳压后，输出+5V直流电压。VD_2为续流二极管，在交流电负半周时为C_1提供充放电通道。R_1为C_1的泄放电阻。

知识链接 **16** 太阳能电池

太阳能电池也叫光电池，是一种能将光能直接转换成电能的半导体光电器件。利用太阳能电池获取电源具有无污染、无噪声、无需燃料、可靠性好、使用寿命长、应用灵活、维护方便等优点，正得到越来越广泛的应用。

1. 太阳能电池的种类

根据所用材料的不同，太阳能电池可分为硅太阳能电池、多元化合物太阳能电池、聚合物太阳能电池和纳米晶太阳能电池等4大类。目前应用广泛的是硅太阳能电池，也叫硅光电池。

硅太阳能电池包括单晶硅太阳能电池、多晶硅太阳能电池和非晶硅太阳能电池3种。单晶硅太阳能电池的光电转换效率可达15%～20%，这是目前所有种类的太阳能电池中光电转换效率最高的，而且生产技术成熟，使用寿命长。但单晶硅太阳能电池制造成本大，价格高。

多晶硅太阳能电池的光电转换效率为10%～15%，低于单晶硅太阳能电池而高于非晶硅太阳能电池，由于其生产成本较低，价格比单晶硅太阳能电池便宜一些。多晶硅太阳能电池的使用寿命也要比单晶硅太阳能电池短些。

非晶硅太阳能电池具有工艺简化、成本低廉等特点，有着极大的潜力。但非晶硅太阳能电池目前的光电转换效率偏低，一般不超过10%，且不够稳定，直接影响了它的实际应用，有待于进一步研发和改进。

2. 太阳能电池的符号

太阳能电池的文字符号为"BP",图形符号如图3-3所示。

图3-3　太阳能电池的符号

3. 太阳能电池的参数

太阳能电池的主要参数是开路电压和短路电流。

① 开路电压U_{OC}是指在规定光照条件下,太阳能电池正、负极之间开路时所呈现的电压。开路电压等于P-N结两端在光照射下产生的电动势。一般单个硅太阳能电池的开路电压为0.5V左右。

② 短路电流I_{SR}是指在规定光照条件下,将太阳能电池正、负极之间短路时所流过的电流。短路电流的大小与入射光的强度和太阳能电池的受光面积成正比,通常为mA级。

4. 太阳能电池的工作原理

太阳能电池是基于半导体P-N结的光生伏打效应原理工作的。所谓光生伏打效应是指当物体受到光的照射时,物体的内部就会产生电动势的现象。太阳能电池实质上就是一个半导体P-N结,不过这个P-N结要比半导体二极管中的P-N结大许多。

当光照射到太阳能电池表面时,产生新的电子-空穴对,在P-N结电场的作用下,带正电的空穴流向P型半导体区域,带负电的电子流向N型半导体区域,如图3-4所示。

这一作用的结果是,在P型半导体区域累积了大量带正电的空穴,使P区带正电;在N型半导体区域累积了大量带负电的电子,使N区带负电;在P区和N区之间就产生了电动势。当将P区和N区之间用外电路连接起来时,便有电流流过负载,如图3-5所示。

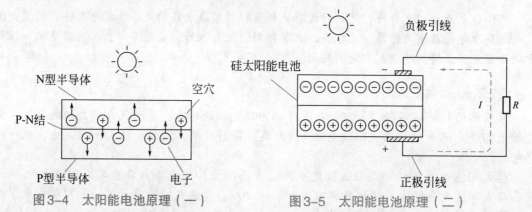

图3-4　太阳能电池原理(一)　　图3-5　太阳能电池原理(二)

单个太阳能电池由于所产生的电能很小,一般不能直接作为电源使用。实际应用中通常是将几片、几十片甚至更多的太阳能电池串并联起来,组成太阳能电池板或太阳能电池方阵,以获得足够大的电能。组成太阳能电池板或太阳能电池方阵的太阳能电池数量越多、面积越大,在相同光照条件下的输出功率也越大。

5. 太阳能电池的应用

太阳能电池的独特优点和诱人前景,使得其应用受到多方面的关注,应用范围越来越广泛。目前，太阳能电池的应用已从航天领域和军事领域，进入到工业、农业、通信、家电、交通和公用设施等领域，特别是在深山、海岛、沙漠和边远地区，太阳能电池更是具有不可替代的优势。太阳能电池的应用主要包括作为电源和作为传感器两个方面。

3.1.2 光控变色龙

变色龙是一个非常有趣的电子玩具，当用手电筒照射它的左眼时，它便会变色。当用手电筒照射它的右眼时，它便会停止变色。

变色龙电路如图3-6所示。光敏二极管VD_{11}、VD_{12}分别构成光控A和光控B电路。与非门D_1、D_2构成RS触发器，D_3、D_4构成门控多谐振荡器。R_5、C_2和R_6、C_3等分别构成积分电路A和积分电路B，晶体管VT_1、VT_2和VT_3、VT_4分别构成两个达林顿复合管射极跟随器，用作缓冲级并驱动发光二极管。$VD_1 \sim VD_{10}$是10个变色发光二极管。图3-7所示为电路原理方框图。

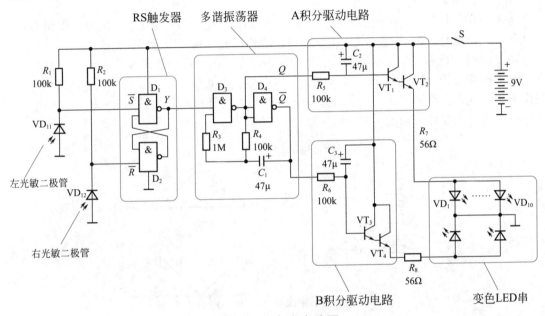

图3-6 变色龙电路图

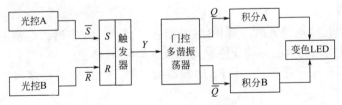

图3-7 变色龙方框图

（1）积分电路

多谐振荡器的两个互为反相的输出端Q和$\overline{Q}$，分别接积分电路A和B。当$Q=1$、$\overline{Q}=0$时，A积分电路输出端电压逐步上升，B积分电路输出端电压逐步下降。当$Q=0$、$\overline{Q}=1$时，A电压逐步下降，B电压逐步上升。A、B两电压呈反方向变化，如图3-8所示。正是这个互相反方向变化的A、B电压，使变色发光二极管变色。

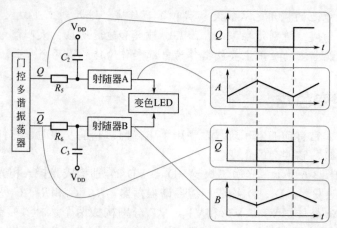

图3-8 积分电路

（2）变色原理

将A和B两个积分电路的输出电压，分别经限流电阻后接变色发光二极管。设初始状态为红色管芯电流$I_R = 0$、绿色管芯电流$I_G = 1$，变色发光二极管发绿光。

随着时间的推移，I_R逐渐增大、I_G逐渐减小，光色由绿向橙逐渐变化。当$I_R = I_G$时，变色发光二极管发橙光。当$I_R = 1$、$I_G = 0$时，变色发光二极管发红光。接着，I_R逐渐减小、I_G逐渐增大，光色由红向橙进而向绿逐渐变化。如此周而复始，实现了"绿→橙→红→橙→绿→……"的光色变化，如图3-9所示。

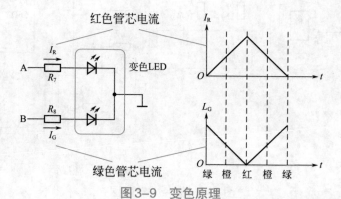

图3-9 变色原理

（3）控制电路

当有光照射到光控电路A时，将RS触发器置"1"，门控多谐振荡器起振，积分电路A和B输出互为反向变化的电压，使变色发光二极管周期性变色。

当有光照射到光控电路B时，将RS触发器置"0"，门控多谐振荡器停振，变色发光二极管停止变色。

3.1.3 报晓公鸡

这是一只电子报晓公鸡，每当天亮时，它会像一只真正的大公鸡一样，发出洪亮的"喔喔喔…"的报晓声，既能及时唤醒您起床，又给您的居室平添了一份田园情趣。

报晓公鸡电路如图3-10所示，由光控电路、整形电路、电子开关、模拟鸡叫电路、功放电路和扬声器等部分组成。图3-11所示为报晓公鸡方框图。

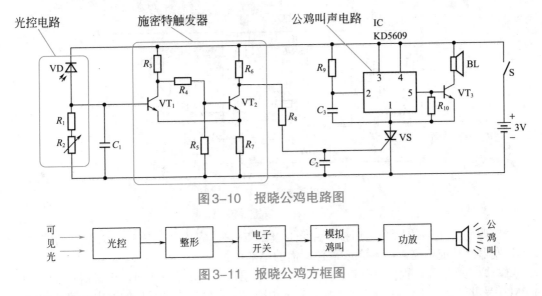

图3-10　报晓公鸡电路图

图3-11　报晓公鸡方框图

（1）电路工作原理

报晓公鸡电路的核心是声效集成电路KD5609（IC），内部存储有公鸡叫的声音，一经触发便会发出模拟的公鸡叫声。KD5609的电源受单向晶闸管VS控制，而VS导通与否则由光控电路触发。

天亮时，光控电路输出高电平，经整形电路产生触发信号，去触发单向晶闸管VS导通，接通了KD5609的工作电源，使其发出模拟公鸡叫声信号，经晶体管VT_3功率放大后驱动扬声器BL发声。

单向晶闸管VS一旦导通，便不再依赖触发电压而持续导通状态，模拟公鸡也就叫个不停，直至您醒来关闭电源开关S为止。

（2）光控电路

光控电路由光敏二极管VD、可变电阻R_1和电阻R_2等组成。无光照时，光敏二极管VD截止，R_1上端电压约为0V。有光照时，光敏二极管VD导通，R_1上端电压约为3V，经VT_1、VT_2整形后，触发晶闸管VS导通。电容C_1的作用是滤除短暂的光脉冲干扰，防止误触发。R_2是微调可变电阻，调节R_2的大小，即可改变光控灵敏度。

3.2　声控电路

声控电路的特点是由声音触发控制电路的工作，在照明灯控制、电源控制、电风扇等电器控制方面都有很好的应用。

3.2.1　声控照明灯

利用声控技术，可以实现照明灯的自动开关。声控照明灯电路如图3-12所示，驻极体话筒BM、声控专用集成电路SK-6等构成声控电路，晶体管VT等构成触发电路，双向晶闸管VS构成功率电子开关，控制照明灯的电源通断。二极管VD_2、VD_3，电容C_2、C_3，稳压二极管VD_1，泄放电阻R_5等构成电容降压电源电路，为声控电路提供+6V工作电压。

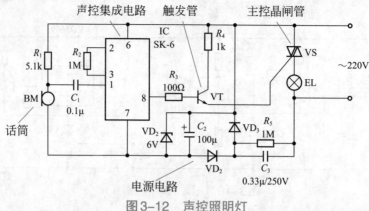

图3-12　声控照明灯

声控照明灯电路的核心是声控专用集成电路SK-6，它内部集成有放大器、比较器、双稳态触发器等功能电路，能够完成声控所需的全部任务。

电路原理和工作过程可以分析如下。当人们发出口哨声或拍掌声时，声音信号被驻极体话筒BM接受并转换为电信号，通过C_1输入集成电路SK-6，经放大处理后触发内部双稳态触发器翻转，SK-6的第8脚输出高电平，使晶体管VT导通，触发双向晶闸管VS导通，照明灯EL点亮。

当人们再次发出口哨声或拍掌声时，SK-6内部双稳态触发器再次翻转，其第8脚输出变为低电平，使晶体管VT截止，双向晶闸管VS失去触发电压而在交流电过零时截止，照明灯EL熄灭。

将该电路组装到各种灯具中，就可以实现利用口哨声或拍掌声控制电灯的开与关，不必再安装传统开关了。

知识链接 17　传声器

传声器俗称话筒，是一种将声音信号转换为电信号的声电器件，在声控、电话通信、广播电视、会议演出、声音检测与传感等领域具有十分广泛的应用。

1. 传声器的种类

传声器有许多种类，包括动圈式传声器、电容式传声器、驻极体传声器、晶体式传声器、铝带式传声器和碳粒式传声器等，它们性能外形各不相同，如图3-13所示。动圈式传声器和驻极体传声器是应用最普遍的传声器。

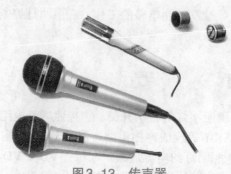

图3-13　传声器

　　根据输出阻抗不同，传声器可分为低阻型和高阻型两类，一般将输出阻抗小于2kΩ的称作低阻传声器，将输出阻抗大于2kΩ的称作高阻传声器。

　　根据指向性不同，可分为全向式传声器、单向心形传声器、单向超心形传声器、单向超指向传声器、双向式传声器、可变指向式传声器等。

2. 传声器的符号

　　传声器的文字符号是"BM"，图形符号如图3-14所示。

图3-14　传声器的符号

3. 传声器的参数

　　传声器的主要参数有灵敏度、输出阻抗、频率响应等。

　　① 灵敏度是指传声器将声音转换为电压信号的能力，用每帕声压产生多少毫伏电压来表示，其单位为mV/Pa。灵敏度还常用分贝（dB）表示，0dB＝1000mV/Pa。一般来说，选用灵敏度较高的传声器效果较好。

　　② 输出阻抗是指传声器输出端的交流阻抗。低阻型传声器的输出阻抗大多在200～600Ω，高阻型传声器的输出阻抗大多在（2～20）kΩ。选用时应使传声器的输出阻抗与扩音设备大体匹配。

　　③ 频率响应是指传声器灵敏度与声音频率之间的关系。一般而言，频率响应范围宽的传声器其音质也好。普通传声器的频响范围多在100Hz～10kHz，质量优良的传声器则可达20Hz～20kHz以上。

4. 动圈式传声器

　　动圈式传声器是一种最常用的传声器，具有坚固耐用、价格较低、单向指向性的特点，广泛应用在广播、扩音、录音、文艺演出、卡拉OK等领域。

（1）动圈式传声器工作原理

　　动圈式传声器结构原理如图3-15所示，由永久磁铁、音膜、音圈、输出变压器等部分组成。音圈位于永久磁铁的磁隙中，并与音膜粘接在一起。当声波使音膜振动时，带动音圈作切割磁力线运动而产生音频感应电压，这个音频感应电压代表了声波的信息，从而实现了声电转换。

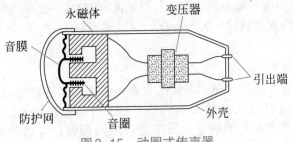

图3-15　动圈式传声器

（2）输出变压器的作用

　　由于传声器音圈的圈数很少，其输出电压和输出阻抗都很低。为了提高输出电压和便于阻抗匹配，音圈产生的信号经过输出变压器输出。输出变压器的初、次级圈数比不同，使得动圈式传声器的输出阻抗有高阻和低阻两种。

5. 驻极体传声器

驻极体传声器也是一种最常用的传声器，具有体积小、重量轻、电声性能好、价格低廉的特点，得到了非常广泛的应用。

（1）驻极体传声器工作原理

驻极体传声器属于电容式传声器的一种，其结构原理如图3-16所示。传声器有防尘网的一面是受话面。声电转换元件采用驻极体振动膜，它与金属极板之间形成一个电容，当声波使振动膜振动时，引起电容两端的电场变化，从而产生随声波变化的音频电压。

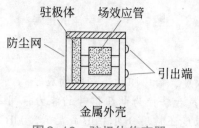

图3-16　驻极体传声器

（2）驻极体传声器的特点

驻极体传声器内部包含有一个结型场效应管作阻抗变换和放大用，拾音灵敏度较高，输出音频信号较大。由于内部有场效应管，因此驻极体传声器必须加上直流电压才能工作。

3.2.2 声控电源插座

只要您拍一下手，就可以遥控接在这个电源插座上的台灯、电视机、音响等家用电器的开或者关，这就是声控电源插座带来的方便。

图3-17所示为声控电源插座的电路图，由声电转换、放大电路、整形电路、执行电路以及电源电路等部分组成。图3-18所示为电路原理方框图。

（1）电路结构

声控电源插座电路包括5个功能单元。①驻极体话筒BM构成声电转换器，将声音转换为电信号。②晶体管VT_1构成共发射极放大电路，将BM输出的声控信号放大到足够幅度。③晶体管VT_2、VT_3等构成单稳态触发器，对声控信号进行整形，保证电路工作的可靠性。④晶体管VT_4、VT_5等构成双稳态触发器，与双向晶闸管VS一起组成执行电路，实现对受控电源插座的控制。⑤整流二极管$VD_5 \sim VD_8$，以及电容$C_6 \sim C_8$等构成电源电路，为整机提供工作电源。

（2）电路工作原理

当发出声音信号时，驻极体话筒BM接收到声波并将其转换成相应的电信号，经C_1耦合至晶体管VT_1基极进行放大。放大后的信号由VT_1集电极输出，经C_2、R_4微分后，负脉冲通过VD_1到达晶体管VT_2基极，触发单稳态电路翻转，晶体管VT_3集电极电压U_{C3}从+12V下跳为0V。

U_{C3}的电压变化经C_4、R_{11}微分后，负脉冲通过VD_2加到晶体管VT_4基极，触发双稳态电路翻转，晶体管VT_5由导通转为截止，其集电极电压加至双向晶闸管VS的控制极，触发VS导通，使接在B-B端的家用电器电源接通而工作。

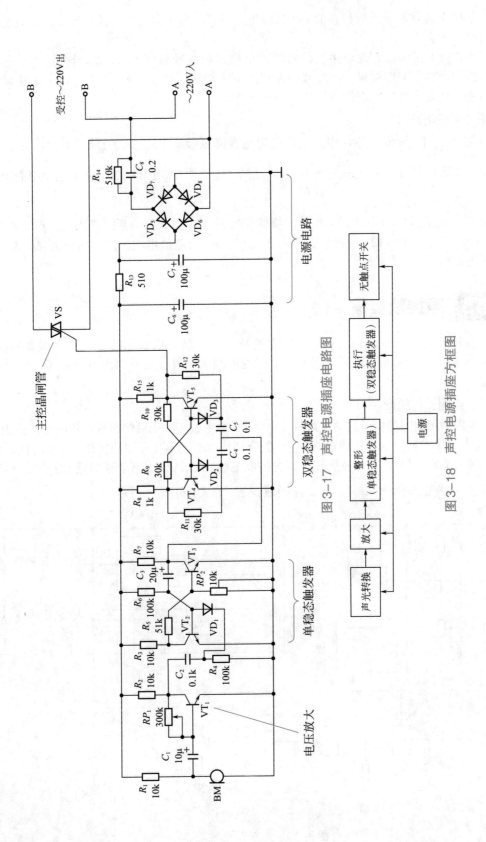

图3-17 声控电源插座电路图

图3-18 声控电源插座方框图

在单稳态触发器处于暂稳态的1.4s时间里，声音信号不再起作用，从而保证了双稳态触发器可靠翻转。

当再次（1.4s以后）发出声音信号时，单稳态触发器输出经C_5、R_{12}微分后，负脉冲通过VD$_3$加到晶体管VT$_5$基极，触发双稳态电路再次翻转，VT$_5$导通，双向晶闸管失去触发电压而截止，切断了家用电器的电源使其停止工作。

（3）电源电路

为缩小体积、降低成本，电源电路采用电容降压整流电路。C_8为降压电容，对于50Hz的交流电而言，其容抗$X_C = \dfrac{1}{2\pi fC} \approx 16\text{k}\Omega$，远高于电路阻抗，因此220V交流电源中的绝大部分电压都降在C_8上。

经C_8降压后的交流电压，由整流二极管VD$_5$～VD$_8$桥式整流后，再由C_6、C_7、R_{13}滤除交流成分，最后输出+12V直流电压供电路工作。R_{14}为泄放电阻，当切断电源后，R_{14}为C_8提供放电回路。

3.2.3 声控精灵鼠

声控精灵鼠是一种声控玩具。在安静的环境下，精灵鼠会东瞧西望，试探着向前走。一旦听到声响，它就害怕地瞪大双眼，立即退缩回去。过一会看到没有危险了，它又试探着前进。

（1）电路工作原理

图3-19所示为声控精灵鼠的电路图。电路中，驻极体话筒BM等组成声控电路，集成电路IC$_1$等构成单稳态触发器，集成电路IC$_2$、IC$_3$分别构成驱动器A和驱动器B，与非门D$_1$、D$_2$等组成多谐振荡器，与非门D$_3$、D$_4$等组成闪光控制电路。VD$_1$、VD$_2$是代表两只鼠眼的发光二极管。

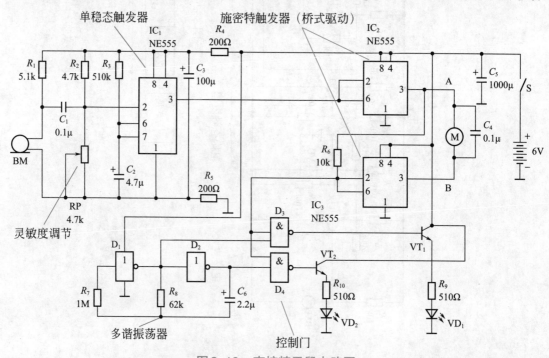

图3-19 声控精灵鼠电路图

控制原理如图3-20所示，单稳态触发器IC₁由声控电路触发。无声时，单稳态触发器输出为"0"，驱动器使电动机正转，精灵鼠前进，左右两眼轮流闪亮。有声时，单稳态触发器输出为"1"，驱动器使电动机反转，精灵鼠后退，两眼均为常亮。

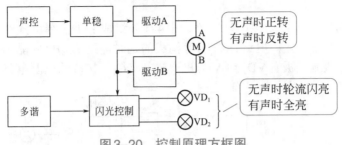

图3-20　控制原理方框图

（2）驱动电路

驱动器A和B均是由555时基电路构成的施密特触发器，如图3-21所示。其中，驱动器A（IC₂）的输入信号为单稳态触发器的输出信号，而驱动器B（IC₃）的输入信号则是驱动器A的输出信号。由于该施密特触发器的输入与输出为反相，因此驱动器A和B的输出状态总是相反的。直流电动机接在两个驱动器的输出端之间，构成桥式驱动电路。

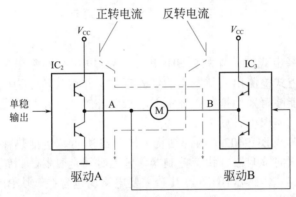

图3-21　驱动电路

当单稳输出为"0"时，驱动器A输出端为"1"、驱动器B输出端为"0"，电动机正转。当单稳输出为"1"时，驱动器A输出端为"0"、驱动器B输出端为"1"，电动机反转。

（3）闪光控制电路

与非门D₃、D₄组成闪光控制电路，由单稳态触发器输出信号的反码控制。无声时，精灵鼠前进，单稳输出的反码为"1"，与非门D₃、D₄打开，多谐振荡器（D₁、D₂）控制两个发光二极管VD₁、VD₂轮流闪亮，模拟精灵鼠两眼左顾右盼。

当有声响时，精灵鼠后退，单稳输出的反码为"0"，关闭与非门使D₃、D₄输出恒定为"1"，发光二极管VD₁、VD₂一齐常亮，模拟精灵鼠害怕地睁大双眼。

3.3　自动控制电路

自动控制电路的特点是电路能够根据环境条件自动进行控制，当特定的情况出现时，电路将自动完成特定的动作。

3.3.1 感应式自动照明灯

感应式自动照明灯无需安装电灯开关，而是依靠人体感应来触发开灯，特别适合作为门灯使用。

图3-22所示为感应式自动照明灯电路，由4部分组成：①热释电式红外探测头BH9402（IC$_1$）构成的检测电路；②门电路D$_1$、D$_2$等构成的延时电路；③单向晶闸管VS等构成的无触点开关电路；④整流二极管VD$_1$～VD$_5$和滤波电容C$_3$等构成的电源电路。

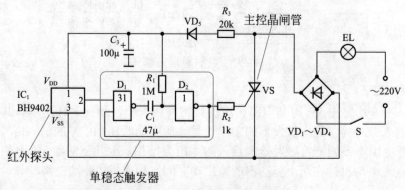

图3-22　感应式自动照明灯电路

（1）检测电路

检测电路采用热释电式红外探测头BH9402。热释电式红外探测头是一种被动式红外检测器件，能以非接触方式检测出人体发出的红外辐射，并将其转化为电信号输出。同时，热释电式红外探测头还能够有效地抑制人体辐射波长以外的红外光和可见光的干扰。具有可靠性高、使用简单方便、体积小、重量轻的特点。

热释电式红外探测头BH9402的内部结构如图3-23所示。包括热释电红外传感器、高输入阻抗运算放大器、双向鉴幅器、状态控制器、延迟时间定时器、封锁时间定时器和参考电源电路等。除热释电红外传感器BH外，其余主要电路均包含在一块BISS0001数模混合集成电路内，缩小了体积，提高了工作的可靠性。

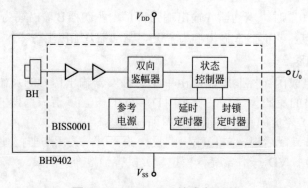

图3-23　BH9402的内部结构

（2）延时电路

延时电路是一个单稳态触发器，由或非门D$_1$、非门D$_2$、定时电阻R$_1$和定时电容C$_1$构成，由正脉冲触发，输出一个脉宽为T$_W$的正矩形脉冲，脉宽 $T_W = 0.7R_1C_1 \approx 33s$，即延时时间约为半分钟。

（3）无触点开关电路

单向晶闸管 VS 作为无触点功率开关，控制着照明灯的电源。

当有人来到门前时，热释电红外探测头 IC_1 将检测到的人体辐射红外线转变为电信号，触发 D_1、D_2 等构成的单稳态触发器翻转进入延时状态。D_2 输出端的高电平作为触发电压，经电阻 R_2 触发单向晶闸管 VS 导通，照明灯 EL 点亮。

约半分钟后，单稳态触发器延时结束，D_2 输出端变为"0"，单向晶闸管 VS 因无触发电压而在交流电过零时截止，照明灯 EL 熄灭。

3.3.2 恒温控制电路

图3-24所示为恒温控制电路，可以控制电热毯等电热器具自动保持恒定温度。555时基电路IC构成阈值可调的施密特触发器。RT是负温度系数热敏电阻，安装在电热毯上，用于检测电热毯温度。

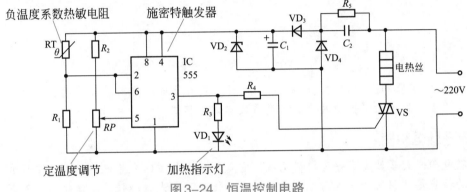

图3-24 恒温控制电路

恒温控制电路工作原理是：接通电源后，电热毯开始加热。随着电热毯温度不断上升，热敏电阻RT阻值不断下降，555时基电路IC输入端（第2、第6脚）电压不断上升。当IC输入端电压达到 $\frac{2}{3}V_{CC}$ 时电路翻转，IC输出端（第3脚）电压为"0"，双向晶闸管VS失去触发电压而截止，电热丝停止加热。

电热丝停止加热后，电热毯温度逐步下降，热敏电阻RT阻值逐步上升，555时基电路IC输入端电压随之下降。当IC输入端电压下降到 $\frac{1}{3}V_{CC}$ 时电路再次翻转，IC输出端变为高电平，触发双向晶闸管VS导通，电热丝加热。正是通过上述动作的不断反复，使电热毯保持在一个设定的温度。

RP是设定温度调节电位器。555时基电路IC的控制端（第5脚）接电位器RP，调节RP可在 $0 \sim \frac{2}{3}V_{CC}$ 范围内改变控制端电压，也就是改变了IC的翻转阈值，达到改变温度设定值的目的。

发光二极管 VD_1 是加热指示灯。当电热毯加热时，555时基电路IC第3脚为高电平，VD_1 发光。当电热毯停止加热时，555时基电路IC第3脚为"0"电平，VD_1 熄灭。

降压电容 C_2、整流二极管 VD_3、VD_4、滤波电容 C_1、稳压二极管 VD_2 等构成电源电路，为控制电路提供直流工作电压。R_5 是 C_2 的泄放电阻。

 **知识链接 18　敏感电阻器**

电阻器家族中除普通电阻器外，还有一些敏感电阻器。敏感电阻器是一类对电压、温度、湿度、光或磁场等物理量反应敏感的电阻元件，包括热敏电阻器、光敏电阻器、压敏电阻器、湿敏电阻器、气敏电阻器、力敏电阻器和磁敏电阻器等。

1. 热敏电阻器

热敏电阻器大多由单晶或多晶半导体材料制成，它的阻值会随温度的变化而变化。热敏电阻器分为正温度系数热敏电阻器和负温度系数热敏电阻器两种。正温度系数热敏电阻器的阻值与温度成正比，负温度系数热敏电阻器的阻值与温度成反比。

① 热敏电阻器的文字符号为"RT"，图形符号和外形如图3-25所示。

图3-25　热敏电阻器

② 热敏电阻器的主要用途是进行温度检测，常用于自动控制、自动测温、电气设备的软启动电路等，目前用得较多的是负温度系数热敏电阻器。

2. 光敏电阻器

光敏电阻器大多数由半导体材料制成，它是利用半导体的光导电特性原理工作的。光敏电阻器的特点是其阻值会随入射光线的强弱而变化，入射光线越强其阻值越小，入射光线越弱其阻值越大。根据光敏电阻器的光谱特性，可分为红外光光敏电阻器、可见光光敏电阻器、紫外光光敏电阻器等。

① 光敏电阻器的文字符号为"R"，图形符号和外形如图3-26所示。

图3-26　光敏电阻器

② 光敏电阻器的主要用途是进行光的检测，广泛应用于自动检测、光电控制、通信、报警等电路中。

3. 压敏电阻器

压敏电阻器是利用半导体材料的非线性特性原理制成的，其电阻值与电压之间为非线性关系。压敏电阻器的特点是当外加电压达到其临界值时，其阻值会急剧变小。

（1）压敏电阻器的文字符号为"RV"，图形符号和外形如图3-27所示。

图3-27　压敏电阻器

（2）压敏电阻器的主要用途是过压保护和抑制浪涌电流，保证电路正常运行而不被损坏。

3.3.3　电风扇自动开关电路

电风扇自动开关电路如图3-28所示，包括热敏电阻RT和时基电路IC等构成的高温检测电路、单向晶闸管VS等构成的控制电路、整流二极管$VD_1 \sim VD_5$和滤波电容C_1构成的电源电路。

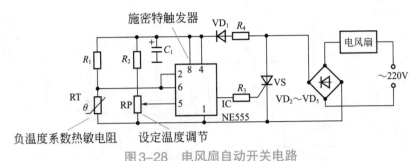

图3-28　电风扇自动开关电路

电风扇自动开关电路能够根据环境温度自动开启或关闭电风扇。当环境温度高于设定值时启动电风扇吹风降温，当环境温度降到设定值以下时关闭电风扇。温度设定值可以根据各自需要方便地调节设置。

（1）高温检测电路

高温检测电路的功能是对环境温度进行检测，当环境温度高于设定值时，输出高电平触发晶闸管导通，启动电风扇。电路中，555时基电路IC构成电压比较器，温度传感器采用负温度系数热敏电阻RT。

负温度系数热敏电阻器的特点是，阻值与温度成反比，即温度越高阻值越小。555时基电路IC的第2、第6脚并联后接在热敏电阻RT上。随着温度的上升RT阻值越来越小，IC第2、第6脚的输入电压也越来越低，当输入电压小于555时基电路IC的阈值时，其输出端（第3脚）变为高电平。

电位器RP接在555时基电路IC的控制端（第5脚），用以调节电路翻转的阈值，也就是调节了高温检测电路的温度设定值。

（2）控制电路

单向晶闸管VS作为无触点电子开关，控制着电风扇的电源。当环境温度高于设定值时，555时基电路IC输出高电平，经电阻R_3触发晶闸管VS导通，使电风扇电源构成回路，电风扇运转。

当环境温度降低到设定值以下时，555时基电路IC输出变为低电平，晶闸管VS因无触发电压而截至，电风扇停止运转。

二极管$VD_2 \sim VD_5$构成桥式整流电路，将交流电转换为直流脉动电，使得单向晶闸管VS即可控制电风扇的交流电源。同时也为电源电路提供直流电源。

（3）电源电路

桥式整流电路$VD_2 \sim VD_5$输出的直流脉动电压，经R_4降压、VD_1隔离、C_1滤波后，成为稳定的直流电压，作为高温检测电路的工作电源。

3.3.4　电风扇阵风控制器

电风扇阵风控制器可以自动控制电风扇间歇性地送风，模拟自然风的状态，使人体感觉的舒适度提高。

图3-29所示为电风扇阵风控制器电路图，IC_1为555时基电路，IC_2为光耦合器，VS为双向晶闸管。

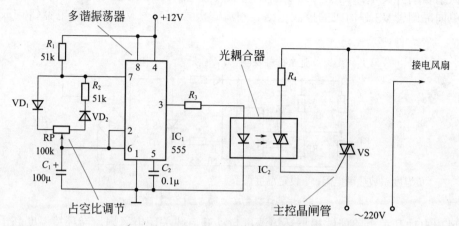

图3-29　电风扇阵风控制器

555时基电路IC_1构成占空比可调的多谐振荡器，振荡周期$T=14s$。在IC_1的第3脚输出高电平期间，光耦合器IC_2输入部分得到正向工作电压，使内部红外发光二极管发射红外光，IC_2输出部分的光敏双向二极管因此导通，触发双向晶闸管VS导通，接通电风扇电源，电风扇运转送风。在IC_1的第3脚输出低电平期间，光耦合器IC_2关断，双向晶闸管VS因失去触发电压而截止，电风扇停转。

RP为占空比调节电位器，可使占空比在25%～75%的范围内变化（振荡周期T不变）。改变占空比，也就是改变了送风时间和停止时间。即在一个振荡周期（14s）内，调节RP可使送风时间在3.5～10.5s之间选择，相应地停止时间在10.5～3.5s之间变化，如图3-30所示。

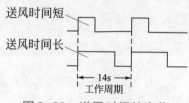

图3-30　送风时间的变化

 知识链接 19　光耦合器

光耦合器（也叫光电耦合器）是以光为媒介传输电信号的器件，图3-31所示为部分常见光耦合器。光耦合器的特点是输入端与输出端之间既能传输电信号、又具有电的隔离性，并且传输效率高、隔离度好、抗干扰能力强、使用寿命长。

1. 光耦合器的种类

光耦合器种类较多，按其内部输出电路结构不同可分为光敏二极管型、光敏晶体管型、光敏电阻型、光控晶闸管型、达林顿型、集成电路型、光敏二极管和半导体管型等。

图3-31　光耦合器

按其输出形式可分为普通型、线性输出型、高速输出型、高传输比输出型、双路输出型和组合型等。

2. 光耦合器的符号

光耦合器的电路图形符号如图3-32所示。

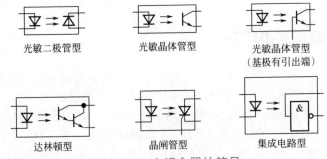

光敏二极管型　　　　光敏晶体管型　　　　光敏晶体管型
（基极有引出端）

达林顿型　　　　晶闸管型　　　　集成电路型

图3-32　光耦合器的符号

3. 光耦合器的参数

光耦合器的主要参数有正向电压、输出电流、反向击穿电压等。

① 正向电压 U_F 是光耦合器输入端的主要参数，是指使输入端发光二极管正向导通所需要的最小电压（即发光二极管管压降），如图3-33所示。

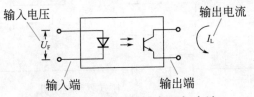

输入电压　　　　　　　　　　输出电流
U_F　　　　　　　　　　　　I_L

输入端　　　　　　输出端

图3-33　光耦合器的电压与电流

② 输出电流 I_L 是光耦合器输出端的主要参数，是指输入端接入规定正向电压时，输出端光电器件通过的光电流，如图3-33所示。

③ 反向击穿电压 U_{BR} 是一项极限参数，是指输出端光敏器件反向电流达到规定值时，其两极间的电压降。使用中工作电压应在 U_{BR} 以下并留有一定余量。

4. 光耦合器工作原理

光耦合器内部包括一个发光二极管和一个光敏器件，其基本工作原理如图3-34所示（以光敏晶体管型为例）。

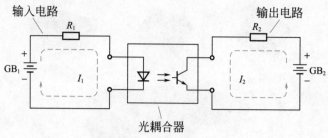

图3-34　光敏耦合原理

当输入端加上电压GB$_1$时，电流I$_1$流过发光二极管使其发光；光敏晶体管接受光照后就产生光电流I$_2$，从而实现了电信号的传输。由于这个传输过程是通过"电→光→电"的转换完成的，GB$_1$与GB$_2$之间并没有电的联系，所以同时实现了输入端与输出端之间的电的隔离。

5. 光耦合器的用途

光耦合器的主要用途是隔离传输，在隔离耦合、电平转换、继电控制等方面得到广泛的应用。

3.3.5　双向电风扇电路

双向电风扇既可以向前吹风，又可以向后吹风，并且会自动地前后轮流吹风。夏天将此双向电风扇放在面对面而坐的两人之间，即可轮流享受徐徐凉风。

图3-35所示为双向电风扇电路图，M为风扇电动机。两个555时基电路IC$_1$、IC$_2$分别构成单稳态触发器驱动电路，它们又共同组成桥式驱动电路。非门D$_1$、D$_2$构成多谐振荡器，为两个单稳态触发器驱动电路轮流提供控制触发脉冲，触发脉冲的间隔时间为100s。

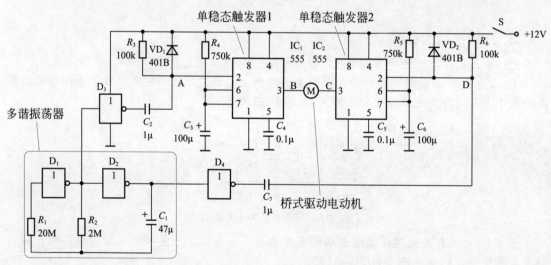

图3-35　双向电风扇电路图

当触发脉冲到达A点时，IC$_1$进入暂稳态，B点输出脉宽为80s的高电平，使电动机M正转，风扇向前吹风，80s后自动停止。

停止20s后，第二个触发脉冲到达D点，IC$_2$进入暂稳态，C点输出脉宽为80s的高电平，使电动机M反转，风扇向后吹风，80s后自动停止。

又停止20s后，第三个触发脉冲又到达A点，如此循环工作，使电风扇前后轮流送风。

在电动机正转与反转之间设计20s的停止时间，主要是考虑到电风扇叶片转动的惯性，需要一定的时间才能停住。

3.4　遥控电路

遥控电路的特点是可以远距离非直接地实施控制，包括红外遥控、无线电遥控、电话遥控等，能够遥控照明灯、电风扇、电视机、空调、电炊具等各种家用电器。

3.4.1　红外遥控开关

红外遥控开关包括红外遥控器和接收控制电路两大部分，如图3-36所示。红外遥控器实际上就是一个红外光发射电路，在使用者的操作下向外发射遥控指令。

图3-36　红外遥控开关方框图

接收控制电路设计为乒乓开关控制模式，接收到红外光遥控指令后，触发双向晶闸管导通，接通被控电器的交流电源使其工作。再次接收到红外光遥控指令后，触发电压变为"0"使双向晶闸管截止，关断被控电器的交流电源使其停止工作。

（1）红外发射电路

红外发射电路由555时基电路（IC_1）和红外发光二极管（VD_1）等组成，如图3-37所示。IC_1构成自激多谐振荡器，产生频率为40kHz、占空比约为1/3的方波脉冲，驱动红外发光二极管VD_1向外发射被40kHz方波脉冲调制的红外光。

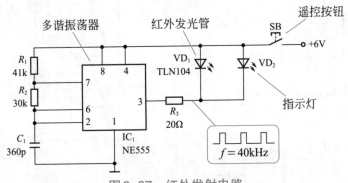

图3-37　红外发射电路

SB是遥控按钮，使用时按下SB，接通+6V电源，红外发射电路即发射红外光遥控指令。VD_2是可见光发光二极管，作为遥控器工作指示灯。R_3是VD_1和VD_2的限流电阻。

（2）接收控制电路

接收控制电路如图3-38所示，由红外接收电路、反相器、双稳态触发器、双向晶闸管、电源电路等部分组成。

红外接收电路采用了专用集成电路CX20106（IC_{11}），如图3-39所示。该集成电路内部包含有前置放大器、限幅放大器、带通滤波器、检波器、积分器和整形电路，接收中心频率为40kHz，可通过改变R_{12}进行微调。VD_{11}是红外光敏二极管。

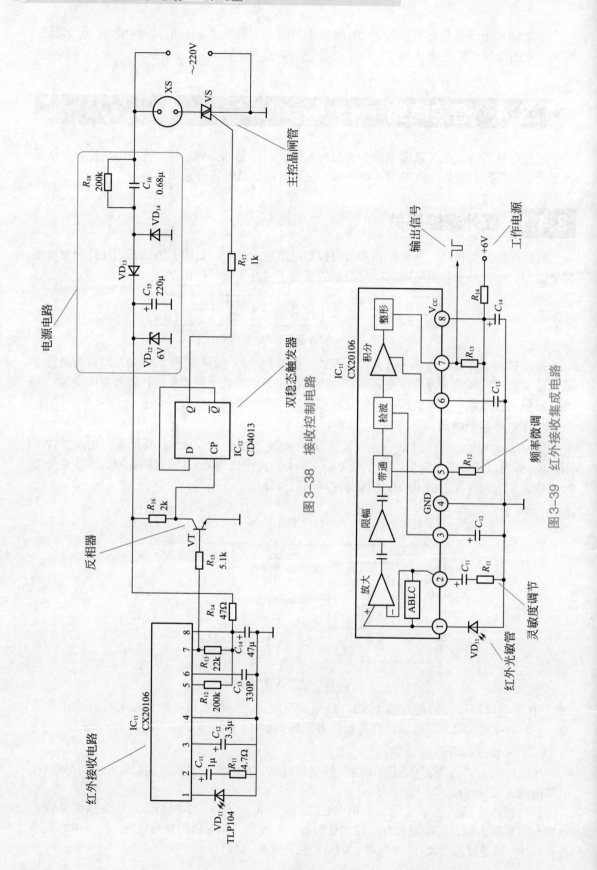

图 3-38 接收控制电路

图 3-39 红外接收集成电路

当红外光敏二极管红外光敏管VD_{11}接收到与中心频率相同的红外光信号后，经专用集成电路CX20106（IC_{11}）处理后，其输出端（第7脚）由高电平变为低电平，使后续电路工作。调节R_{11}可调整接收灵敏度。CX20106内含自动偏置电路（ABLC），可以保证其在不同的光线背景下，都能正常工作。

晶体管VT构成反相器，将IC_{11}第7脚输出的低电平反相为高电平，其上升沿触发双稳态触发器IC_{12}翻转。

（3）控制原理

IC_{12}是D触发器构成的双稳态触发器，作为乒乓开关控制模式的核心，控制着双向晶闸管VS的导通与否。

当IC_{12}的Q输出端为高电平时，触发双向晶闸管VS导通，接通被控电器的电源。当IC_{12}的Q输出端为"0"电平时，双向晶闸管VS截止，切断被控电器的电源。

因为IC_{12}的时钟脉冲CP端由红外接收电路IC_{11}输出信号经VT反相后控制，所以整个红外遥控开关的工作过程是：按一下遥控器上的按钮SB，红外接收电路IC_{11}即输出一个负脉冲，经晶体管VT反相为正脉冲，其上升沿触发双稳态触发器IC_{12}翻转一次，使IC_{12}的输出端在"高电平"与"0"之间变换一次，双向晶闸管VS也就在"导通"与"截止"之间变换一次，实现对被控电器电源的"开"与"关"。

3.4.2　照明灯多路红外遥控电路

图3-40所示为照明灯多路红外遥控电路，这实际上仅是接收端的电路图。该电路可以用任何品牌的彩电遥控器进行遥控，能够控制3路照明灯。按一下遥控器上的任意按键，第1路照明灯点亮。再按一下遥控器上的任意按键，第2路照明灯点亮，同时第1路照明灯熄灭。第3次按下遥控器上的任意按键，第3路照明灯点亮，同时其他路照明灯熄灭。第4次按下遥控器上的任意按键，所有3路照明灯全部熄灭。

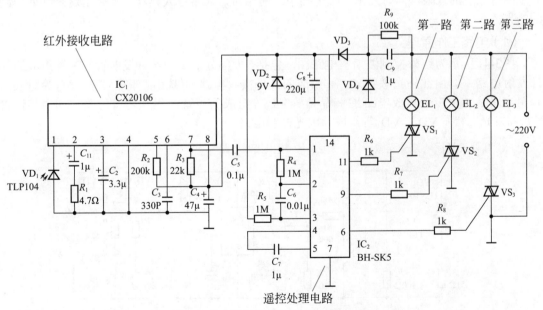

图3-40　照明灯多路红外遥控电路

IC_1为红外接收专用集成电路CX20106，其内部包含有前置放大器、限幅放大器、带通滤波器、检波器、积分器和整形电路。VD_1 是红外光敏二极管。当 VD_1 接收到遥控器发出的红外光信号时，经集成电路 CX20106（IC_1）处理后，其输出端（第 7 脚）输出一个负脉冲，经耦合电容 C_5 进入 IC_2 的触发端（第 1 脚）。

IC_2 为四态输出遥控集成电路 BH-SK5，其内部包含有电压放大器、延时电路、整形电路、选频电路、解调器、计数器和驱动电路。BH-SK5（IC_2）的第 11 脚、第 9 脚、第 6 脚为 3 个输出端，在同一时间它们当中最多只有一个输出端为高电平，其余输出端均为"0"，或者 3 个输出端全部为"0"。每触发一次，输出端的状态便改变一次。

3 个双向晶闸管 VS_1、VS_2、VS_3 分别控制着 3 路照明灯 EL_1、EL_2、EL_3。3 个双向晶闸管的控制极分别由 IC_2 的 3 个输出端触发，R_6、R_7、R_8 分别是 VS_1、VS_2、VS_3 的触发电阻。

电路工作过程详述如下。设一开始所有照明灯均不亮。按一下遥控器按键，IC_1 接收后输出一触发信号至 IC_2，IC_2 的第 11 脚输出高电平（此时第 9 脚、第 6 脚均为"0"），触发双向晶闸管 VS_1 导通，第 1 路照明灯 EL_1 点亮（第 2 路、第 3 路照明灯不亮）。

按第 2 下遥控器按键，IC_1 接收后再次触发 IC_2，IC_2 的第 9 脚输出高电平（此时第 11 脚、第 6 脚均为"0"），触发双向晶闸管 VS_2 导通，第 2 路照明灯 EL_2 点亮（第 1 路、第 3 路照明灯不亮）。

按第 3 下遥控器按键，IC_1 接收后又一次触发 IC_2，IC_2 的第 6 脚输出高电平（此时第 11 脚、第 9 脚均为"0"），触发双向晶闸管 VS_3 导通，第 3 路照明灯 EL_3 点亮（第 1 路、第 2 路照明灯不亮）。

按第 4 下遥控器按键，IC_1 接收后再一次触发 IC_2，IC_2 的 3 个输出端均为"0"，所有照明灯全部不亮。按第 5 下遥控器按键，又回到按第 1 下的状态，如此循环控制 3 路照明灯。

3.4.3 红外控制波斯猫

这是一只爱美的波斯猫，它特别喜爱照镜子。当你拿一面镜子放在它面前时，它就会高兴地眨着绿色的双眼，同时发出"喵…喵…"的叫声，非常逗人喜欢。实际上这是红外控制的结果。

（1）电路工作原理

图 3-41 所示为红外控制波斯猫电路图，包括 5 大部分：①由红外发射管 VD_1 等组成的红外发射电路；②由红外光敏管 VD_2 等组成的红外接收电路；③由晶体管 VT_1、VT_2 等组成的延时电路；④由声效集成电路 IC 和晶体管 VT_3 等组成的声音产生和功放电路；⑤由晶体管 VT_4 和发光二极管 VD_3、VD_4 等组成的闪光控制电路。

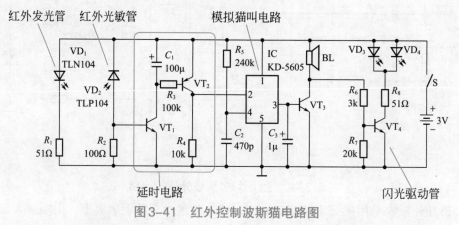

图 3-41　红外控制波斯猫电路图

波斯猫运用了红外反射控制原理,如图3-42方框图所示。红外发射管与红外光敏管平行放置,红外光敏管并不能接收到红外发射管向前发射的红外光。但是如果在其前面放置一面镜子时,红外光就会被反射回来,由红外接收电路接收,经延时电路后触发声音电路发出猫叫声,同时使发光二极管闪烁。当拿走镜子后,由于延时电路的作用,声光仍会延续一段时间。

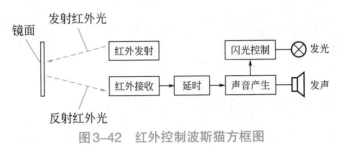

图3-42 红外控制波斯猫方框图

(2)红外控制电路

红外控制电路包括红外发射管VD_1、红外光敏管VD_2,以及晶体管VT_1和VT_2等组成的延时电路。

无红外光时,红外光敏管VD_2截止,"A"点为低电平,VT_1、VT_2截止,"C"点无触发信号输出。

当红外光经镜面反射至VD_2时,VD_2导通,"A"点变为高电平,VT_1导通,使C_1迅速充电,同时使VT_2导通,"C"点输出高电平触发声效集成电路IC工作。

当移走镜子使红外反射光消失后,VT_1截止,但由于C_1的延时作用,VT_2仍继续维持导通一段时间。延时时间取决于C_1与R_3的数值。

(3)声音产生电路

声音产生电路采用了CMOS声效集成电路KD-5605,可以产生逼真的模拟猫叫声,具有外围电路简单、电源电压范围宽、功耗低的特点,外接一只NPN晶体管即可驱动扬声器。

(4)闪光电路

闪光电路采用两个圆形绿色发光二极管VD_3和VD_4,模拟波斯猫的眼睛,由晶体管VT_4控制。控制信号取自声效集成电路IC产生的模拟猫叫声,声音信号经R_6、R_7分压后,控制晶体管VT_4的通断,使发光二极管VD_3、VD_4随着猫叫声闪烁。R_8是发光二极管VD_3和VD_4的限流电阻。

3.4.4 无线电遥控分组开关

无线电遥控分组开关可将吊灯等大型灯具的若干灯泡分为4组,通过遥控器分别控制各组灯泡的开与关。无线电遥控具有可控距离远、可穿透墙体等障碍物的特点。电路如图3-43所示,遥控器和接收模块IC_1,采用微型无线电遥控组件。遥控器具有A、B、C、D四个按键,每个按键控制一组灯泡的开关。

接收控制电路中,IC_1为与遥控器相配套的无线电接收模块TWH9238,其A、B、C、D四个输出端对应遥控器上的A、B、C、D四个按键。

例如,按一下遥控器上的"A"按键,IC_1的"A"端即为高电平,经与门D_1形成一正脉冲,触发双稳态触发器D_5翻转输出高电平,晶体管VT_1导通使双向晶闸管VS_1导通,第一组照明灯泡EL_1点亮。

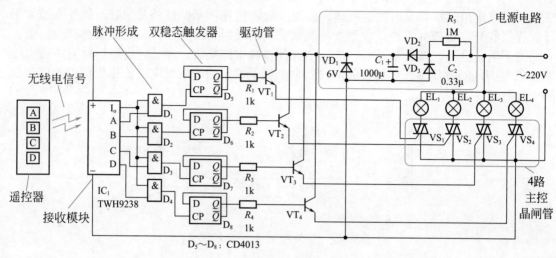

图3-43　无线电遥控分组开关

再按一下遥控器上的"A"按键，双稳态触发器D_5再次翻转输出变为低电平，VT_1与VS_1截止，第一组灯泡EL_1熄灭。

同理，遥控器上的"B"按键控制第二组灯泡EL_2，遥控器上的"C"按键控制第三组灯泡EL_3，遥控器上的"D"按键控制第四组灯泡EL_4。通过遥控器上的4个按键，即可随意遥控大吊灯的4组灯泡的开或关。也可将天花板上的灯具分为4组，用该开关进行分组遥控。

3.4.5　无线万用遥控器

无线万用遥控器仅用一只小巧的只有4个按键的遥控器，就可以随心所欲地控制多达15路的家用电器。无线万用遥控器具有控制距离远、抗干扰能力强、使用灵活方便的特点。15路接收控制电路不必组装在一个机箱内，可以根据需要分散在各个家用电器附近，或直接置于家用电器外壳内。

无线万用遥控器整机电路如图3-44所示，包括发射机和接收控制电路两大部分。图3-45所示为原理方框图。

（1）遥控发射机

发射机采用成品微型无线电遥控器。遥控器上有A、B、C、D四个按键，分别代表"8421"码中的1、2、4、8数码，按键按下为"1"、不按为"0"。四个按键组成4位二进制控制代码，并通过无线电发射出去，遥控15路家用电器，详情见表3-1。

表3-1　控制代码与被控电路的关系

控制代码 DCBA	被控电路 （第几路）	控制代码 DCBA	被控电路 （第几路）
0001	1	1001	9
0010	2	1010	10
0011	3	1011	11
0100	4	1100	12
0101	5	1101	13
0110	6	1110	14
0111	7	1111	15
1000	8		

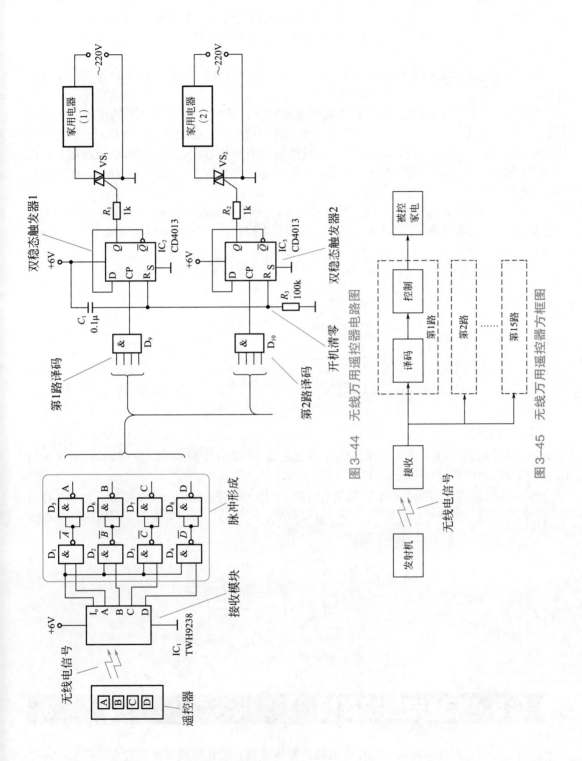

图3-44　无线万用遥控器电路图

图3-45　无线万用遥控器方框图

（2）接收控制部分

接收控制部分包括接收电路和译码控制电路。接收电路采用了与发射机相配对的接收解码模块TWH9238（IC_1），接收发射机发出的遥控编码信号，并解码成为与发射机完全一致的二进制代码。与非门$D_1 \sim D_4$和$D_5 \sim D_8$（其两个输入端并接作非门用）的作用，是使接收电路同时输出4位二进制代码的原码和反码。

译码控制电路由与门和D型触发器等组成，可以有相同的若干路（图3-44中画出了其中的两路）。

以第1路为例，D型触发器IC_2构成双稳态触发器，其触发端受与门D_9的控制。D_9的四个输入端，根据需要分别接至接收电路输出的二进制代码的原码或反码，当相应的遥控代码出现时，D_9输出一正脉冲触发IC_2翻转，通过触发电阻R_1使双向晶闸管VS_1导通或截止，控制该路家用电器开启或关闭。本电路采用了"乒乓开关"式控制方式，同一代码，按一次为"开"，再按一次为"关"，依此类推。

一个接收电路可以连接多达15路译码控制电路。如果译码控制电路需要分散在几处，则每一处都应有一个接收电路，如图3-46所示，一个接收电路和若干个译码控制电路组成一个单元。

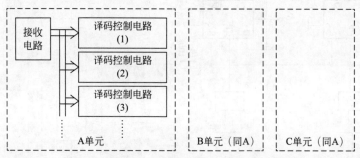

图3-46　接收控制电路单元

（3）代码编排

按需连接代码引线。将每一路译码控制电路的与门的4个输入端，根据表3-1所确定的代码，用导线连接到接收电路输出端的相应接点。

例如，第1路的代码为"0001"，则其与门的4个输入端分别接A、$\overline{B}$、$\overline{C}$、$\overline{D}$，如图3-47所示。一个单元内的所有译码控制电路的与门输入端，均按其代码接至本单元的接收电路。

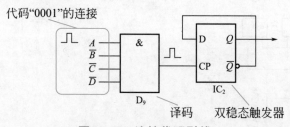

图3-47　连接代码引线

3.5　无线电遥控车模

无线电遥控具有可控距离远、可穿透墙体等障碍物、操作方便灵活的特点，在生产、生活、娱乐等各个方面都得到了广泛的应用。本节以一款电动汽车模型的遥控电路为例，介绍无线电遥控电路的分析方法。

3.5.1 电路控制原理

图3-48所示为无线遥控车模控制电路的电路图，包括发射和接收两大部分。发射电路为一微型无线电遥控器。

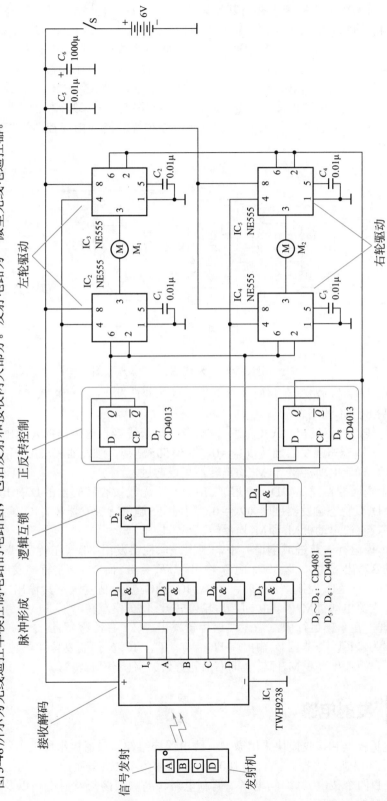

图3-48 无线遥控车模电路图

接收控制电路由5部分组成：①无线接收模块IC₁构成的无线电接收和解码电路，接收遥控器发出的无线电遥控指令并将其解码为A、B、C、D控制信号。②与门D₁、D₃、与非门D₅、D₆构成的脉冲形成电路，将解码电路输出的控制信号转换为前进（A）、左转变（B）、右转弯（C）、倒退（D）等控制脉冲。③与门D₂、D₄构成的逻辑互锁控制电路，保证电路不会处于同时执行"前进"和"后退"指令的错误状态。④D触发器D₇、D₈构成的正转、反转控制电路，控制驱动电路的工作状态。⑤555时基电路IC₂～IC₅构成的左、右直流电动机驱动电路，使直流电动机按照指令正转、反转或停转，以实现车模的遥控运动。

该车模的前进、倒退、左转变、右转弯、停车等功能均由遥控器遥控，控制原理如图3-49方框图所示。

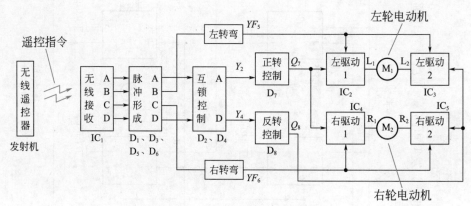

图3-49　无线遥控车模方框图

① 静止状态时，左、右各两个驱动器的输出"L_1"、"L_2"、"R_1"、"R_2"均为"0"，左、右直流电机M_1、M_2均不转动。

② 当无线遥控器发出"A（前进）"指令时，无线接收解码器的A输出端为"1"，经与门D₁、D₂使D₇双稳态触发器翻转，$Q_7 = 0$，又使555施密特触发器IC₂、IC₄输出端"L_1"、"R_1"均变为"1"，直流电动机M_1和M_2均正转，车模前进。

③ 当无线遥控器发出"D（倒退）"指令时，无线接收解码器的D输出端为"1"，经与门D₃、D₄使D₈双稳态触发器翻转，$Q_8 = 0$，则使555施密特触发器IC₃、IC₅输出端"L_2"、"R_2"均变为"1"，直流电动机M_1和M_2均反转，车模倒车。

④ 在车模运行（前进或倒退）中，当无线遥控器发出"B（左转弯）"指令时，无线接收解码器的B输出端为"1"，与非门D₅输出端$YF_5 = 0$。而555施密特触发器IC₂、IC₃的复位控制端（④脚）受D₅控制，当$YF_5 = 0$时，IC₂、IC₃被强制复位，其输出端"L_1"、"L_2"均变为"0"，直流电动机M_1停转（即左后轮停转），使车模左转弯。

⑤ 同理，在车模运行中，当无线遥控器发出"C（右转弯）"指令时，无线接收解码器的C输出端为"1"，与非门D₆输出端$YF_6 = 0$，IC₄、IC₅被强制复位，其输出端"R_1"、"R_2"均变为"0"，直流电动机M_2停转（即右后轮停转），使车模右转弯。

3.5.2 发射电路

无线电遥控器和接收模块采用微型无线电遥控组件，该遥控组件采用数字编码，保密性和抗干扰性都很强，遥控距离可达100m。遥控器为4位微型遥控器，包括控制部分（具有A、B、C、D四个按键）、编码电路、调制电路、高频振荡与发射电路以及内藏式天线，其原理如图3-50方框图所示。

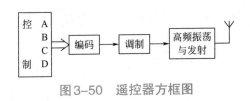

图3-50 遥控器方框图

3.5.3 接收控制电路

接收控制电路包括无线接收模块、脉冲形成电路、正反转控制电路等部分。

（1）无线接收模块

接收电路采用与微型遥控器相配套的接收模块TWH9238（IC_1），其内部电路结构如图3-51方框图所示，由内藏式天线和无线接收电路、放大整形电路、解码电路、锁存电路和输出电路组成，具有"A、B、C、D"四个锁存输出端和"I_o"一个非锁存输出端。

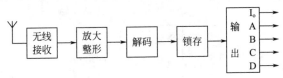

图3-51 接收模块方框图

A、B、C、D四个锁存输出端对应遥控器上的A、B、C、D四个按键，任何一个按键按下时I_o均输出一窄脉冲。

（2）脉冲形成电路

由于整机控制电路的逻辑需要，必须将无线接收解码电路的锁存输出转变为非锁存脉冲输出。脉冲形成电路由与门D_1、D_3、与非门D_5、D_6构成。

当A、B、C、D任一键按下时，其相应端为"1"，但由于I_o端仅在按键按下的时间内为"1"，因此经过与门或与非门后，A、B、C、D端输出的便是与按键按下时间相等的控制脉冲。

遥控器上A键按下时D_1输出为"1"，B键按下时D_5输出为"0"，C键按下时D_6输出为"0"，D键按下时D_3输出为"1"。

（3）双稳态触发器

正转、反转控制电路均采用了D触发器构成的双稳态触发器。D触发器由时钟脉冲CP的上升沿触发，每输入一个CP脉冲，其输出端（Q或$\overline{Q}$）的状态就翻转一次。

3.5.4 驱动电路

驱动电路由4个555施密特触发器构成。由于双极型555时基电路具有200mA的驱动能力，因此可以直接驱动车模上的直流电动机，使得驱动电路完全集成化。

IC_2、IC_3组成左轮驱动电路，当IC_2输出端$L_1=1$时直流电动机M_1正转，左轮前进。当IC_3输出端$L_2=1$时M_1反转，左轮倒退。当$L_1=0$、$L_2=0$时M_1停转，左轮不动。

同理，IC_4、IC_5组成右轮驱动电路，控制右轮的前进、倒退和停止不动。

3.5.5 逻辑互锁控制电路

车模不可能同时处于既前进又后退的状态，为避免误操作，设置了逻辑互锁控制电路，由与门D_2、D_4等构成。控制"前进"指令传输的与门D_2受反转控制双稳态触发器D_8控制，控制"倒退"指令传输的与门D_4受正转控制双稳态触发器D_7控制。

当车模处于前进状态时，D_7输出端$Q_7=0$，封闭了D_4，使得D端输出的"倒退"指令不能通过。当车模处于倒退状态时，D_8输出端$Q_8=0$，封闭了D_2，使得A端输出的"前进"指令不能通过。从而保证电路不会处于同时执行"前进"和"倒退"指令的错误状态。

知识链接 20 组合逻辑电路看图技巧

组合逻辑电路包括各种编码器、译码器、加法器、数值比较器、数据选择与分配器等。组合逻辑电路的基础单元是门电路。组合逻辑电路可以具有一个或多个输入端，同时具有一个或多个输出端，如图3-52所示。

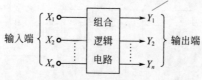

图3-52　组合逻辑电路

组合逻辑电路的特点是，输出信号的状态仅与当时的输入信号的状态有关，而与该时刻之前的电路状态无关。分析组合逻辑电路的关键是正确应用逻辑代数。

1. 运用逻辑函数表达式进行分析

组合逻辑电路可以运用逻辑函数表达式进行分析。具体方法是从组合逻辑电路的输入端到输出端，逐级写出每一个逻辑单元的逻辑函数表达式，得出最终的逻辑函数表达式，并化简为最简形式，即可据此确定该电路的逻辑功能。

现以图3-53所示组合逻辑电路为例进行具体说明。

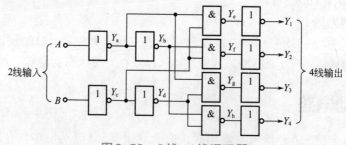

图3-53　2线-4线译码器

该组合逻辑电路具有2个输入端A和B，具有4个输出端Y_1、Y_2、Y_3、Y_4。各级逻辑函数表达式如下：

$Y_a = \overline{A}$ ；

$Y_b = A$ ；

$Y_c = \overline{B}$ ；

$Y_d = B$ ；

$Y_e = \overline{Y_a Y_c}$ ；

$Y_f = \overline{Y_b Y_c}$;

$Y_g = \overline{Y_a Y_d}$;

$Y_h = \overline{Y_b Y_d}$;

$Y_1 = \overline{Y_e} = Y_a Y_c = \overline{A}\,\overline{B}$;

$Y_2 = \overline{Y_f} = Y_b Y_c = A\overline{B}$;

$Y_3 = \overline{Y_g} = Y_a Y_d = \overline{A} B$;

$Y_4 = \overline{Y_h} = Y_b Y_d = AB$ 。

从上述逻辑函数表达式可知：当输入端 $AB =$ "00" 时，输出端 $Y_1 = 1$ ；当输入端 $AB =$ "10" 时，输出端 $Y_2 = 1$ ；当输入端 $AB =$ "01" 时，输出端 $Y_3 = 1$ ；当输入端 $AB =$ "11" 时，输出端 $Y_4 = 1$ 。可见，这是一个2线–4线译码器，它的功能是将2位二进制码译码后，从4个输出端中所对应的那一个输出端输出。

2. 运用逻辑函数真值表进行分析

组合逻辑电路还可以运用逻辑函数真值表进行分析。具体方法是列出组合逻辑电路所有输入端与所有输出端之间的逻辑函数真值表，然后根据真值表判断出电路的逻辑功能。

举例说明。某组合逻辑电路如图3-54所示，包含3个逻辑门电路：或门 D_1 、与非门 D_2 和与门 D_3 。电路具有3个输入端 A 、 B 、 C 和1个输出端 Y 。

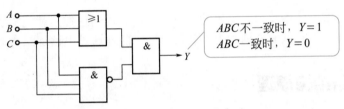

图3-54　逻辑不一致电路

A 、 B 、 C 这3个输入端共有8种组合状态，对应相应的输出状态。逐一分析如下：

① 当 $ABC =$ "000" 时， D_1 输出为 "0"， D_2 输出为 "1"， D_3 输出端 $Y = 0$ 。

② 当 $ABC =$ "001" 时， D_1 输出为 "1"， D_2 输出为 "1"， $Y = 1$ 。

③ 当 $ABC =$ "010" 时， D_1 输出为 "1"， D_2 输出为 "1"， $Y = 1$ 。

……

……

⑧ 当 $ABC =$ "111" 时， D_1 输出为 "1"， D_2 输出为 "0"， $Y = 0$ 。

根据以上分析结果得到的逻辑函数真值表见表3-2。

表3-2　逻辑不一致电路真值表

输入			输　出 Y
A	B	C	
0	0	0	0
0	0	1	1
0	1	0	1
0	1	1	1
1	0	0	1

续表

输入			输出
A	B	C	Y
1	0	1	1
1	1	0	1
1	1	1	0

　　从逻辑函数真值表可见，只有当 $ABC=$ "000" 或者 $ABC=$ "111" 时，才有 $Y=0$，否则 $Y=1$。所以，这是一个逻辑不一致电路，当3个输入端的输入逻辑状态不一致时，电路输出为 "1"；当3个输入端的输入逻辑状态一致时，电路输出为 "0"。

3.6　电话遥控器

　　在几百上千公里以外能够遥控家里的电气设备吗？电话遥控器就能够实现这个目的。只要将电话遥控器并接在家里的电话线上，就可以随时随地通过电话远距离遥控家用电器。

3.6.1　电路结构原理

　　图3-55所示为电话遥控器方框图，包括8大部分：①晶体管 VT_1、VT_2、施密特触发器 D_{1-1} 等组成的模拟提机电路；②施密特触发器 D_{1-2} 等组成的开机复位电路；③施密特触发器 D_{1-3}、D_{1-4} 等组成的提示音电路；④集成电路 IC_1 等组成的DTMF解码电路；⑤集成电路 IC_2 等组成的译码电路；⑥RS触发器 D_2、D_3 等组成的密码检测电路；⑦时基电路 IC_3、IC_4 和双向晶闸管 VS_1、VS_2 等组成的控制执行电路；⑧变压器T、整流全桥 UR_3 和集成稳压器 IC_5 等组成的电源电路。图3-55所示为电话遥控器电路图。

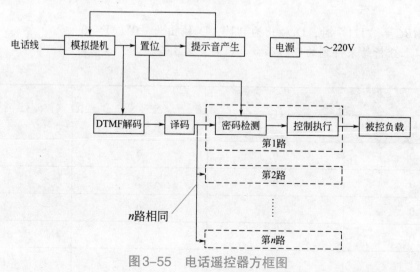

图3-55　电话遥控器方框图

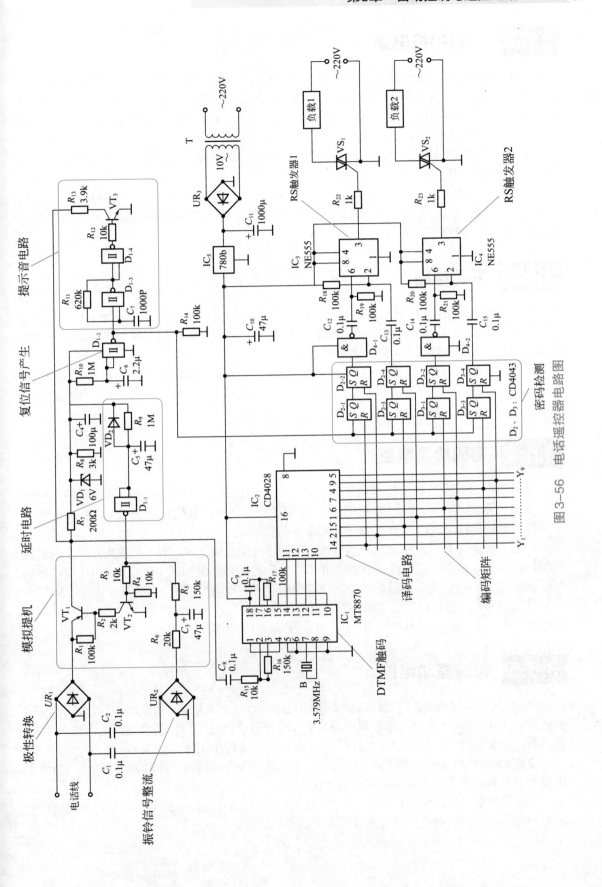

图3-56 电话遥控器电路图

3.6.2 模拟提机电路

当有电话呼入时，交流振铃信号经整流全桥UR_2整流成为直流电压，R_6、C_3延时后，使晶体管VT_2导通，并进而使电子开关VT_1导通，实现自动提机。在稳压管VD_1上产生$+6V$直流电压，使后续电路得电工作。施密特触发器D_{1-1}、R_9、C_5组成延时控制电路，输出约60s的高电平，维持VT_1导通。

开机时，施密特触发器D_{1-2}输出3s高电平，作为译码电路的复位信号。该复位信号也是提示音电路的控制信号。

施密特触发器D_{1-3}与R_{11}、C_7构成门控多谐振荡器，振荡频率取决于R_{11}和C_7。D_{1-3}的另一个输入端为控制端，受复位信号的控制。当复位信号为"1"时电路振荡，产生1.5kHz音频提示音信号，经D_{1-4}和VT_3送入电话线路。

3.6.3 解码电路

当用户通过电话机发出双音多频编码（DTMF）控制信号时，经电话线、UR_1、VT_1、C_8、R_{15}传输耦合至IC_1（MT8870）输入端。MT8870是双音多频解码专用集成电路，能够将接收到的DTMF信号解码为4位二进制码（BCD码）。

IC_1解码输出的4位二进制码（BCD码），由译码电路IC_2（CD4028）进行译码。CD4028是BCD码-十进制码译码器，将4线输入的BCD码译码后输出，译中者为"1"。本电路中只使用其$Y_1 \sim Y_9$输出端。

3.6.4 密码检测电路

为保证电话遥控的安全性和保密性，任一执行电路的开与关，均采用两位数的密码控制。以第一路为例，IC_3（555时基电路）构成双稳态电路，其输出状态受D_{2-1}、D_{2-2}"关"密码检测电路和D_{2-3}、D_{2-4}"开"密码检测电路的控制。

在IC_2（CD4028）的9个输出端与各密码检测电路输入端之间，有一个编码矩阵。通过改变编码矩阵的连接点，即可改变各路"开"、"关"的密码。例如图3-55电路图中，第1路的"开"密码是"34"，"关"密码是"12"。第2路的"开"密码是"78"，"关"密码是"56"。

设定密码时，根据自己选定的各路"开"、"关"密码，在编码矩阵中，用跳线将相应的点连接起来。密码为两位不相同的"$1 \sim 9$"数字，"0"不用。

3.6.5 控制驱动电路

555时基电路与晶闸管一起组成控制驱动电路。以第1路为例，当检测到两位数的"开"密码时，使IC_3输出为"1"，触发双向晶闸管VS_1导通使负载工作。当检测到两位数的"关"密码时，使IC_3输出为"0"，双向晶闸管VS_1截止，负载停止工作。

交流220V市电经变压器T降压、整流全桥UR_3整流、电容C_{11}滤波、集成稳压器IC_5稳压成为$+6V$直流电压，作为整机电路的工作电源。

如欲遥控更多的家电，只需相应增加由RS触发器、555时基电路和晶闸管组成的密码检测和控制执行电路的路数，并为其设置相应的密码即可。

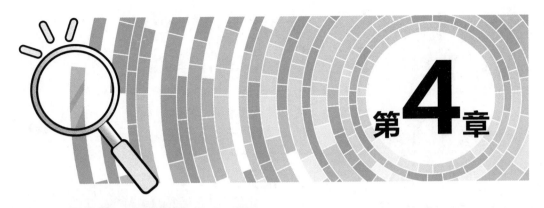

放大与音响电路

放大电路是最常用的电路，包括电压放大电路、负反馈放大电路、功率放大电路、选频放大电路等，几乎所有电器设备都离不开放大电路。音响电路也是以放大电路为核心组成的。

4.1 电压放大电路

电压放大电路是各种电子电路中最基本的、使用最多的单元电路。电压放大电路的基本功能和作用是放大电压信号，当一级电压放大单元不能满足整机电路的要求时，往往采用多级电压放大单元串联工作。电压放大电路可以由晶体管、电子管、集成运算放大器等元器件构成，并且具有多种电路形式。

4.1.1 单管电压放大电路

单管电压放大电路是最基本的放大电路。晶体管放大电路有三种基本连接方式：共发射极接法、共基极接法和共集电极接法，如图4-1所示。一般作电压放大时，常采用共发射极电路。

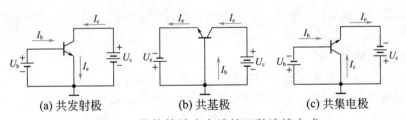

(a) 共发射极　　　　　(b) 共基极　　　　　(c) 共集电极

图4-1　晶体管放大电路的三种连接方式

图4-2所示为一个典型的共发射极电压放大电路，VT为放大晶体管，R_1、R_2为基极偏置电阻，R_3为集电极电阻，R_4为发射极电阻，C_1、C_2为耦合电容，C_3为发射极旁路电容。

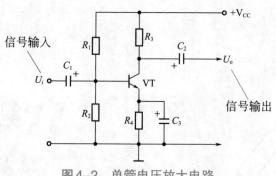

图4-2　单管电压放大电路

（1）直流工作点

晶体管放大电路能够正常工作的前提是，必须使晶体管有合适的直流工作点，并保持工作点的稳定。

单管共发射极电压放大电路的直流回路如图4-3所示。可见，除集电极电阻R_3外，其余三个电阻（R_1、R_2、R_4）都是用来建立和稳定VT的直流工作点的。R_1、R_2将电源电压分压后作为VT的偏置电压（即工作点），发射极电阻R_4上形成的电流负反馈具有稳定工作点的作用。

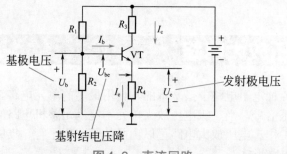

图4-3　直流回路

晶体管易受温度等外界因素影响而造成工作点漂移，因此自动稳定工作点是很重要的。

当温度上升造成工作点上升时，VT的发射极电流I_e增大使R_4上的电压降（即VT的发射极电压U_e）上升。由于VT的基极偏置电压U_b是固定的（由R_1、R_2分压所得），因此发射极电压U_e上升必然使VT的基极-发射极间电压U_{be}下降。U_{be}下降使得基极电流I_b下降，导致VT的集电极电流I_c和发射极电流I_e随之下降，迫使工作点回落，其结果是保持了工作点基本不变。

当因某种原因造成工作点下降时，则电路按相反的方向自动进行调整，最终使工作点保持基本稳定。

（2）交流信号放大

共发射极电压放大电路的交流回路如图4-4所示。对交流信号而言，电容C_1～C_3相当于短路，电池也可视为短路。R_b为晶体管VT的基极电阻，R_b等于图4-2中偏置电阻R_1与R_2的并联值，即$R_b = R_1 /\!/ R_2$。R_c为VT的集电极负载电阻，在放大器输出端开路（U_o端未接负载）的情况下，R_c就是图4-2中的R_3，即$R_c = R_3$。

放大过程如下：当在放大电路输入端（VT基极）加入一个交流信号电压U_i时，晶体管VT的基极电流I_b将随U_i的变化而变化，使其集电极电流I_c也随之变化，并在负载电阻R_c上产生电压降。因为晶体管VT的集电极电流I_c是基极电流I_b的β倍，所以在其集电极处便得到一个放大了的输出电压U_o。

由于在共发射极电压放大电路中，输出电压是电源电压与集电极电流在集电极电阻上的压降的差值，因此输出电压 U_o 与输入电压 U_i 相位相反，集电极电流 I_c 与输入电压 U_i 相位相同。各点波形如图4-5所示。

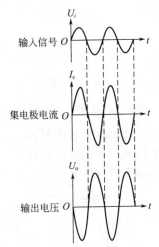

输入信号

集电极电流

输出电压

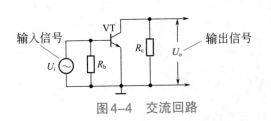

输入信号 输出信号

图4-4 交流回路

图4-5 电压放大电路工作波形

知识链接 21 晶体三极管

晶体三极管通常简称为晶体管或三极管，是一种具有两个P-N结的半导体器件。晶体三极管具有放大作用，是电子电路中的核心器件之一，在各种电子电路中的应用十分广泛。图4-6所示为常见晶体三极管外形。

图4-6 晶体三极管

1. 晶体三极管的种类

晶体三极管的种类繁多，按所用半导体材料的不同可分为锗管、硅管和化合物管。按导电极性不同可分为NPN型和PNP型两大类。按截止频率可分为超高频管、高频管（≥3MHz）和低频管（＜3MHz）。按耗散功率可分为小功率管（＜1W）和大功率管（≥1W）。按用途可分为低频放大管、高频放大管、开关管、低噪声管、高反压管、复合管等。

2. 晶体三极管的符号

晶体三极管的文字符号为"VT"，图形符号如图4-7所示。

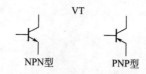

图4-7 晶体三极管的符号

3. 晶体三极管的引脚

晶体三极管具有三根引脚，分别是基极b、发射极e和集电极c，使用中应识别清楚。绝大多数小功率晶体管的引脚均按e-b-c的标准顺序排列，并标有标志，如图4-8所示。但也有例外，如某些晶体管型号后有后缀"R"，其引脚排列顺序往往是e-c-b。

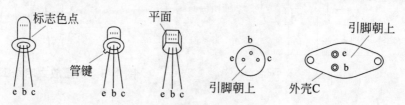

图4-8 晶体三极管的引脚

4. 晶体三极管的参数

晶体三极管的参数很多，包括直流参数、交流参数、极限参数三类。主要参数有电流放大系数、特征频率、集电极击穿电压、集电极最大电流、集电极最大功耗等。

① 电流放大系数β和h_{FE}是晶体三极管的主要电参数之一。

β是晶体管的交流电流放大系数，指集电极电流I_c的变化量与基极电流I_b的变化量之比，反映了晶体管对交流信号的放大能力。

h_{FE}是晶体管的直流电流放大系数（也可用β表示），指集电极电流I_c与基极电流I_b的比值，反映了晶体管对直流信号的放大能力。

② 特征频率f_T是晶体三极管的另一主要电参数。晶体管的电流放大系数β与工作频率有关，工作频率超过一定值时，β值开始下降。当β值下降为1时，所对应的频率即为特征频率f_T。这时晶体管已完全没有电流放大能力。一般应使晶体管工作于$5\%f_T$以下。

③ 集电极击穿电压BU_{CEO}是晶体三极管的一项极限参数。BU_{CEO}是指基极开路时，所允许加在集电极与发射极之间的最大电压。工作电压超过BU_{CEO}，晶体管将可能被击穿。

④ 集电极最大电流I_{CM}也是晶体三极管的一项极限参数。I_{CM}是指晶体管正常工作时，集电极所允许通过的最大电流。晶体管的工作电流不应超过I_{CM}。

⑤ 集电极最大功耗P_{CM}是晶体三极管的又一项极限参数。P_{CM}是指晶体管性能不变坏时所允许的最大集电极耗散功率。使用时晶体管实际功耗应小于P_{CM}并留有一定余量，以防烧管。

5. 晶体三极管的特点与工作原理

晶体三极管的特点是具有电流放大作用，即可以用较小的基极电流控制较大的集电极（或发射极）电流，集电极电流是基极电流的β倍。

晶体三极管的基本工作原理如图4-9所示（以NPN型管为例），当给基极（输入端）输入一个较小的基极电流I_b时,其集电极(输出端)将按比例产生一个较大的集电极电流I_c,这个比例就是晶体管的电流放大系数β,即$I_c = \beta I_b$。

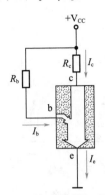

图4-9 晶体三极管工作原理

发射极是公共端,发射极电流$I_e = I_b + I_c = (1+\beta) I_b$。可见,集电极电流和发射极电流受基极电流的控制,所以晶体三极管是电流控制型器件。

6. 晶体三极管的用途

晶体三极管的主要用途是放大、振荡、电子开关、可变电阻和阻抗变换等。

4.1.2 双管电压放大电路

采用两只晶体管可以构成双管电压放大单元,电路如图4-10所示,晶体管VT_1、VT_2之间为直接耦合,没有耦合电容。双管电压放大电路的主要特点是电压增益高、工作点稳定度高、偏置电阻无须调整和电路较为简单。

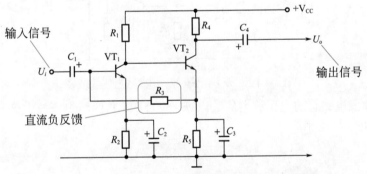

图4-10 双管电压放大电路

(1)直流工作点

图4-11所示为双管电压放大电路的直流回路,VT_1的基极偏压不是取自电源电压,而是通过R_3取自VT_2的发射极电压。这样就构成了二级直流负反馈,使整个电路工作点更加稳定。该电路一经设计完毕,两管工作点即已固定,因此无须调整偏置电阻。

双管放大电路工作点稳定过程如下:

如果因温度上升等原因造成晶体管VT_1的集电极电流I_{c1}上升时,其集电极电压U_{c1}必然下降。因为VT_1的集电极电压U_{c1}就是VT_2的基极电压U_{b2},U_{b2}下降使得VT_2的集电极电流I_{c2}和发射极电流I_{e2}均随之下降,VT_2发射极电阻R_5上电压降(即VT_2发射极电压U_{e2})也就下降。U_{e2} 的下降通过偏置电阻 R_3 反馈到 VT$_1$ 基极，使 VT$_1$ 基极电压 U_{b1} 下降，基极电流 I_{b1} 下降，迫使其集电极电流 I_{c1} 回落，从而使工作点保持稳定。

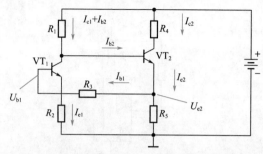

图 4-11　双管电压放大电路的直流回路

当工作点受到某种因素影响而下降时，双管放大电路也能够自动调控保持工作点的稳定，只是调控方向相反。

（2）交流信号放大

双管电压放大电路交流回路如图 4-12 所示，它包括二级共发射极放大电路，R_b 为 VT$_1$ 的基极电阻；R_{c1} 既是 VT$_1$ 的集电极电阻，又是 VT$_2$ 的基极电阻；R_{c2} 是 VT$_2$ 的集电极电阻。U_i 为输入电压；U_{c1} 既是 VT$_1$ 的输出电压，又是 VT$_2$ 的输入电压；$U_o = U_{c2}$ 既是 VT$_2$ 的输出电压，又是整个放大电路的输出电压。

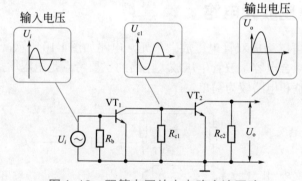

图 4-12　双管电压放大电路交流回路

双管电压放大电路总的电压放大倍数，等于 VT$_1$ 和 VT$_2$ 两级电压放大倍数的乘积，输出电压 U_o 与输入电压 U_i 同相。

 知识链接 电阻器

电阻器通常简称为电阻，具有限制电流的功能，是一种最基本最常用的电子元件。

1. 电阻器的种类

由于制造材料和结构不同，电阻器有许多种类，常见的有碳膜电阻器、金属膜电阻器、有机实心电阻器、线绕电阻器、固定抽头电阻器、可变电阻器、滑线式变阻器、片状电阻器等，如图 4-13 所示。碳膜电阻器和金属膜电阻器是较常用的电阻器。

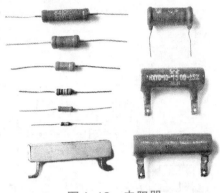

图4-13 电阻器

2. 电阻器的符号

电阻器的文字符号为"R",图形符号如图4-14所示。

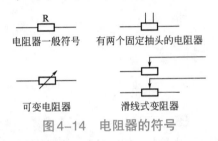

图4-14 电阻器的符号

3. 电阻器的参数

电阻器的主要参数是电阻值和额定功率。

① 电阻值简称阻值,基本单位是欧姆,简称欧(Ω)。常用单位还有千欧(kΩ)和兆欧(MΩ)。它们之间的换算关系是:$1M\Omega = 1000k\Omega$,$1k\Omega = 1000\Omega$。

② 额定功率是电阻器的另一主要参数,常用小功率电阻器的额定功率有1/8W、1/4W、1/2W、1W、2W、5W等。使用中应选用额定功率等于或大于电路要求的电阻器。

4. 电阻器的特点

电阻器的特点是对直流和交流一视同仁,任何电流通过电阻器都要受到一定的阻碍和限制,并且该电流必然在电阻器上产生电压降。

5. 电阻器的用途

电阻器的主要用途是限流和降压,还可以构成分压器。

4.1.3 信号寻迹器

下面来看一个直接耦合电压放大器的实用电路——信号寻迹器。信号寻迹器是一种较简单的常用仪器,它通过仪器前端的探针,从被检修电路各级探寻音频信号,以判断出故障所在。信号寻迹器可用于检修收音机、录音机、CD机、扩音机等音频设备,以及检修电视机、影碟机、家庭影院等设备的音频电路。

图4-15所示为信号寻迹器电路图,包括3个单元:①以晶体管VT_1为核心的输入缓冲

单元；②以晶体管VT_2和VT_3为核心的电压放大单元；③以晶体管VT_4为核心的电流放大单元。图4-16所示为其原理方框图。

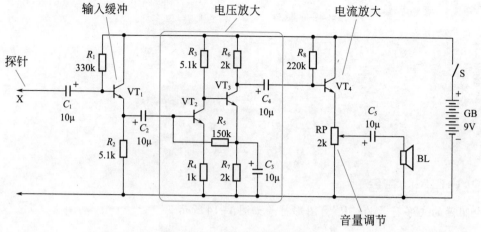

图4-15 信号寻迹器电路图

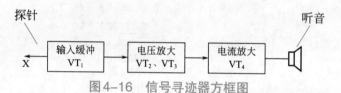

图4-16 信号寻迹器方框图

电路工作原理是：由探针X从被检测电路取出的微弱的音频信号，经VT_1缓冲后送入VT_2、VT_3进行电压放大，再经VT_4电流放大后推动扬声器发声。

（1）输入缓冲电路

晶体管VT_1等构成了一个射级跟随器，信号从VT_1的基极输入，从其发射极输出。射级跟随器作为整个仪器的输入级，由于其具有很高的输入阻抗，对被检测电路的影响极小，在被检测电路与放大电路之间起到了缓冲隔离作用。

（2）电压放大电路

晶体管VT_2、VT_3等构成双管直接耦合电压放大器，对输入缓冲级送来的被检测信号进行放大。射级跟随器VT_1输出的信号，由C_2耦合至VT_2基极，经双管直接耦合电压放大器放大后，从VT_3集电极输出并由C_4耦合至电流放大电路。

（3）电流放大电路

双管直接耦合放大器输出的电压信号，要驱动负载（扬声器），还需要经过电流放大。晶体管VT_4等构成电流放大器，其实质也是一个射级跟随器，具有较大的电流增益和功率增益，足以驱动扬声器发声。电位器RP用于调节音量大小。C_5是输出隔直流耦合电容。R_8是VT_4的偏置电阻。

4.1.4 阻容耦合电压放大电路

单个晶体管的放大作用是有限的，当需要电路具有较大的电压放大量时，往往采用多级放大电路。阻容耦合放大电路就是一种常用的多级放大电路。图4-17所示为典型的阻容耦合电压放大电路，由两只晶体管及外围元件构成。

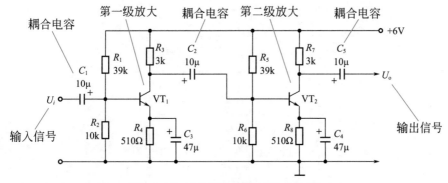

图4-17 阻容耦合电压放大电路

阻容耦合电压放大电路，实际上是两个单管电压放大电路的串联，输入信号经过第一级电路放大后，再送入第二级电路继续放大，这样总的电压放大倍数就更大了（理论上等于两个单管电压放大电路放大倍数的乘积）。

（1）耦合形式

在单管电压放大电路的分析中已经知道，电路正常工作的前提是晶体管具有合适的工作点。如何将第一级电路放大后的信号传送到第二级放大电路，而又不影响这两级电路各自的工作点，是多级电压放大电路必须解决的主要问题，即级间耦合问题。

多级电压放大电路的级间耦合，主要有阻容耦合、变压器耦合、直接耦合3种形式，如图4-18所示。

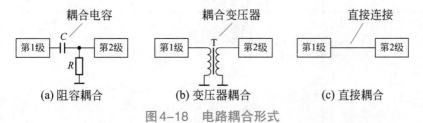

图4-18 电路耦合形式

阻容耦合如图4-18（a）所示，它是利用电容和电阻，将第一级放大电路的信号传送到第二级放大电路。阻容耦合电路的特点是电路简单、频率响应较好、成本低廉，但传输效率较低。

变压器耦合如图4-18（b）所示，它是利用变压器，将第一级放大电路的信号传送到第二级放大电路。变压器耦合电路的特点是效率较高、易于阻抗匹配，但频率响应较差、体积较大、成本较高。

直接耦合如图4-18（c）所示，它直接将第一级放大电路的输出端与第二级放大电路的输入端连接在一起。直接耦合的特点是电路最简单、传输效率高，但由于两级放大电路之间直流电路相通而互相牵扯，工作点需要统一设计和调试。

（2）阻容耦合原理

从图4-17所示电路图中我们看到，两级放大电路之间是利用电容C_2、电阻R_5和R_6进行信号耦合的，所以叫做阻容耦合放大电路。

因为电容器具有隔直流通交流的功能，晶体管VT_1集电极输出的交流信号，可以通过电容C_2传输到晶体管VT_2的基极。而VT_1集电极的直流电位，由于电容C_2的阻隔，则不会影响到VT_2的基极偏置电压，VT_1与VT_2可以有各自适当的直流工作点，如图4-19所示。电容C_2即称为耦合电容。

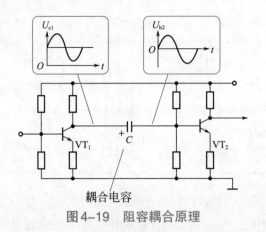

图4-19　阻容耦合原理

4.1.5　助听器

助听器电路如图4-20所示，这是一个阻容耦合放大器，电路中使用了3只晶体管，构成了三级单元电路。晶体管VT_1、VT_2分别构成两级电压放大器，VT_3构成电流放大器，各单元放大器之间以及话筒与放大器、放大器与耳机之间，均采用阻容耦合，C_1、C_2、C_3、C_5为耦合电容。图4-21所示为电路原理方框图。

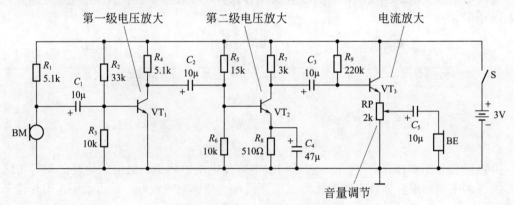

图4-20　助听器电路图

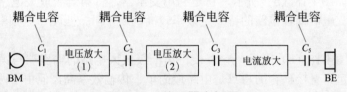

图4-21　助听器方框图

驻极体话筒BM的作用是拾音，将声音转换为电信号，经C_1耦合至VT_1进行电压放大。晶体管VT_1构成第一级阻容耦合电压放大器，由于所需放大的话筒信号很微弱，对放大器的动态范围要求不大，为简化电路，VT_1发射极取消了电阻而直接接地。VT_1放大后的电压信号由集电极输出，经C_2耦合至VT_2再次进行电压放大。

晶体管VT_2构成第二级阻容耦合电压放大器，对电压信号作进一步放大。旁路电容C_4并联在VT_2发射极电阻R_8上，将交流信号旁路，避免产生不必要的负反馈。VT_2放大后的电压信号也由集电极输出，经C_3耦合至VT_3进行电流放大。

晶体管VT_3构成射极跟随器，对信号进行电流放大。电位器RP为VT_3的发射极负载电阻，放大后的输出信号从RP上取出，经C_5耦合至耳机BE发声。调节电位器RP即可调节音量。

4.1.6 集成运放电压放大电路

集成运算放大器实质上是一个高增益的多级直接耦合放大器，具有很大的开环电压放大倍数（一般可达10^5，即100dB以上）和极高的输入阻抗（可达$10^6\Omega$，采用场效应管输入级的可达$10^9\Omega$以上）。

集成运放使用中一般加入深度负反馈，由于其开环增益很大，闭环增益仅由反馈电阻决定。使用集成运放构成的电压放大电路，具有电压增益大、输入阻抗高、外围电路简单、工作稳定可靠的特点。

集成运放通常有三种基本接法：同相输入、反相输入和差动输入。用集成运放构成的电压放大器也就有三种：同相电压放大器、反相电压放大器和差动电压放大器。

（1）同相电压放大器

图4-22所示为同相电压放大器电路，输入信号电压U_i加在集成运放的同相输入端（"+"端），输出信号U_o与输入信号U_i相位相同，放大倍数$A = \dfrac{U_o}{U_i} \approx 1 + \dfrac{R_f}{R_1}$。$R_p$为平衡电阻，用以平衡由于输入偏置电流造成的失调。$R_p = (R_1 /\!/ R_f)$。

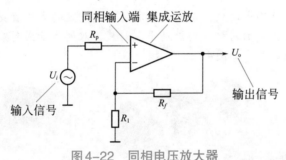

图4-22 同相电压放大器

（2）反相电压放大器

图4-23所示为反相电压放大器电路，输入信号电压U_i加在集成运放的反相输入端（"-"端），输出信号U_o与输入信号U_i相位相反，放大倍数$A = \dfrac{U_o}{U_i} \approx -\dfrac{R_f}{R_1}$。$R_p$为平衡电阻。

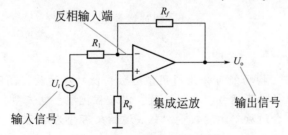

图4-23 反相电压放大器

（3）差动电压放大器

图4-24所示为差动电压放大器电路，一般有两个输入信号电压U_1和U_2，输入信号电

压 U_1 加在集成运放的反相输入端（"–"端），输入信号电压 U_2 加在集成运放的同相输入端（"+"端），两个输入信号电压 U_2 与 U_1 的差值得到放大，输出信号 U_o 与输入信号 $（U_2-U_1）$ 的值同相，放大倍数 $A = \dfrac{U_o}{U_2-U_1} \approx \dfrac{R_f}{R_1}$。

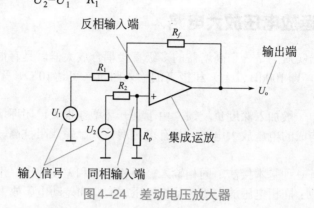

图4-24 差动电压放大器

知识链接 23 集成运算放大器

集成运算放大器简称集成运放，是一种集成化的高增益的多级直接耦合放大器。集成运放有金属圆壳封装、金属菱形封装、陶瓷扁平式封装、双列直插式封装等形式，较常用的是双列直插式封装的集成运放，如图4-25所示。

图4-25 集成运算放大器

1. 集成运放的种类

集成运放品种繁多，按功能可分为通用型运放、低功耗运放、高阻运放、高精度运放、高速运放、宽带运放、低噪声运放、高压运放，以及程控型、电流型、跨导型运放等。根据一个集成电路封装内包含运放单元的数量，集成运放又可分为单运放、双运放和四运放。

2. 集成运放的符号

集成运算放大器的文字符号为"IC"，图形符号如图4-26所示。集成运放一般具有两个输入端，即同相输入端"U_+"和反相输入端"U_-"；具有一个输出端"U_o"。

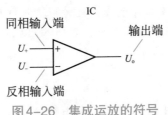

图4-26　集成运放的符号

3. 集成运放的参数

集成运放的参数很多，主要参数有电源电压范围、最大允许功耗、单位增益带宽、转换速率、输入阻抗等。

① 电源电压范围是指集成运放正常工作所需要的直流电源电压的范围。通常集成运放需要对称的正、负双电源供电，也有部分集成运放可以在单电源情况下工作，如图4-27所示。

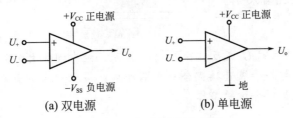

(a) 双电源　　　　　　　(b) 单电源

图4-27　集成运放的电源

② 最大允许功耗P_M是指集成运放正常工作情况下所能承受的最大耗散功率。使用中不应使集成运放的功耗超过P_M。

③ 单位增益带宽f_C是指集成运放开环电压放大倍数$A = 1$（0dB）时所对应的频率，如图4-28所示。一般通用型运放f_C约1MHz，宽带和高速运放f_C可达10MHz以上，应根据需要选用。

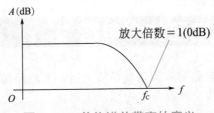

图4-28　单位增益带宽的意义

④ 转换速率SR是指在额定负载条件下，当输入边沿陡峭的大阶跃信号时，集成运放输出电压的单位时间最大变化率（单位为V/μs），即输出电压边沿的斜率，如图4-29所示。在高保真音响设备中，选用单位增益带宽f_C和转换速率SR指标高的集成运放效果较好。

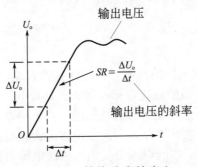

图4-29　转换速率的意义

⑤ 输入阻抗Z_i是指集成运放工作于线性区时，输入电压变化量与输入电流变化量的比值。采用双极型晶体管作输入级的集成运放，其输入阻抗Z_i通常为数$M\Omega$；采用场效应管作输入级的集成运放，其输入阻抗Z_i可高达$10^{12}\Omega$。

4. 集成运放工作原理

集成运放内部结构原理如图4-30所示，由高阻抗输入级、中间放大级、低阻抗输出级和偏置电路等组成。

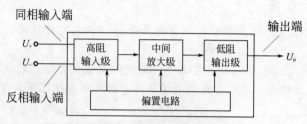

图4-30　集成运放结构原理

输入信号由同相输入端U_+或反相输入端U_-输入，经中间放大级放大后，通过低阻输出级输出。中间放大级由若干级直接耦合放大器组成，提供极大的开环电压增益（100dB以上）。偏置电路为各级提供合适的工作点。

5. 集成运放的用途

集成运放是一种通用模拟集成电路，具有输入阻抗高、增益高、稳定性好、通用性强、适用范围宽和使用简便的特点。集成运放的主要用途是放大和阻抗变换，在各种放大、振荡、有源滤波、精密整流以及运算电路中得到广泛的应用。

4.2　负反馈电压放大电路

具有负反馈的电压放大电路简称为负反馈放大器，其电路结构方框图如图4-31所示。负反馈放大器一般由两部分组成：一是基本电压放大电路，二是负反馈网络。

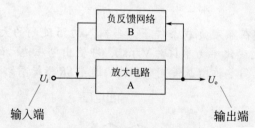

图4-31　负反馈放大器

负反馈实质上就是把输出电压的一部分再送回到输入端，并使其与输入电压相位相反。负反馈可以明显改善电压放大器的性能指标，使其失真减小、噪声降低、频响展宽、稳定度提高，而这些好处都是以牺牲放大器增益为代价的。由于增益可以用多级放大器来保障，而很多场合对放大器的性能指标要求严格，因此负反馈放大器得到普遍采用。

负反馈放大器可分为4类：串联电流负反馈、串联电压负反馈、并联电流负反馈和并联电压负反馈。使用较多的是串联电流负反馈放大器和并联电压负反馈放大器。

4.2.1　串联电流负反馈放大电路

图4-32所示为典型的串联电流负反馈放大电路，晶体管VT的发射极电阻R_e为反馈元件，R_e上电压降即为反馈电压U_β。R_b为基极电阻，R_c为集电极电阻。

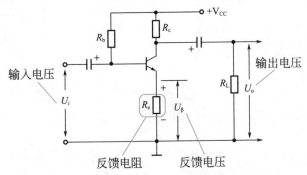

图4-32　串联电流负反馈放大电路

如何判断负反馈放大器的类型呢？首先，将电路输出端（U_o两端）短路，使输出电压$U_o = 0$，这时R_e上的反馈信号U_β依然存在，因此这是电流负反馈。其次，R_e上的反馈信号U_β是与输入信号电压U_i相串联后加在晶体管VT的基极与发射极之间的，属于串联负反馈。综合起来看，这是一个串联电流负反馈放大电路，图4-33所示为其原理方框图。

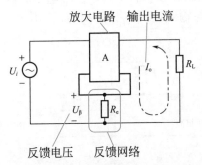

图4-33　串联电流负反馈原理

串联电流负反馈放大电路工作原理是：输出信号电流I_o在VT的发射极电阻R_e上产生电压降U_β，由于R_e又串联在放大器的输入信号回路中，因此U_β与输入信号电压U_i相串联，且极性相反。

由于反馈电压U_β抵消了一部分输入信号电压U_i，所以放大器加入串联电流负反馈后，电压放大倍数降低，电流放大倍数基本不变，输入阻抗增大，输出阻抗略有增加。

4.2.2　并联电压负反馈放大电路

图4-34所示为典型的并联电压负反馈放大电路，晶体管VT的基极电阻R_b为反馈元件，反馈电压U_β取自负载电阻R_L上的输出电压U_o。R_c为集电极电阻。

将电路输出端（U_o两端）短路，使输出电压$U_o = 0$，这时反馈信号U_β将不复存在，因此这是电压负反馈。反馈信号U_β通过R_b与输入信号电压U_i相并联后加在晶体管VT的基极与发射极之间的，属于并联负反馈。所以这是一个并联电压负反馈放大电路，图4-35所示为其原理方框图。

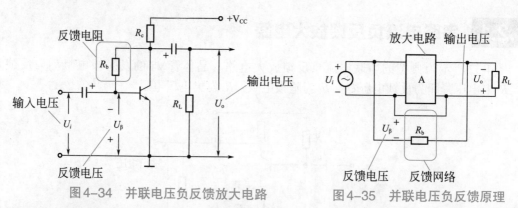

图 4-34　并联电压负反馈放大电路　　　图 4-35　并联电压负反馈原理

并联电压负反馈放大电路工作原理是：反馈电压 U_β 取自输出电压 U_o，与输入信号电压 U_i 相并联，且极性相反。

由于反馈电压 U_β 分流了一部分输入信号电压 U_i，所以放大器加入并联电压负反馈后，电压放大倍数基本不变，电流放大倍数降低，输入阻抗降低，输出阻抗也降低。

4.2.3 射极跟随器电路

晶体管构成的电压跟随器如图 4-36 所示，R_1 为晶体管 VT 的基极偏置电阻，R_2 为发射极电阻，C_1 为输入耦合电容，C_2 为输出耦合电容。由于电路的输出电压 U_o 是从晶体管 VT 的发射极引出，并且输出电压 U_o 与输入电压 U_i 相位相同、幅度也大致相同，所以晶体管电压跟随器又叫做射极跟随器。

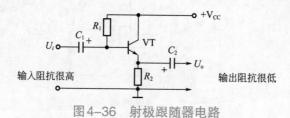

图 4-36　射极跟随器电路

射极跟随器实质上是一个电压反馈系数 $F=1$ 的串联电压负反馈放大器，输出电压 U_o 全部作为负反馈电压 U_β 反馈到输入回路，抵消了绝大部分输入电压 U_i，所以 I_b 很小，根据 $R_i = \dfrac{U_i}{I_b}$ 可知，射极跟随器的输入阻抗 R_i 是很高的，可达几百千欧。

输出阻抗 R_o 是指从电路输出端看进去的阻抗。当负载变化引起输出电压 U_o 下降时，输入电压 U_i 被负反馈抵消的部分也随之减少，使得 U_o 回升，最终保持 U_o 基本不变。当负载变化引起输出电压 U_o 上升时，负反馈电压也随之增大，同样使得 U_o 保持基本不变。这就意味着射极跟随器的输出阻抗 R_o 是很小的，一般仅为几十欧姆。

射极跟随器具有很高的输入阻抗和很低的输出阻抗，是最常用的阻抗变换和匹配电路，常用作电路的输入缓冲级和输出缓冲级，可以减轻电路对信号源的影响，并可提高电路带负载的能力。

4.2.4 多级负反馈放大电路

为了进一步提高负反馈放大器的性能，往往采用多级负反馈放大电路。图 4-37 所示为三级负反馈放大器示意图，A_1、A_2、A_3为三级放大器，R为反馈元件。

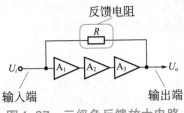

图4-37　三级负反馈放大电路

多级负反馈放大电路中，输出电压U_o必须与输入电压U_i相位相反，这样才能够通过反馈元件R实施负反馈。单级晶体管电压放大电路，输出电压与输入电压相位相反，所以多级负反馈放大电路往往采用奇数级数，以方便实施负反馈。多级放大器具有更高的开环增益，可以采用更大的反馈深度，以充分发挥负反馈的效果。

4.2.5　集成运放电压跟随器

集成运放同相放大电路中，当$R_f = 0$，$R_1 = \infty$时，便构成了电压跟随器，如图4-38所示。电压跟随器的电压放大倍数$A = 1$，输出电压U_o与输入电压U_i大小相等、相位相同。集成运放电压跟随器具有极高的输入阻抗和很小的输出阻抗，常用作阻抗变换器。

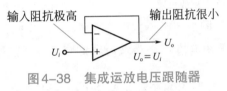

图4-38　集成运放电压跟随器

 知识链接 **24** 单元电路看图技巧

电路图的整体功能是通过各个单元电路有机组合而实现的。掌握各种单元电路的看图技巧和分析方法，才能够看懂整个电路图。

1. 单元电路的作用与功能

单元电路种类众多，可分为放大电路、振荡电路、滤波电路、调制与解调电路和电源电路等类型，它们各自具有独特的作用与功能。

① 放大电路的作用是对输入信号进行放大，常见的放大电路有电压放大器、电流放大器、功率放大器等。电压跟随器是电压放大倍数等于1的放大电路，其作用是阻抗变换和缓冲。

② 振荡电路的作用是产生信号电压，包括正弦波振荡器和其他波形振荡器。

③ 有源滤波电路的作用是限制通过信号的频率，包括低通有源滤波器、高通有源滤波器、带通有源滤波器和带阻有源滤波器。

④ 调制电路的作用是将信号电压调制到载频上，调制方法包括调幅、调频和调相。解调电路的作用是从已调载频中解调出信号电压，检波电路和鉴频电路都属于解调电路。

⑤ 电源电路的作用是为其他电路提供工作电源或实现电源转换。常见的电源电路有整流电路、滤波电路、稳压电路、恒流电路和电源变换电路等，它们具有不同的作用与功能。

整流滤波电路的作用是将交流电变换为直流电，稳压电路的作用是提供稳定的工作电压，恒流源电路的作用是提供恒定的电流，逆变电路的作用是将直流电变换为交流电，直流变换电路的作用是将一种直流电变换为另一种直流电。

2. 输入信号与输出信号之间的关系

除了振荡器等信号产生电路外，一般单元电路都有信号输入端和信号输出端，单元电路按照其既定的作用与功能，对输入信号进行处理、加工或变换，然后输出。特定的单元电路，其输出信号与输入信号之间存在特定的函数关系。

① 放大电路的输出信号幅度是输入信号幅度的若干倍，其他特征不变。

其中，同相放大器输出信号与输入信号相位相同，反相放大器输出信号与输入信号相位相反，如图4-39所示。电压跟随器可理解为放大倍数 $A=1$ 的放大器。衰减器可理解为放大倍数为负数的放大器。

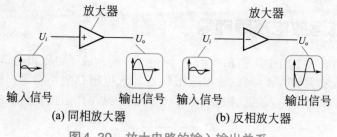

图4-39　放大电路的输入输出关系

② 滤波电路的输入信号中只有符合要求的特定频率部分能够到达输出端，不符合的部分则被滤除。

例如，高通滤波器只允许频率高于转折频率 f_0 的信号通过，低通滤波器只允许频率低于转折频率 f_0 的信号通过，带通滤波器只允许频率处于高低转折频率 f_2 与 f_1 之间的信号通过，带阻滤波器只允许频率低于低端转折频率 f_1 或高于高端转折频率 f_2 的信号通过，如图4-40所示。

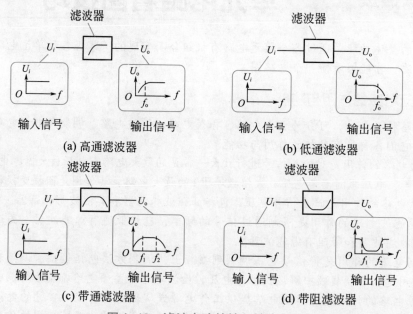

图4-40　滤波电路的输入输出关系

③ 调制电路一般具有两个输入端和一个输出端，两个输入信号分别是调制信号和载频信号，输出信号是含有输入调制信号信息的载频信号。调制方式主要有调幅、调频、调相等，图4-41（a）所示为调幅电路示意图，图4-41（b）所示为调频电路示意图。

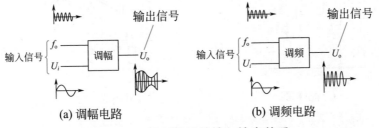

(a) 调幅电路　　　　　　　　(b) 调频电路

图4-41　调制单元的输入输出关系

解调电路则正好相反，输入的是含有调制信号信息的载频信号，输出的是调制信号，载频已被滤除。

④ 信号发生电路一般没有输入端而只有输出端，向外提供特定的输出信号。有些信号发生电路具有控制端，用以对振荡信号进行参数调节或振荡控制。

3. 单元电路的结构特点

很多常见的单元电路，例如放大器、振荡器、电压跟随器、电压比较器、有源滤波器等，往往具有特定的电路结构，掌握单元电路的结构特点，对于看图识图会有很大的帮助。

① 放大电路的结构特点是具有一个输入端和一个输出端，在输入端与输出端之间是晶体管或集成运放等放大器件，如图4-42所示。有些放大器具有负反馈。如果输出信号是由晶体管发射极引出，则是射极跟随器电路。

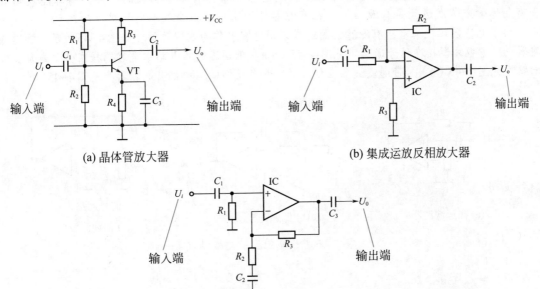

(a) 晶体管放大器　　　　　　(b) 集成运放反相放大器

(c) 集成运放同相放大器

图4-42　放大单元的结构特点

② 振荡电路的结构特点是没有对外的电路输入端，晶体管或集成运放的输出端与输入端之间接有一个具有选频功能的正反馈网络，将输出信号的一部分正反馈到输入端以形成振荡。图4-43（a）所示为晶体管振荡器，图4-43（b）所示为集成运放振荡器。

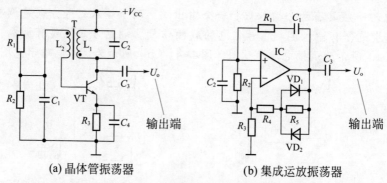

(a) 晶体管振荡器　　　　(b) 集成运放振荡器

图4-43　振荡单元的结构特点

③ 差动放大器的结构特点是具有两个输入端（正输入端和负输入端）和一个输出端，如图4-44所示。集成运放IC的输出端与反相输入端之间接有一反馈电阻R_3，使IC工作于线性放大状态，输出信号是两个输入信号差值的A倍（$A = \dfrac{R_3}{R_1}$）。

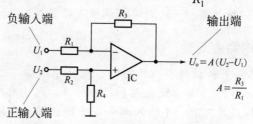

图4-44　差动放大器的结构特点

④ 滤波电路的结构特点是含有电容器或电感器等具有频率函数的元件，有源滤波器还含有晶体管或集成运放等有源器件，在有源器件的输出端与输入端之间接有反馈元件。

由于电感器比较笨重，有源滤波器通常采用电容器作为滤波元件，如图4-45所示。高通滤波器电路中电容器接在信号通路［见图4-45（a）］；低通滤波器电路中电容器接在旁路或负反馈回路［见图4-45（b）］；带通滤波器在信号通路和负反馈回路中都有电容器［见图4-45（c）］。

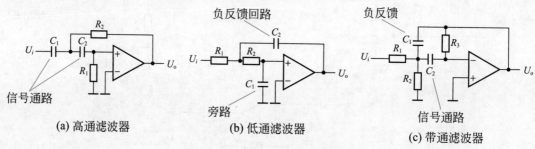

(a) 高通滤波器　　　　(b) 低通滤波器　　　　(c) 带通滤波器

图4-45　滤波单元的结构特点

4. 等效电路分析法

放大器、振荡器、有源滤波器等单元电路，都包括交流回路和直流回路，并且互相交织在一起，有些元器件只在一个回路中起作用，有些元器件在两个回路中都起作用。为了更方便更清晰地分析单元电路，可以分别画出交流等效电路和直流等效电路。

（1）交流等效电路

交流回路是单元电路处理交流信号的通路。对于交流信号而言，电路图中的耦合电容和旁路电容都视为短路；电源对交流的阻抗很小，且电源两端并接有大容量的滤波电容，也视为短路，这样便可绘出其交流等效电路。

例如，图4-46（a）所示晶体管放大器，按照上述方法绘出的交流等效电路如图4-46（b）所示。

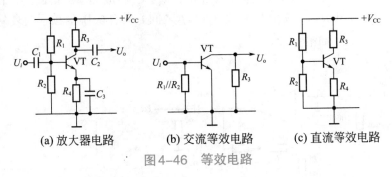

(a) 放大器电路　　(b) 交流等效电路　　(c) 直流等效电路

图4-46　等效电路

（2）直流等效电路

直流回路为单元电路提供正常工作所必须的电源条件。对于直流而言，电路图中所有电容均视为开路，很容易即可绘出其直流等效电路。

晶体管放大器的直流等效电路如图4-46（c）所示。直流回路为晶体管VT提供直流工作电源和合适的静态工作点。

4.3　专用电压放大器

专用电压放大器是专门为某种特定任务设计的放大器，例如话筒放大器、磁头放大器、前置放大器、音调放大器、测量放大器等。

4.3.1　话筒放大器

话筒放大器电路如图4-47所示，驻极体话筒BM输出的微弱电压信号经耦合电容C_1输入集成运放IC，放大后的电压信号经C_3耦合输出。电压放大倍数由集成运放外接电阻R_4、R_3决定，该电路放大倍数$A=100$倍（40dB）。

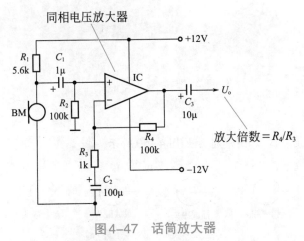

图4-47　话筒放大器

4.3.2 磁头放大器

图4-48所示为集成运放应用于磁头放大器。由于磁头输出电压随信号频率升高而增大，因此磁头放大器必须具有频率补偿功能。R_2、R_3、R_4、C_4组成频率补偿网络，作为集成运放IC的负反馈回路，使其放大倍数在中频段（f_1 与 f_2 之间）具有6dB/倍频程的衰减。

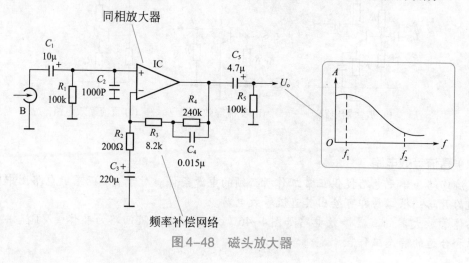

图4-48 磁头放大器

知识链接 25 磁头

磁头是一种电磁转换器件，包括音频磁头、视频磁头、控制磁头等，视频磁头通常安装在磁鼓上，如图4-49所示。

图4-49 磁头与磁鼓

1. 磁头的符号

磁头的文字符号是"B"，图形符号如图4-50所示。

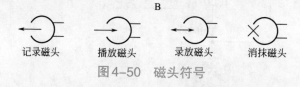

记录磁头　　播放磁头　　录放磁头　　消抹磁头

图4-50 磁头符号

2. 磁头的特点与工作原理

磁头具有将磁信号转换为电信号，或将电信号转换为磁信号的特点。

磁头结构及工作原理如图4-51所示，由磁芯和绕在磁芯上的线圈组成，在磁芯前端有一极窄的工作隙缝。当有信号电压加在磁头线圈上时，在工作隙缝处便产生相应的磁场，由沿工作隙缝移动的磁带记录下来。反之，当磁带上的磁场作用于磁头的工作隙缝时，在线圈上则感应出相应的信号电压。

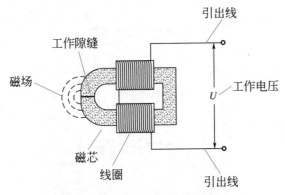

图4-51 磁头结构及原理

在工作过程中，磁头与磁带处于相对移动状态。在录音机等音频设备中，磁头静止而磁带移动。在录像机等视频设备中，磁头安装在高速旋转的磁鼓上，以提高磁头与磁带的相对移动速度，满足高频信号记录的要求。

3. 磁头的用途

磁头的主要用途是录放音像信号、消磁、读取或录制控制信号等。

4.3.3 桥式电压放大器

图4-52所示为集成运放构成的高精度测量用桥式电压放大器电路，具有灵敏度高、噪声低、低频特性好的特点。C_2、R_7 和 C_3、R_8 构成频率补偿网络，以满足传感器信号放大的特殊需要。

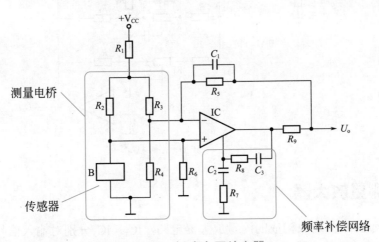

图4-52 桥式电压放大器

4.3.4　前置放大器

图4-53所示为集成运放构成的立体声高保真音响前置放大器，采用NE5532低噪声双运放集成电路，具有很低的噪声系数和很宽的单位增益带宽。RP_1是左右声道平衡电位器，RP_2、RP_3分别是左声道与右声道的音量电位器。

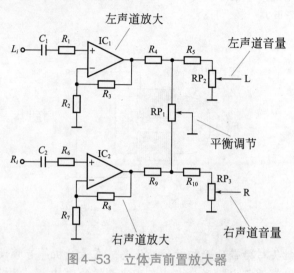

图4-53　立体声前置放大器

4.3.5　音调控制电路

图4-54所示为集成运放构成的音调控制电路，可以分别对高、中、低音进行调节控制，IC_1为输入缓冲级。如需应用于立体声音响，则应制作两套相同的音调控制电路，并使用双连电位器。

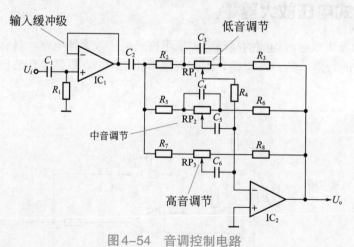

图4-54　音调控制电路

4.3.6　测量放大器

图4-55所示为集成运放构成的测量放大器电路，IC_1、IC_2分别对输入信号U_{i-}、U_{i+}进行预放大，IC_3构成差动放大器，对U_{i+}与U_{i-}的差值进行放大，IC_4为输出缓冲级。

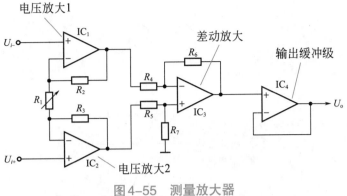

图4-55 测量放大器

4.4 功率放大电路

功率放大电路是以输出功率为主要指标的放大器，它不仅要有足够的输出电压，而且要有较大的输出电流。功率放大器工作于大信号状态，可分为甲类功率放大器、乙类功率放大器、甲乙类功率放大器等。

4.4.1 单管功率放大器

单管功率放大器是最简单的功率放大器。单管功率放大器工作于甲类状态。

图4-56所示为单管功率放大器电路，VT为功率放大管，偏置电阻R_1、R_2和发射极电阻R_3为VT建立起稳定的工作点。T_1、T_2分别为输入、输出变压器，用于信号耦合、阻抗匹配和传送功率。C_1、C_2是旁路电容，为信号电压提供交流通路。

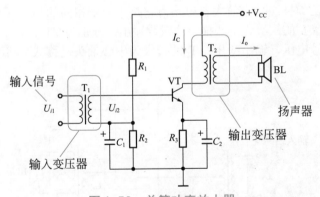

图4-56 单管功率放大器

单管甲类功率放大器的主要优点是电路简单，主要缺点是效率较低，因此一般适用于较小功率的放大器，或用作大功率放大器的推动级。

单管功率放大器工作原理是，输入交流信号电压U_{i1}接在输入变压器T_1初级，在T_1次级得到耦合电压U_{i2}。U_{i2}叠加于晶体管VT基极的直流偏置电压（即工作点）之上，使VT的基极电压随输入信号电压发生变化。由于晶体管的放大作用，VT集电极电流I_c亦作相应的变化，再经输出变压器T_2隔离直流，将交流功率输出电流I_o传递给扬声器BL。电路各点波形如图4-57所示。

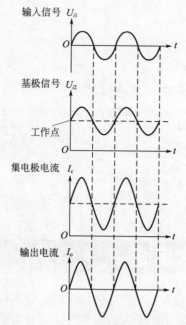

图4-57　单管功率放大器工作波形

4.4.2 推挽功率放大器

推挽功率放大器采用两只功率放大管，分别放大正、负半周的信号，较大地提高了放大器的效率。根据晶体管的静态工作点是否为"0"，双管推挽功率放大器又可以分为乙类推挽功率放大器和甲乙类推挽功率放大器。

（1）乙类推挽功率放大器

图4-58所示为乙类推挽功率放大器电路，它是由两个相同的晶体管VT_1、VT_2组成的对称电路。输入变压器T_1的次级为中心抽头式对称输出，分别为VT_1、VT_2基极提供大小相等、相位相反的输入信号电压。输出变压器T_2的初级为中心抽头对称式，将VT_1、VT_2的集电极电流合成后输出。

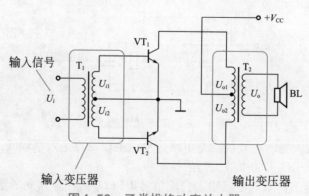

图4-58　乙类推挽功率放大器

输入信号电压U_i加到输入变压器T_1初级，在T_1次级即产生大小相等、相位相反的两个交流电压U_{i1}和U_{i2}，使晶体管VT_1、VT_2轮流工作。

输入信号电压U_i正半周时，次级交流电压U_{i1}和U_{i2}均为上正下负。U_{i1}对于晶体管VT_1

而言是正向偏置，VT_1导通放大，其集电极电流I_{c1}通过输出变压器T_2，在扬声器BL上产生由下向上的输出电流I_o，如图4-59（a）所示。U_{i2}对于晶体管VT_2而言是反向偏置，VT_2截止。

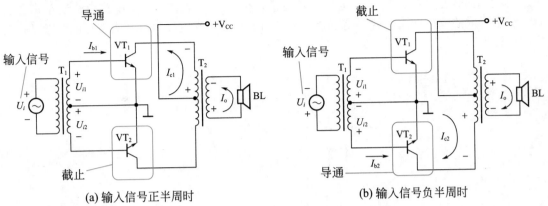

(a) 输入信号正半周时　　　　　(b) 输入信号负半周时

图4-59　乙类推挽功率放大器工作过程

输入信号电压U_i负半周时，次级交流电压U_{i1}和U_{i2}均为上负下正。U_{i1}对于晶体管VT_1而言是反向偏置，VT_1截止。U_{i2}对于晶体管VT_2而言是正向偏置，VT_2导通放大，其集电极电流I_{c2}通过输出变压器T_2，在扬声器BL上产生由上向下的输出电流I_o，如图4-59（b）所示。

在输入信号电压U_i的一个周期内，VT_1、VT_2虽然是轮流导通工作，但由于输出变压器T_2的合成作用，在扬声器BL上仍然可以得到一个完整的输出电流波形。各点工作波形如图4-60所示。

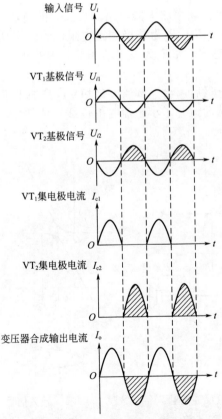

图4-60　乙类推挽功率放大器工作波形

乙类推挽功率放大器的优点是效率很高，缺点是存在严重的交越失真。产生交越失真的原因是因为晶体管U_b-I_c曲线的起始部分呈弯曲状，如图4-61所示。当推挽功率放大器工作于乙类状态时，虽然输入信号电压U_i为正弦波，但由于两个晶体管集电极电流底部弯曲失真，结果合成的输出电流也就不是正弦波了。两个晶体管集电极电流合成波形的过渡部位发生的这种失真，就称之为交越失真。

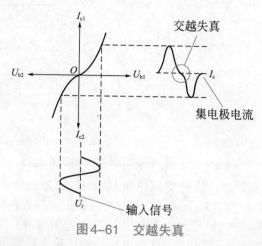

图4-61　交越失真

（2）甲乙类推挽功率放大器

甲乙类推挽功率放大器是在乙类推挽功率放大器的基础上改进的电路，它有效地克服了交越失真。

图4-62所示为甲乙类推挽功率放大器电路，与乙类推挽功率放大器相比，甲乙类推挽功率放大器仅增加了3个电阻：R_1、R_2为基极偏置电阻，为两个功率放大管提供一定的基极偏置电压，以减小和消除交越失真；R_3为发射极电阻，利用R_3上的电流负反馈作用来稳定工作点。

电路中加入上述3个电阻后，给晶体管VT_1和VT_2都加上了一个小的正偏压，使其产生一个小的静态工作电流，从而避开了小电流时的曲线弯曲部分，也就消除了交越失真，如图4-63所示。

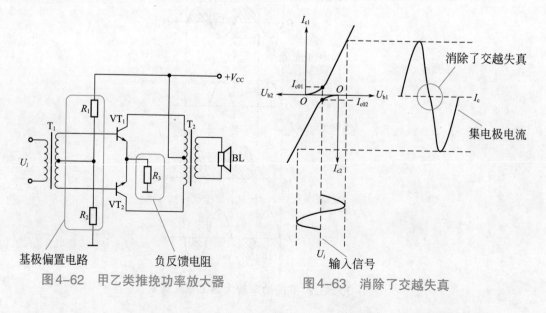

图4-62　甲乙类推挽功率放大器　　　　图4-63　消除了交越失真

4.4.3 有源小音箱

　　有源音箱内部包含有一个音频功率放大器，可以将弱小的音频信号放大后播放出来，与MP3、MP4、笔记本电脑、手机等配合使用十分方便。

　　有源小音箱电路如图4-64所示，包括低频电压放大和推挽功率放大两级电路，对输入的微弱音频信号进行电压放大和功率放大，保证有足够的功率推动扬声器。

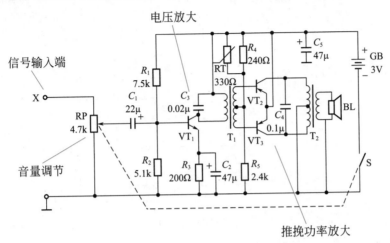

图4-64　有源小音箱电路

（1）低频电压放大级

　　晶体管VT$_1$等构成低频电压放大级，这是一个共发射极电压放大器，VT$_1$的集电极负载是输入变压器T$_1$。R$_1$、R$_2$是VT$_1$的偏置电阻，为VT$_1$提供基极偏置电压。R$_3$是VT$_1$的发射极电阻，具有直流电流负反馈功能，可以稳定VT$_1$的工作点。C$_2$是发射极旁路电容，它的作用是为交流信号提供通路，保证VT$_1$对交流信号的放大倍数不因R$_3$的存在而降低。

　　音频信号由输入端X接入有源小音箱，经音量控制电位器RP、耦合电容C$_1$至晶体管VT$_1$进行电压放大，放大后的电压信号由输入变压器T$_1$耦合至功率放大级。

（2）推挽功率放大级

　　晶体管VT$_2$、VT$_3$等组成推挽功率放大器，低放级信号电压U$_i$在输入变压器T$_1$次级感应出一对大小相等、方向相反的信号电压，分别加到VT$_2$、VT$_3$的基极。VT$_2$、VT$_3$分别放大的正负半周信号，在输出变压器T$_2$的次级合成一个完整的信号波形U$_o$驱动扬声器发声。

　　R$_4$和R$_5$是功放级偏置电阻，为VT$_2$、VT$_3$提供适当的静态电流，使电路工作于甲乙类状态，以减小交越失真。RT是负温度系数热敏电阻，起温度补偿作用，用以稳定工作点。C$_3$、C$_4$是高频旁路电容，它们分别并联在输入变压器T$_1$和输出变压器T$_2$的初级，将音频范围以上的高频杂散信号旁路，有效防止电路自激，提高电路稳定性和改善音质。

4.4.4 OTL功率放大器

　　OTL功率放大器即无输出变压器功率放大器，由于电路中取消了输出变压器，因此彻底克服了输出变压器本身存在的体积大、损耗大、频响差等缺点，得到了广泛应用。OTL功率放大器有多种电路形式，如变压器倒相式OTL功率放大器、晶体管倒相式OTL功率放大器、互补对称式OTL功率放大器等。

（1）变压器倒相式OTL功率放大器

变压器倒相式OTL功率放大器的结构特点是采用输入变压器作信号倒相。图4-65所示为输入变压器倒相式OTL功率放大器电路。VT_1、VT_2为完全相同的两个功放晶体管。T为输入变压器，具有两个独立的次级线圈，分别为VT_1、VT_2提供大小相等、极性相反的基极信号电压。C为输出耦合电容。

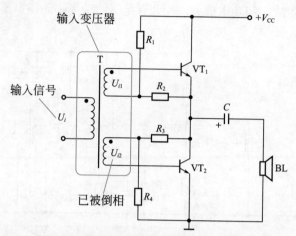

图4-65 变压器倒相式OTL功率放大器

在输入信号电压U_i正半周时，功放管VT_1导通、VT_2截止。这时，输出耦合电容C通过VT_1经扬声器BL充电，充电电流I_{c1}如图4-66中点划线所示。

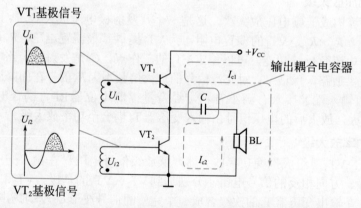

图4-66 变压器倒相式OTL功率放大器工作原理

在输入信号电压U_i负半周时，功放管VT_1截止、VT_2导通。这时，输出耦合电容C通过VT_2经扬声器BL放电，放电电流I_{c2}如图4-66中虚线所示。

输出耦合电容C的充电电流和放电电流在扬声器BL上的方向相反。正是利用电容量很大的耦合电容C的充放电，最终在扬声器BL上合成一个完整的信号波形。

（2）晶体管倒相式OTL功率放大器

晶体管倒相式OTL功率放大器的结构特点是利用晶体管对输入信号进行倒相。图4-67所示为晶体管倒相式OTL功率放大器电路，VT_1为倒相晶体管，C_1为输入耦合电容，C_4为输出耦合电容。

电路工作原理是，当输入信号电压U_i经输入电容C_1耦合至倒相晶体管VT_1基极时，在VT_1集电极和发射极便得到极性相反的两个电压信号，其中，集电极电压U_c与U_i反相，发

射极电压 U_e 与 U_i 同相，使功放管 VT_2、VT_3 轮流导通工作，并通过输出耦合电容 C_4 的充放电在扬声器 BL 上合成完整的输出信号。

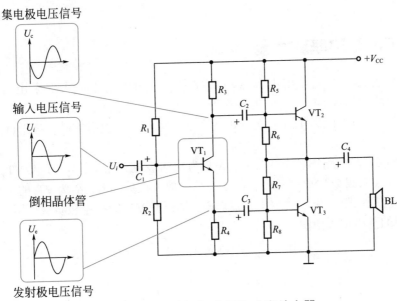

图4-67　晶体管倒相式OTL功率放大器

晶体管倒相式OTL功率放大器连输入变压器也取消了，使得功率放大器的质量指标得到进一步提高。

（3）互补对称式OTL功率放大器

互补对称式OTL功率放大器的结构特点是采用了两个导电极性相反的功放管，因此只需要相同的一个基极信号电压即可。图4-68所示为互补对称式OTL功率放大器电路，功放管 VT_2 为 NPN 型晶体管，VT_3 为 PNP 型晶体管。推动级 VT_1 集电极输出电压 U_{c1} 即为 VT_2 和 VT_3 的基极信号电压。

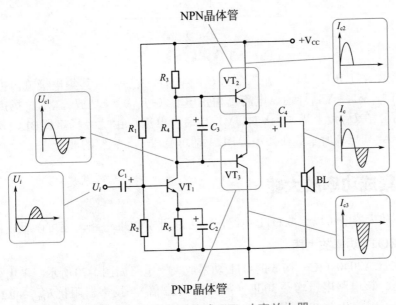

图4-68　互补对称式OTL功率放大器

在U_{c1}正半周时NPN管VT$_2$导通，在U_{c1}负半周时PNP管VT$_3$导通，通过输出耦合电容C_4在扬声器BL上合成一个完整的信号波形。VT$_1$的集电极电阻R_3、R_4同时为VT$_2$、VT$_3$提供基极偏置电压。

4.4.5　OCL功率放大器

OCL功率放大器即无输出电容器功率放大器。OCL功率放大器采用对称的正、负双电源供电，功放管VT4、VT5的连接点（中点）的静态电位为0V，为取消输出耦合电容创造了条件。由于没有输出耦合电容，使得放大器的频响等指标比OTL电路进一步提高。

OCL功率放大器电路如图4-69所示。VT$_1$为推动级放大晶体管。VT$_2$与VT$_4$组成NPN型复合管，VT$_3$与VT$_5$组成PNP型复合管，承担功率放大任务。R_1、R_2为VT$_1$的基极偏置电阻，R_5为VT$_1$的发射极电阻，用于稳定工作点。R_3、R_4既是VT$_1$的集电极负载电阻，同时又是两对复合功放管的基极偏置电阻。

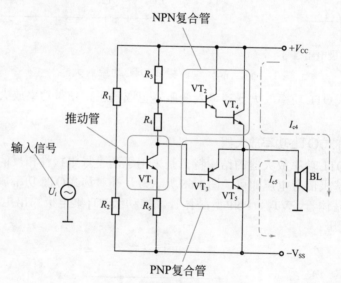

图4-69　OCL功率放大器

OCL功放电路工作原理是，输入信号U_i经VT$_1$放大后，从其集电极输出推动电压U_{c1}。在U_{c1}正半周时，VT$_2$、VT$_4$导通，电流I_{c4}由正电源（$+V_{CC}$）经功放管VT$_4$、扬声器BL到地，如点划线所示。在U_{c1}负半周时，VT$_3$、VT$_5$导通，电流I_{c5}由地经扬声器BL、功放管VT$_5$到负电源（$-V_{SS}$），如虚线所示。在扬声器BL上即可合成一个完整的波形。

4.4.6　集成功率放大器

集成功率放大器既可以组成OTL电路，也可以组成OCL电路，还可以组成BTL电路。

（1）集成OTL功率放大器

集成功放TDA2040（IC）构成的OTL功率放大器电路如图4-70所示，采用+32V单电源作为工作电压。该电路电压增益30dB（放大倍数32倍），扬声器阻抗$R_{BL}=4\Omega$时输出功率为15W，扬声器阻抗$R_{BL}=8\Omega$时输出功率为7.5W。

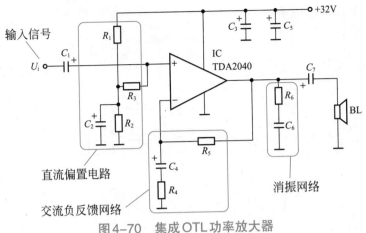

图 4-70　集成 OTL 功率放大器

信号电压 U_i 由集成功放 IC 的同相输入端输入，C_1 为输入耦合电容。R_1、R_2 为偏置电阻，将 IC 的同相输入端偏置在电源电压的 1/2 处（+16V），R_3 的作用是防止因偏置电阻 R_1、R_2 而降低输入阻抗。R_5 为反馈电阻，它与 C_4、R_4 一起组成交流负反馈网络，决定电路的电压增益，电路的放大倍数 $A = \dfrac{R_5}{R_4}$。C_7 为输出耦合电容。R_6、C_6 组成输出端消振网络，以防电路自激。C_3、C_5 为电源滤波电容。

（2）集成 OCL 功率放大器

集成功放 TDA2040（IC）也可以构成 OCL 功率放大器，电路如图 4-71 所示，采用 ±16V 对称双电源作为工作电压。该电路电压增益 30dB（放大倍数 32 倍），扬声器阻抗 $R_{BL} = 4\Omega$ 时输出功率为 15W，扬声器阻抗 $R_{BL} = 8\Omega$ 时输出功率为 7.5W。OCL 功率放大器由于采用对称的正、负电源供电，所以输入端不需要偏置电路。电路的电压增益由 R_3 与 R_2 决定，放大倍数 $A = \dfrac{R_3}{R_2}$。C_3 和 C_5、C_6 和 C_7 分别为正、负电源的滤波电容。

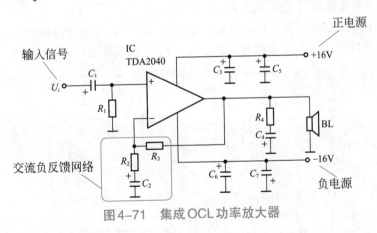

图 4-71　集成 OCL 功率放大器

4.4.7　BTL 功率放大器

BTL 功率放大器即桥式推挽功率放大器，其突出优点是可在较低的电源电压下获得较大的输出功率。BTL 功率放大器由两个相同的功放集成电路 IC_1 和 IC_2 组成，IC_1 和 IC_2 的输入端分别接入大小相等、相位相反的输入信号 U_{i1} 与 U_{i2}，扬声器 BL 接在两个功放电路的输出端

U_{o1}与U_{o2}之间，如图4-72所示。

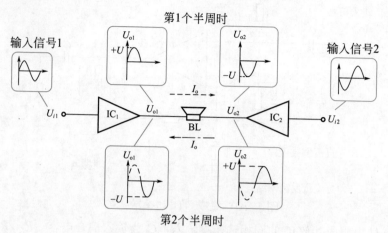

图4-72　BTL功率放大器原理

在输入信号的第一个半周，U_{i1}为正半周信号，经IC_1放大后输出正电压，输出电压U_{o1}峰值可达$+U$；U_{i2}为负半周信号，经IC_2放大后输出负电压，输出电压U_{o2}峰值可达$-U$；输出电流I_o由U_{o1}经扬声器BL流向U_{o2}，如图4-72中虚线所示。扬声器BL上得到的信号电压为$+U-(-U)=2U$，是单个功放电路IC_1或IC_2输出电压的两倍。

在输入信号的第二个半周，U_{i1}为负半周信号，经IC_1放大后输出负电压，输出电压U_{o1}峰值可达$-U$；U_{i2}为正半周信号，经IC_2放大后输出正电压，输出电压U_{o2}峰值可达$+U$；输出电流I_o由U_{o2}经扬声器BL流向U_{o1}，如图4-72中点划线所示。扬声器BL上得到的信号电压仍为$2U$。

因此，在电源电压和负载阻抗相同的情况下，BTL功率放大器的输出功率是OTL或OCL功率放大器的4倍。

BTL功率放大器需要两个大小相等、相位相反的输入信号U_{i1}与U_{i2}，根据获得这两个输入信号的方式，常用的BTL功率放大器电路可分为晶体管倒相式和自倒相式两种。

（1）晶体管倒相式BTL功率放大器

晶体管倒相式BTL功率放大器电路如图4-73所示。VT_1为倒相晶体管，R_1、R_2是基极偏置电阻，R_3是集电极电阻，R_4是发射极电阻。输入信号电压U_i经C_1耦合至VT_1基极进行放大。

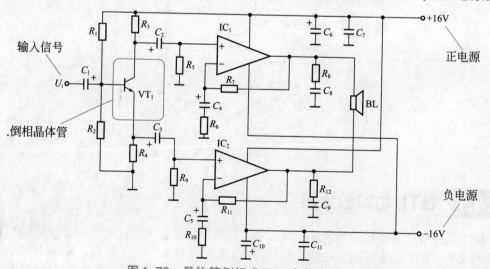

图4-73　晶体管倒相式BTL功率放大器

因为晶体管集电极电压与发射极电压互为反相，而且$R_3 = R_4$，所以从VT_1集电极和发射极就可以得到大小相等、相位相反的两个信号电压U_c和U_e，分别作为IC_1与IC_2的输入信号电压。

扬声器BL接在IC_1输出端与IC_2输出端之间。R_7、R_6、C_4为IC_1的负反馈网络，R_{11}、R_{10}、C_5为IC_2的负反馈网络。

（2）自倒相式BTL功率放大器

自倒相式BTL功率放大器电路如图4-74所示，不需要倒相晶体管，IC_2的输入信号不是直接取自放大器输入端的信号电压U_i，而是取自IC_1的输出端。

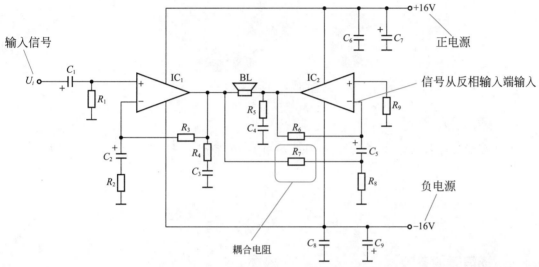

图4-74 自倒相式BTL功率放大器

信号电压U_i由C_1耦合至IC_1的同相输入端进行放大，IC_1输出端的输出电压在送给扬声器BL的同时，经R_7衰减后送入IC_2的反相输入端，这样在IC_2的输出端即可得到一个相位相反的输出电压。只要R_7的阻值适当，就可以使IC_2与IC_1的输出电压大小相等且相位相反。R_3、R_2、C_2与R_6、R_8、C_5分别是IC_1与IC_2的负反馈网络。C_3、R_4与C_4、R_5分别是IC_1与IC_2的输出端消振网络。

 知识链接 26 扬声器

扬声器俗称喇叭，是一种常用的电声转换器件，其基本作用是将电信号转换为声音，在收音机、录音机、电视机、计算机、音响和家庭影院系统，以及电影院、剧场、体育场馆、交通设施等公共场所得到广泛的应用。

1. 扬声器的种类

扬声器多种多样，如图4-75所示。按换能方式可分为电动式扬声器、舌簧式扬声器、压电式扬声器和气动式扬声器等。按结构可分为纸盆式扬声器、球顶式扬声器、号筒式扬声器、带式扬声器和平板式扬声器等。按工作频率范围可分为高音扬声器、中音扬声器、低音扬声器和全频扬声器等。

图4-75　扬声器

2. 扬声器的符号

扬声器的文字符号是"BL"，图形符号如图4-76所示。

BL

图4-76　扬声器的符号

3. 扬声器的参数

扬声器的主要参数有额定功率、标称阻抗、频率范围、灵敏度等。

① 额定功率是指扬声器在长期正常工作时所能输入的最大电功率，单位为"W"。常用扬声器的功率有0.1W、0.25W、0.5W、1W、3W、5W、10W、50W、100W、200W等。选用扬声器时，不宜使扬声器长期工作在超过其额定功率的状态，否则易损坏扬声器。

② 标称阻抗是指扬声器工作时输入的信号电压与流过的信号电流之比值，单位为"Ω"。标称阻抗是指交流阻抗，在数值上约是扬声器音圈直流电阻值的1.2～1.3倍。常用扬声器的标称阻抗有4Ω、8Ω、16Ω等，应按照电路图的要求选用。

③ 频率范围是指输出声压变化幅度在一定的允许范围内（一般为−3dB）时，扬声器的有效工作频率范围。低音扬声器的频率范围为30～8000Hz，中音扬声器的频率范围为200～10000Hz，高音扬声器的频率范围为2000～16000Hz。在一般应用场合应选用全频或中音扬声器，在分频音箱中则应按照要求选用高、中、低音扬声器。

④ 灵敏度是指给扬声器输入1W的电功率时，其发出的平均声压大小，单位为"dB"。灵敏度越高，说明扬声器的电声转换效率越高。

4. 电动式扬声器

电动式扬声器是最常用的扬声器，既有全频扬声器，又有专门的高音、中音、低音扬声器，广泛应用在收音机、录音机、电视机等各种场合。

电动式扬声器结构与工作原理如图4-77所示。音圈位于环形磁钢与芯柱之间的磁隙中，当音频电流通过音圈时，所产生的交变磁场与磁隙中的固定磁场相互作用，使音圈在磁隙中往复运动，并带动与其粘在一起的纸盆运动而发声。

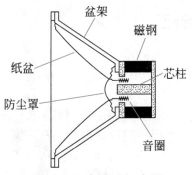

图4-77 电动式扬声器

电动式扬声器有许多种，按外形可分为圆形、椭圆形、超薄形等，并有大、中、小多种口径尺寸，按磁体结构可分为外磁式和内磁式扬声器，按音盆可分为纸盆扬声器、布边、橡皮边、泡沫边以及复合边扬声器等。

4.5 双声道功率放大器

双声道功率放大器是家庭影院系统的必需设备，也是广大爱好者乐此不疲的制作项目。图4-78所示为双声道功率放大器电路，采用了集成运放和集成功放，具有电路简洁、功能完备、保护电路齐全、制作调试简单的特点。

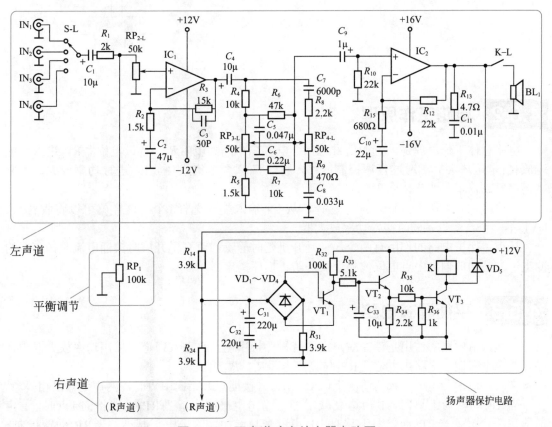

图4-78 双声道功率放大器电路图

4.5.1　电路结构与特点

　　双声道功率放大器电路图中，只画出了电路的左声道（L声道）和公共部分，而右声道（R声道）并未画出。由于双声道设备的左右两个声道电路是完全相同的，因此只画出一个声道即可。

　　电路图上半部分为左声道放大器，包括：波段开关S构成的输入选择电路，电位器RP_1构成的平衡调节电路，电位器RP_2构成的音量调节电路，集成运放IC_1等构成的前置电压放大器，电位器RP_3、RP_4等构成的音调调节电路，集成功放IC_2等构成的功率放大器。

　　电路图下半部分为扬声器保护电路，由晶体管$VT_1 \sim VT_3$等构成。

　　图4-79所示为电路结构方框图，其中从平衡调节到功率放大为主电路（虚线右上部分），输入选择与扬声器保护为附加电路（虚线左下部分）。

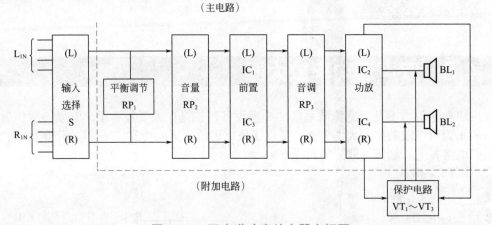

图4-79　双声道功率放大器方框图

4.5.2　电路工作原理

　　电路总体工作原理是，音源信号经耦合电容C_1、隔离电阻R_1、音量电位器RP_2进入集成运放IC_1电压放大后，通过音调控制网络，再经C_9耦合至集成功放IC_2进行功率放大，去驱动扬声器或音箱。调节RP_2即可调节音量。

　　波段开关S的作用是输入信号选择，从4个输入端中选择1个。这样就可以将收音头、DVD等多个音源设备同时接入功率放大器。

　　扬声器保护电路的作用有两个，一是开机延时静噪，避开了开机时浪涌电流对扬声器的冲击；二是功放输出中点电位偏移保护，防止损坏扬声器。

4.5.3　平衡调节电路

　　平衡调节电路的作用是使左右声道的音量保持平衡，这在双声道立体声功率放大器中是必须的。平衡调节电路由电位器RP_1与隔离电阻R_1、R_{21}组成。

　　在两声道信号电平一致的情况下，RP_1动臂（接地点）指向中点时，两声道输出相等。

　　当RP_1动臂向上移时，L声道衰减增加，输出电平减小。当RP_1动臂指向a点时，L声道输出为"0"。当RP_1动臂向下移时，R声道衰减增加，输出电平减小。当RP_1动臂指向b

点时，R声道输出为"0"。因此，在两声道信号电平不一致的情况下，可通过调节RP$_1$使其达到一致。

4.5.4 前置电压放大器

前置电压放大器的作用是对音源信号进行电压放大，由集成运放IC$_1$等构成。音源信号由IC$_1$同相输入端输入，放大后由输出端输出，输出信号与输入信号同相。

在IC$_1$输出端与反相输入端之间，接有R$_2$、R$_3$、C$_2$组成的交流负反馈网络。由于集成运放的开环增益极高，因此其闭环增益仅取决于负反馈网络，电路放大倍数$A = R_3/R_2 = 10$倍（20dB），改变R$_3$与R$_2$的比值即可改变电路增益。深度负反馈有利于电路稳定和减小失真。

4.5.5 音调调节电路

音调调节电路的作用是调节高、低音。由电阻R$_4$ ~ R$_9$、电容C$_5$ ~ C$_8$、电位器RP$_3$ ~ RP$_4$等组成衰减式音调调节网络，平均插入损耗约10dB。音调调节曲线如图4-80所示。

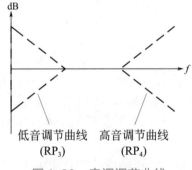

图4-80 音调调节曲线

左边是低音调节电路，当RP$_3$动臂位于最上端时，低音信号最强；RP$_3$动臂位于最下端时，低音信号最弱。

右边是高音调节电路，当RP$_4$动臂位于最上端时，高音信号最强；RP$_4$动臂位于最下端时，高音信号最弱。

4.5.6 功率放大器

功放放大器的作用是对电压信号进行功率放大并推动扬声器。采用了高保真音频功放集成电路TDA2040（IC$_2$），具有输出功率大、失真小、内部保护电路完备、外围电路简单的特点。闭环放大倍数$A = R_{12}/R_{11} = 32$倍（30dB），在±16V电源电压下能向4Ω负载提供20W不失真功率。R$_{13}$与C$_{11}$构成消振网络，保证电路工作稳定。

4.5.7 扬声器保护电路

扬声器保护电路包括：电阻R$_{14}$和R$_{24}$组成的信号混合电路，二极管VD$_1$ ~ VD$_4$和晶体管VT$_1$组成的直流检测电路，晶体管VT$_2$和R$_{32}$、R$_{33}$、C$_{33}$等组成的延时电路，晶体管VT$_3$和继电器K等组成的控制电路。

（1）开机静噪原理

开机静噪原理如图4-81所示。刚开机（刚接通电源）时，由于电容两端电压不能突变，C_{33}上电压为"0"，使VT_2、VT_3截止，继电器K不吸合，其接点K_{-L}、K_{-R}断开，分别切断了左右声道功放输出端与扬声器的连接，防止了开机瞬间浪涌电流对扬声器的冲击。

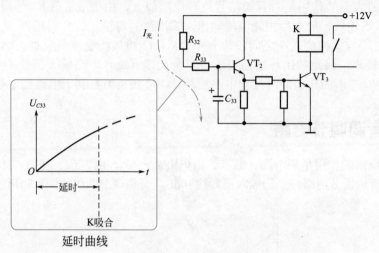

图4-81　开机静噪原理

随着+12V电源经R_{32}、R_{33}对C_{33}的充电，C_{33}上电压不断上升。经一段时间延时后，C_{33}上电压达到VT_2导通阈值，VT_2、VT_3导通，继电器K吸合，其接点K_{-L}、K_{-R}分别接通左右声道扬声器进入正常工作状态。开机延时时间与R_{32}、R_{33}、C_{33}的取值有关，为1～2s。

（2）电位偏移保护原理

如果OCL功放输出端出现较大的正的或负的直流电压，将烧毁扬声器，因此功放输出中点电位偏移保护是必须的。

如图4-82所示，二极管VD_1～VD_4构成桥式电位偏移检测器。左、右声道功放输出端分别通过R_{14}、R_{24}混合后加至桥式检测器，R_{14}、R_{24}同时与C_{31}、C_{32}（两只电解电容器反向串联构成无极性电容器）组成低通滤波器，滤除交流成分。在OCL功放工作正常时，其输出端只有交流信号而无明显的直流分量，保护电路不启动。

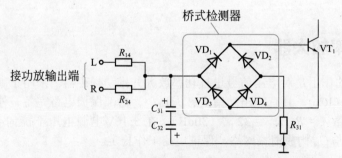

图4-82　电位偏移检测电路

当某声道输出端出现直流电压时，如果该直流电压为正，则经R_{14}（或R_{24}）、VD_1、VT_1的b-e结、VD_4、R_{31}到地，使VT_1导通；如果该直流电压为负，则地电平经R_{31}、VD_2、VT_1的b-e结、VD_3、R_{14}（或R_{24}）到功放输出端，同样也使VT_1导通。

VT_1导通后，使VT_2、VT_3截止，继电器K释放，接点K_{-L}、K_{-R}断开，使扬声器与功放输出端脱离，从而保护了扬声器。VD₅是保护二极管，防止VT₃截止的瞬间，继电器线包产生的反向电动势击穿VT₃。

知识链接27　看懂电路图的基本方法

分析电路图，应遵循从整体到局部、从输入到输出、化整为零、聚零为整的思路和方法。用整机原理指导具体电路分析、用具体电路分析诠释整机工作原理。看懂电路图的基本方法如下。

1. 了解电路功能

一个设备的电路图，是为了完成和实现这个设备的整体功能而设计的，搞清楚电路图的整体功能，即可在宏观上对该电路图有一个基本的认识，因此这是看懂电路图的第一步。

电路图的整体功能可以从设备名称入手进行分析。例如，直流稳压电源的功能是将交流220V市电变换为稳定的直流电压输出，如图4-83所示。超外差收音机的功能是接受无线电台的广播信号，解调还原为音频信号播放出来，如图4-84所示。

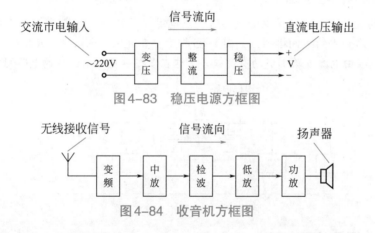

图4-83　稳压电源方框图

图4-84　收音机方框图

2. 判断信号处理流程方向

电路图一般是以所处理的信号的流程为顺序、按照一定的习惯规律绘制的。分析电路图总体上也应该按照信号处理流程进行，因此需要明确电路图的信号处理流程方向。

根据电路图的整体功能，找出整个电路图的总输入端和总输出端，即可判断出电路图的信号处理流程方向。

通常电路图的画法是将信号处理流程按照从左到右的方向依次排列。例如，在图4-83所示直流稳压电源电路中，接入交流220V市电处为总输入端，输出直流稳定电压处为总输出端。在图4-84所示超外差收音机电路中，磁性天线为总输入端，扬声器为总输出端。从总输入端到总输出端的走向，即为电路图的信号处理流程方向。

3. 分解电路图为若干单元

除了一些非常简单的电路外，大多数电路图都是由若干个单元电路组成的。掌握了电路图的整体功能和信号处理流程方向，可以说是对电路有了一个宏观的整体的基本了解，但是要深入地具体分析电路的工作原理，还必须将复杂的电路图分解为具有不同功能的单元电路。

一般来讲，晶体管、集成电路等是各单元电路的核心元器件。因此，我们可以以晶体管或集成电路等主要元器件为标志，按照信号处理流程方向将电路图分解为若干个单元电路，并据此画出电路原理方框图。方框图有助于我们掌握和分析电路图。

4. 分析主通道电路

主通道电路是电路图中基本的、必不可少的电路部分。对于较简单的电路图，一般只有一个信号通道。对于较复杂的电路图，往往具有几个信号通道，包括一个主通道和若干个辅助通道。

整机电路的基本功能是由主通道各单元电路实现的，因此分析电路图时应首先分析主通道各单元电路的功能，以及各单元电路间的接口关系。

5. 分析辅助电路

辅助电路的作用是提高基本电路的性能和增加辅助功能。在弄懂了主通道电路的基本功能和原理后，即可对辅助电路的功能及其与主电路的关系进行分析。

6. 分析直流供电电路

整机电路的直流工作电源是电池或整流稳压电源，通常将电源安排在电路图的右侧，直流供电电路按照从右到左的方向排列，如图4-85所示。直流供电电路中的 R 和 C_1、C_2 构成退耦电路，以消除可能经由电源电路形成的有害耦合，这在多级单元电路组成的电路图中很常见。

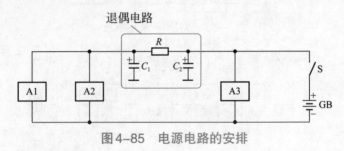

图4-85　电源电路的安排

7. 具体分析各单元电路

在以上整体分析电路图的基础上，即可对各个单元电路进行详细的分析，弄清楚其工作原理和各元器件作用，计算或核算技术指标。

4.6　选频放大电路

选频放大器与一般放大器的最主要的区别，是放大的信号频带宽度不同。一般放大器尽可能做到放大所有频率的信号，而选频放大器只选择所需的很窄频率范围内的信号予以放大。

4.6.1　谐振回路

选频放大器最显著的电路特征是，放大器的负载是谐振回路，只有与谐振频率 f_0 相同频率的信号（含一定的带宽 Δf）才得以被放大输出，如图4-86所示。

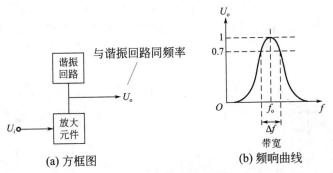

(a) 方框图　　　　　　　(b) 频响曲线

图4-86　选频放大器

LC谐振回路可分为串联谐振和并联谐振两种。图4-87（a）所示为串联谐振回路，电容 C 与电感L相串联后接于信号源 U 两端。图4-87（b）所示为并联谐振回路，电容 C 与电感L相并联后接于信号源 U 两端，它们的谐振频率 $f_o = \dfrac{1}{2\pi\sqrt{LC}}$。

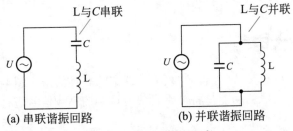

(a) 串联谐振回路　　　　　　　(b) 并联谐振回路

图4-87　LC谐振回路

在选频放大器中一般采用LC并联谐振回路作为负载，当外加信号 U 的频率 f 等于谐振频率 f_o 时，LC回路产生并联谐振，这时回路等效阻抗最大，信号电流在LC回路两端产生的压降也最大。

4.6.2　中频放大电路

中频放大器是一种选频放大器，它只对包含一定带宽的中频信号进行放大。例如，调幅收音机的中频频率为465kHz，其中频放大器只放大频率为465kHz（含一定带宽）的信号。调频收音机的中频频率为10.7MHz，其中频放大器只放大频率为10.7MHz（含一定带宽）的信号。电视机的图像中频频率为38MHz，其中频放大器只放大频率为38MHz（含一定带宽）的信号等。

图4-88所示为超外差调幅收音机方框图，两级中频放大器用来对变频级输出的465kHz（含一定带宽）中频信号进行放大，然后送往检波级。超外差收音机的灵敏度和选择性等指标，主要依靠中频放大器来实现。

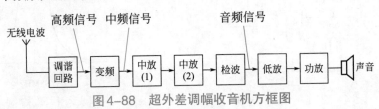

图4-88　超外差调幅收音机方框图

中频放大器电路如图4-89所示，T_1、T_2为中频变压器。T_2的初级线圈L_3与C_2组成并联谐振回路，作为中放管VT的集电极负载。L_3与C_2并联谐振于465kHz，因此，只有以465kHz为中心频率的一定带宽的信号，才能在谐振回路上产生较大的压降，经中频变压器T_2耦合输出。谐振曲线如图4-90所示。R_1、R_2、R_3为VT提供稳定的偏置电压。C_1、C_3为旁路电容。

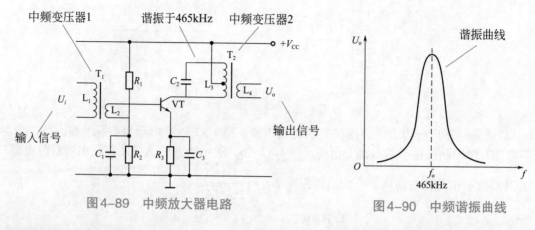

图4-89 中频放大器电路

图4-90 中频谐振曲线

4.6.3 高频放大电路

高频放大器是又一种选频放大器，它只放大选定的高频信号。图4-91所示调频无线话筒电路方框图中，高频放大器的功能是将被话音信号调制的高频信号进行放大，然后通过天线辐射出去。

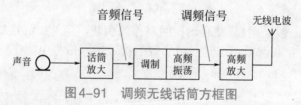

图4-91 调频无线话筒方框图

高频放大器电路如图4-92所示，晶体管VT为高频放大管，L与C_2组成并联谐振回路，作为晶体管VT的集电极负载。L与C_2并联谐振回路的谐振频率$f_o = 98MHz$，因此只有$f = 98MHz$的信号能得到较大的输出电压U_o，经由天线辐射输出。谐振曲线如图4-93所示。R_1、R_2为晶体管VT的基极偏置电阻。C_1为输入耦合电容。

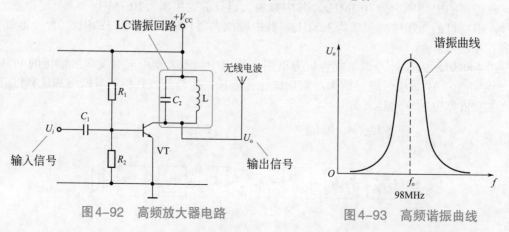

图4-92 高频放大器电路

图4-93 高频谐振曲线

4.7　自动选台调频收音机

自动选台立体声调频收音机，接收范围87～109MHz，采用立体声耳机收听，具有自动选台、自动静噪功能，全部采用专用集成电路，无可变电容器、无中频变压器，使用两节5号电池做电源，体积小、重量轻、便于携带。

4.7.1　整机电路分析

图4-94所示为自动选台立体声调频收音机电路图，IC_1为FM自动选台专用集成电路TDA7088，IC_2为立体声解码集成电路TA7342，IC_3为双声道功放集成电路TDA7050。借用立体声耳机引线兼作接收天线，轻触开关SB_1是选台复位按钮，SB_2是选台搜索按钮，双连电位器RP_2为音量电位器，VD_1为变容二极管，VD_2为立体声指示发光二极管。图4-95所示为自动选台立体声调频收音机原理方框图。

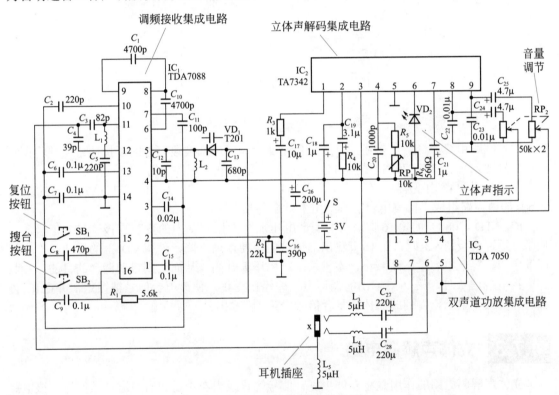

图4-94　调频收音机电路图

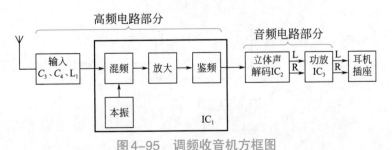

图4-95　调频收音机方框图

整机电路工作过程是，调频广播电台信号由天线（耳机引线）接收，通过C_3、C_4、L_1组成的输入回路进入IC_1，进行放大和鉴频后，从其第2脚输出立体声复合信号，经C_{17}、R_3送入IC_2解码。解码出的左、右声道音频信号分别经C_{24}、C_{25}和音量电位器RP_2送入IC_3进行双声道功率放大，然后由其第6、第7脚输出，分别通过C_{27}、L_3和C_{28}、L_4接至立体声耳机插座X。将立体声耳机插入插座X即可聆听调频电台广播。

4.7.2　调频接收放大与鉴频电路

调频接收放大与鉴频电路的作用是接收调频广播信号并处理转换为立体声复合信号，该电路采用专用集成电路TDA7088（IC_1），其工作原理如图4-96所示。

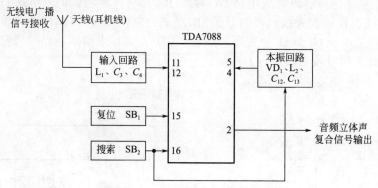

图4-96　接收放大与鉴频电路

输入回路由C_3、C_4、L_1等组成，其作用是滤除调频广播波段以外的干扰信号，并将调频广播信号送入IC_1（TDA7088）的第11、第12脚。输入回路无需调谐。

本机振荡回路由变容二极管VD_1、电感L_2、电容C_{12}、C_{13}以及IC_1（TDA7088）的第4、第5脚的内电路组成。接收电台的频率由本机振荡频率决定。

IC_1（TDA7088）的第16脚输出的调谐电压加至本振回路中的变容二极管VD_1正极。当按了一下选台按钮SB_2时，第16脚输出的调谐电压便逐渐下降，使得VD_1上的反向工作电压逐渐增加，等效电容量逐渐减小，本机振荡频率逐渐升高，从而达到自动调台的目的。接收到广播电台信号时，第16脚输出的调谐电压即停止变化，使该电台信号被锁定，并在IC_1内部进行放大、鉴频，得到的立体声复合信号由第2脚输出。

4.7.3　立体声解码电路

立体声解码电路的作用是将立体声复合信号解码成为左声道和右声道音频信号，该电路由解码集成电路TA7342（IC_2）构成，如图4-97所示。

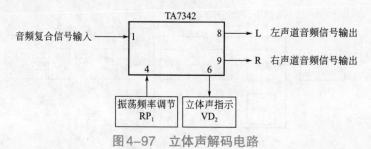

图4-97　立体声解码电路

立体声复合信号由第1脚输入IC$_2$（TA7342）进行解码，分离成为左声道音频信号和右声道音频信号，分别由其第8、第9脚输出。C$_{24}$、C$_{25}$为左、右声道输出耦合电容。双连同轴电位器RP$_2$可调节输出信号的大小，用于立体声音量调节。通过调节RP$_1$，可以调节76kHz振荡频率，使立体声分离最好。当正常接收并解码出立体声信号时，立体声指示灯VD$_2$将点亮。

4.7.4 音频功率放大器

音频功率放大器的作用是分别对左、右声道的音频信号进行功率放大，以驱动立体声耳机发声。电路采用了双声道音频功放集成电路TDA7050（IC$_3$），其内部包含有两套完全一样的音频功率放大器，如图4-98所示。

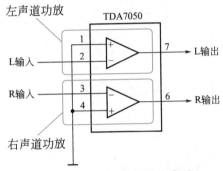

图4-98 音频功率放大电路

IC$_3$（TDA7050）的第2、第3脚为左、右声道音频信号输入端，第7、第6脚为左、右声道功放信号输出端。C$_{27}$、C$_{28}$为输出耦合电容。由于本机采用耳机线兼作接收天线，为避免广播电台的高频信号被功放电路短路，在功放输出端与耳机插座间串接有电感L$_3$、L$_4$，阻止高频信号通过。同理，在耳机插座公共端与地之间也串接有电感L$_5$。TDA7050无需外围元件，使用极为方便简单。

 知识链接 **28** 集成电路看图技巧

电路图中一般不画出集成电路的内部电路，使得应用集成电路构成的电路图不像分立元件电路图那样直观易读，因此，看懂含有集成电路的电路图需要掌握一些特殊的看图方法和技巧。

1. 了解集成电路的基本功能

集成电路往往都是电路图中各单元电路的核心，在单元电路中起着主要的作用。从图面上看，某些单元电路就是由一块或几块集成电路再配以必需的外围元器件构成的。要看懂这样的电路图，关键是了解和掌握处于核心地位的集成电路的基本功能，以此为突破口分析整个电路的工作原理。

（1）根据单元电路作用判断集成电路功能

一般而言，集成电路是单元电路的核心，单元电路的作用主要是依靠该集成电路来实现

和完成的。所以，根据单元电路所承担的任务和所起的作用，即可大致判断出在单元电路中起核心作用的集成电路的基本功能。

例如，图4-99所示为以集成电路IC_1为核心构成的一个单元电路，从图4-100所示扩音机电路原理方框图可知，该单元电路的作用和任务是对音频信号进行功率放大，因此，作为核心器件的集成电路IC_1的基本功能是功率放大，IC_1应该是一个集成功率放大器。

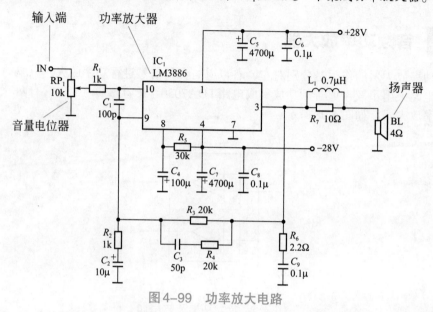

图4-99　功率放大电路

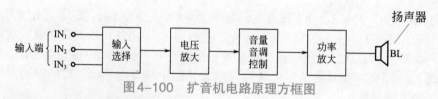

图4-100　扩音机电路原理方框图

（2）通过资料了解集成电路功能

通常在较完整的电路图中，均会标注有各个集成电路的型号。我们可以根据电路图提供的型号，通过查阅集成电路手册等技术资料，搞清楚这些集成电路的基本功能以及其他相关数据，这对于看懂集成电路电路图将会有极大的帮助。

（3）依据接口情况分析集成电路功能

在无法通过查阅资料了解集成电路的情况下，我们还可以通过分析集成电路与其前级电路的接口关系，以及与其后续电路的接口关系，来确定该集成电路的基本功能。

仍以图4-99所示功率放大电路为例。集成电路IC_1的前级电路是音量控制电路，输入电压信号经音量电位器RP_1后到达IC_1。集成电路IC_1的后面连接的是扬声器BL。通过分析可知，音量电位器RP_1输出的电压信号不足以推动扬声器BL发声，在它们之间必须有一个功率放大器，所以，处于音量电位器RP_1与扬声器BL之间的集成电路IC_1的基本功能应该是功率放大。

2. 集成电路引脚的作用

一个集成电路内部通常集成了一个甚至多个单元电路，通过若干引脚与外界电路相连接。在电路图中，集成电路仅以一个矩形或三角形图框表示，往往缺乏内部细节，在这种情况下，看懂电路图的关键是正确识别集成电路的各个引脚。

集成电路引脚的主要作用是建立集成电路内部电路与外围电路的连接点，只有按要求在引脚上连接上外接的元器件或电路，集成电路才能正常工作。

① 引脚上外接的元器件是集成电路内部电路的有机组成部分，只有在外接元器件的配合下，集成电路才能构成一个完整的电路。

② 通过引脚为集成电路提供工作电源。

③ 通过引脚为集成电路提供输入信号，并引出集成电路处理后的输出信号。

所以，识别和掌握集成电路各引脚的作用和功能，是看懂和分析含有集成电路的电路图的有效方法。

3. 电源引脚

电源引脚的作用是为集成电路引入直流工作电压。集成电路有单电源供电和双电源供电两种类型。

（1）单电源

单电源供电一般是采用单一的正直流电压作为工作电压，集成电路具有一个电源引脚，电路图中有时在电源引脚旁标注有"V_{CC}"字符，如图4-101（a）所示。

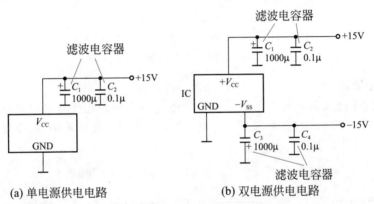

(a) 单电源供电电路　　　　(b) 双电源供电电路

图4-101　电源引脚的特征

（2）双电源

双电源供电一般是采用对称的正、负直流电压作为工作电压，集成电路具有两个电源引脚，电路图中有时分别在正、负电源引脚旁标注有"$+V_{CC}$"和"$-V_{SS}$"字符，如图4-101（b）所示。

（3）外电路特征

电源引脚的外电路特征主要有以下两点：①电源引脚直接与相应的电源电路的输出端相连接。②电源引脚与地之间一般都接有大容量的电源滤波电容（如图4-101中的C_1、C_3），有的电路还在大容量滤波电容旁并接一个小容量的高频滤波电容（如图4-101中的C_2、C_4）。

4. 接地引脚

接地引脚的作用是将集成电路内部的地线与外电路的地线连通。

（1）接地标注

集成电路一般具有一个接地引脚，电路图中有时在接地引脚旁标注有"GND"字符，如图4-101所示。

（2）外电路特征

接地引脚的外电路的明显特征是，直接与电路图中的地线相连接，或者直接绘有接地符号。

5. 信号输入引脚

信号输入引脚的作用是将输入信号引入集成电路。振荡器、函数发生器等信号源类集成电路一般没有信号输入引脚。

（1）输入引脚的标注

除了信号源类集成电路外，一般集成电路至少具有一个信号输入引脚，电路图中有时在信号输入引脚旁标注有"IN"字符，如图4-102（a）所示。有些集成电路同时具有同相输入和反相输入两个信号输入引脚，则在电路图中同相输入引脚旁标注有"+"字符，反相输入引脚旁标注有"–"字符，如图4-102（b）所示。

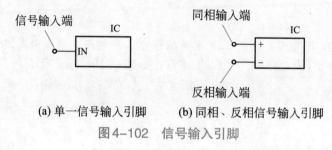

(a) 单一信号输入引脚　　　(b) 同相、反相信号输入引脚

图4-102　信号输入引脚

（2）外电路特征

集成电路信号输入引脚的外电路特征是：通过一个耦合元件与前级电路的输出端相连接。这个耦合元件可以是耦合电容C，或者是耦合电阻R，或者是RC耦合电路，或者是耦合变压器T等，如图4-103所示。

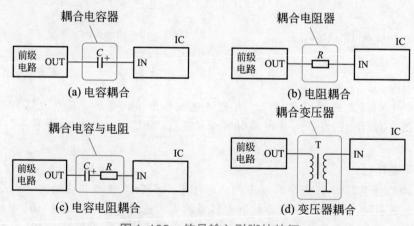

(a) 电容耦合　　　　　　　　　(b) 电阻耦合

(c) 电容电阻耦合　　　　　　　(d) 变压器耦合

图4-103　信号输入引脚的特征

6. 信号输出引脚

信号输出引脚的作用是将集成电路的输出信号引出。

（1）输出引脚的标注

集成电路至少具有一个信号输出引脚，电路图中有时在信号输出引脚旁标注有"OUT"字符，如图4-104所示。

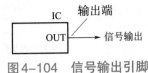

图4-104　信号输出引脚

（2）外电路特征

集成电路信号输出引脚的外电路特征是，通过电容、电阻、变压器等耦合元件与后续电路的输入端相连接，如图4-105所示；或者直接驱动扬声器、发光二极管、指示表头等负载，如图4-106所示。

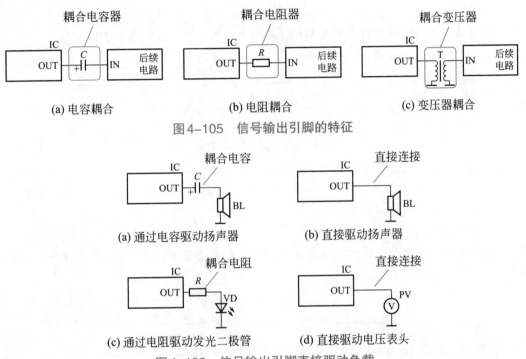

(a) 电容耦合　　　　　　　　(b) 电阻耦合　　　　　　　　(c) 变压器耦合

图4-105　信号输出引脚的特征

(a) 通过电容驱动扬声器　　　　　　(b) 直接驱动扬声器

(c) 通过电阻驱动发光二极管　　　　(d) 直接驱动电压表头

图4-106　信号输出引脚直接驱动负载

7. 其他引脚

除了上述基本引脚之外，有些集成电路还具有一些其他引脚，例如外接电阻、电容、电感、晶体等元器件的引脚，自举、消振、负反馈、退耦等保证工作的引脚，静噪、控制等附加功能引脚等。

8. 从输入输出关系上分析

在电路图中，集成电路仅以一矩形或三角形图框表示，一般不画出内部电路，这给我们分析电路图带来一定难度。我们可以从其输入信号与输出信号的关系上进行分析，从而看懂整个电路图。

集成电路输出信号与输入信号之间的关系主要有幅度变化关系、频率变化关系、阻抗变化关系、相位变化关系和波形变化关系等。

（1）幅度变化

集成电路的输出信号与输入信号相比，其幅度发生了变化而其他参数不变，如图4-107所示。

幅度变大
IC
U_i=10mV
IN
OUT
U_o=1V
幅度变小
IC
U_i=1V
IN
OUT
U_o=10mV

(a) 放大电路　　(b) 衰减电路

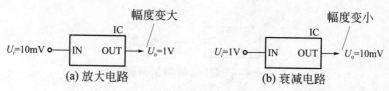

图4-107　幅度变化关系

如果输出信号的幅度大于输入信号，就可以判定这个集成电路是一个放大电路，例如电压放大器、中频放大器、前置放大器、功率放大器等。如果输出信号的幅度小于输入信号，则该集成电路是一个衰减电路，例如衰减器、分压器等。

（2）频率变化

集成电路的输出信号与输入信号相比，其频率发生了变化，如图4-108所示。

频率变低
IC
U_i
(频率高)
IN
OUT
U_o
(频率低)
频率变高
IC
U_i
(频率低)
IN
OUT
U_o
(频率高)
频带变窄
IC
U_i
(频带宽)
IN
OUT
U_o
(频带窄)

(a) 变频电路　　(b) 倍频电路　　(c) 滤波电路

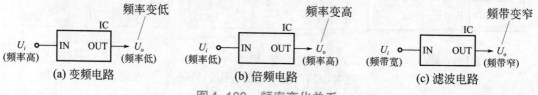

图4-108　频率变化关系

如果输出信号的频率低于输入信号，则该集成电路是一个变频电路。如果输出信号的频率高于输入信号，则该集成电路是一个倍频电路。如果输出信号的频带是输入信号的一部分，则该集成电路是一个滤波电路。

（3）阻抗变化

集成电路的输出信号与输入信号相比，其阻抗发生了变化，则该集成电路是一个阻抗变换电路，如图4-109所示。

阻抗变低
IC
U_i
(高阻)
IN
OUT
U_o
(低阻)
阻抗变高
IC
U_i
(低阻)
IN
OUT
U_o
(高阻)

(a) 电压跟随器　　(b) 阻抗匹配电路

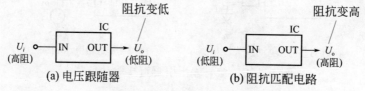

图4-109　阻抗变化关系

如果输出信号的阻抗低于输入信号，则是电压跟随器、缓冲器等。如果输出信号的阻抗高于输入信号，则是阻抗匹配电路、恒流输出电路等。

（4）相位变化

集成电路的输出信号与输入信号相比，其相位发生了变化，则该集成电路是一个移相电路，如图4-110所示。如果移相角度为180°，可称为反相电路。

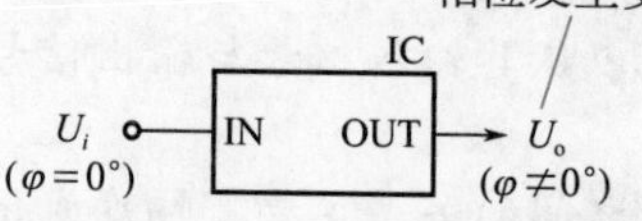

相位发生变化
IC
U_i
($\varphi=0°$)
IN
OUT
U_o
($\varphi\neq0°$)

图4-110　相位变化关系

（5）波形变化

集成电路的输出信号与输入信号相比，其波形发生了变化，则该集成电路是一个整形电路，如图4-111所示。

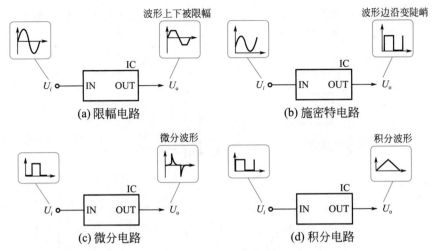

图4-111 波形变化关系

图4-111(a)所示为输出信号幅度受到限制的限幅电路。图4-111(b)所示为波形边沿变得陡峭的施密特触发器电路。图4-111(c)所示为强调输入信号变化率的微分电路。图4-111(d)所示为强调输入信号随时间积累情况的积分电路。

除此之外，还有诸如调制关系、解调关系、逻辑关系、控制关系等。有些集成电路的输入输出信号之间可能同时包含数种上述基本关系，甚至具有更复杂的输入输出关系。因此，熟练掌握这些基本关系，有助于我们融会贯通、举一反三地分析各种集成电路电路图。

9. 从集成电路之间的接口关系上分析

在电路图中，已知了一些集成电路的功能与作用，就可以从各集成电路之间的接口关系上，分析出未知集成电路的在电路图中的作用。

以图4-112所示电路为例，IC$_1$为一未知集成电路，其两个输入端中，"IN$_1$"与高放集成电路的输出端相接，输入高频信号；"IN$_2$"与本振集成电路的输出端相接，输入本振信号。IC$_1$的输出端"OUT"与中放集成电路的中频信号输入端相接。因此，通过分析可以得知，IC$_1$为混频集成电路，电台信号经高放级放大后输入IC$_1$，同时本振级产生的本振信号也输入IC$_1$，由IC$_1$混频后输出中频信号至中放级。

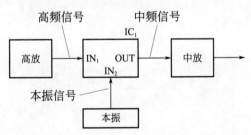

图4-112 集成电路之间的接口关系

10. 从集成电路与分立元件的接口关系上分析

由于分立元件电路比较直观、容易看懂，因此，通过对集成电路与分立元件接口关系的分析，可以帮助我们掌握该集成电路在电路图中的作用。

图4-113所示电路图中，集成电路IC$_2$通过变压器T$_3$与分立元件电路相连接。该分立元件电路是一个典型的检波电路，VD$_2$为检波二极管，C$_{11}$、R$_{10}$、C$_{12}$组成π型滤波网络，RP$_1$为

音量电位器，T_3为中频变压器。IC_2的输出信号由T_3耦合至检波电路进行检波。因此，IC_2是中频放大器集成电路，承担电路中中频放大的任务。

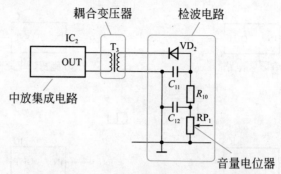

图4-113　与分立元件电路的接口关系

第**5**章

振荡与门铃电路

振荡电路是一种不需要外加输入信号，而能够自己产生输出信号的电路，包括正弦波振荡电路和非正弦波振荡电路两大类。门铃电路是以振荡电路为核心的应用电路。

5.1　正弦波振荡器

输出信号为正弦波的振荡器称为正弦波振荡器。正弦波振荡器由放大电路和反馈电路两部分组成，反馈电路将放大电路输出电压的一部分正反馈到放大电路的输入端，周而复始即形成振荡，如图5-1所示。

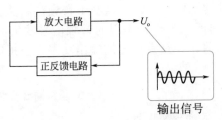

图5-1　正弦波振荡器原理

正弦波振荡器有变压器耦合振荡器、三点式振荡器、晶体振荡器、RC振荡器等多种电路形式。

5.1.1　变压器耦合振荡器

变压器耦合振荡器是指由变压器构成反馈电路、实现正反馈的正弦波振荡器。变压器耦合振荡器的特点是输出电压较大，适用于频率较低的振荡器。

变压器耦合振荡器电路如图5-2所示，LC谐振回路接在晶体管VT集电极，振荡信号通过变压器T耦合反馈到VT基极。正确接入变压器反馈线圈L_1与振荡线圈L_2之间的极性，即可保证振荡器的相位条件。R_1、R_2为VT提供合适的偏置电压，VT有足够的电压增益，即可保证振荡器的振幅条件。满足了相位、振幅两大条件，振荡器便能稳定地产生振荡，经C_4输出正弦波信号。

变压器耦合振荡器工作原理可用图5-3说明。L_2与C_2组成的LC并联谐振回路作为晶体管VT的集电极负载，VT的集电极输出电压通过变压器T的振荡线圈L_2耦合至反馈线圈L_1，从而又反馈至VT基极作为输入电压。

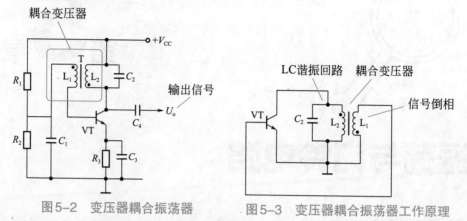

图5-2　变压器耦合振荡器　　图5-3　变压器耦合振荡器工作原理

由于晶体管VT的集电极电压与基极电压相位相反，所以变压器T的两个线圈L_1与L_2的同名端接法应相反，使变压器T同时起到倒相作用，将集电极输出电压倒相后反馈给基极，实现了形成振荡所必需的正反馈。

因为并联谐振回路在谐振时阻抗最大，且为纯电阻，所以只有谐振频率f_0能够满足相位条件而形成振荡，这就是LC回路的选频作用。电路振荡频率$f_0 = \dfrac{1}{2\pi\sqrt{LC}}$。

5.1.2 音频信号发生器

音频信号发生器是一种常用仪器，它可以产生音频范围的振荡信号，作为检修调试电路或元器件的信号源。图5-4所示为一个实用的音频信号发生器电路，它可以输出100Hz、500Hz、1kHz和3kHz音频信号，并具有一定的输出功率。整机电路由音频振荡级和输出缓冲级组成。

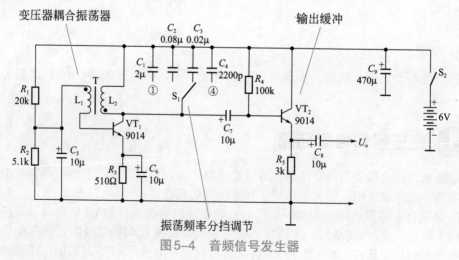

图5-4　音频信号发生器

（1）音频振荡级

晶体管VT_1等构成变压器耦合正弦波振荡器，振荡频率在音频范围内。T是振荡耦合变压器，其振荡线圈L_2与电容C_1（或C_2、C_3、C_4）组成并联LC谐振回路，作为VT_1的集电极负载，起到选频作用，电路振荡频率由该LC谐振回路决定。

变压器T的反馈线圈L_1串接在VT_1的基极，通过变压器T的耦合作用，将VT_1集电极的电压信号反馈到基极。正确选择变压器两个线圈的同名端接入电路的位置，使集电极电压在耦合到基极的同时进行倒相，便可实现正反馈而形成振荡。

振荡频率采用分挡调节，共分4挡，S_1是振荡频率调节开关，通过S_1改变接入LC谐振回路的电容器，即可改变振荡频率。当S_1接C_1（2μF）时，振荡频率为100Hz。当S_1接C_2（0.08μF）时，振荡频率为500Hz。当S_1接C_3（0.02μF）时，振荡频率为1kHz。当S_1接C_4（2200pF）时，振荡频率为3kHz。

R_1、R_2是偏置电阻，为晶体管VT_1提供基极偏置电压。R_3是发射极电阻，具有稳定工作点的作用。C_5和C_6分别是基极和发射极旁路电容。

（2）输出缓冲级

晶体管VT_2等构成射极跟随器，作为音频信号发生器的输出级。R_4是VT_2的基极偏置电阻，R_5是发射极负载电阻。

音频振荡级产生的音频信号电压，从VT_1集电极经C_7耦合至VT_2基极，进行阻抗变换和电流放大后，从VT_2发射极经C_8耦合输出。采用射极跟随器作为输出级，可以提高电路的带负载能力，缓冲后续电路对振荡器的影响。

整机采用6V电池为电源，S_2是电源开关，C_9是电源滤波电容。

5.1.3 三点式振荡器

三点式振荡器，是指晶体管的三个电极直接与振荡回路的三个端点相连接而构成的振荡器，如图5-5所示。三个电抗中，X_{be}、X_{ce}必须是相同性质的电抗（同是电感或同是电容），X_{cb}则必须是与前两者相反性质的电抗，才能满足振荡的相位条件。

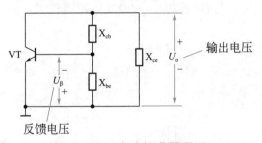

图5-5 三点式振荡器原理

三点式振荡器有多种形式，较常用的有：电感三点式振荡器、电容三点式振荡器、改进型电容三点式振荡器等。

（1）电感三点式振荡器

电感三点式振荡器电路如图5-6所示。由于振荡回路的三个电抗中有两个是电感，所以叫做电感三点式振荡器。

L_1、L_2、C_4为构成振荡回路的三个电抗。R_1、R_2为振荡晶体管VT的基极偏置电阻，R_3为集电极电阻，R_4为发射极电阻。C_1、C_3为基极、集电极耦合电容，C_2为旁路电容。

电感三点式振荡器是利用自耦变压器将输出电压U_o反馈到输入端的，如图5-7（a）交流等效电路所示，电感L_1和L_2可看作是一个自耦变压器，L_1上的输出电压U_o通过自耦在L_2上产生反馈电压U_β，U_β与U_o反相而与U_i同相，即正反馈。

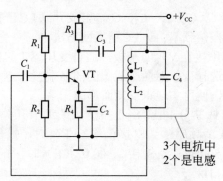

图5-6 电感三点式振荡器

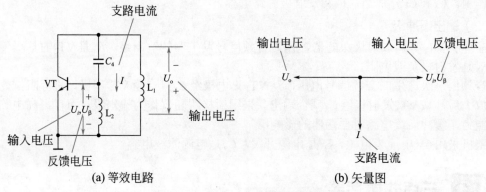

(a) 等效电路   (b) 矢量图

图5-7 电感三点式振荡器原理

这也可以用图5-7（b）矢量图来解释：L_1上的输出电压U_o同时加在C_4、L_2支路上，由于电容上电流超前电压90°，所以支路电流I比U_o超前90°。而I流过电感L_2所产生的反馈电压$U_β$又比I超前90°，即与输出电压U_o反相（相差180°）而与输入电压U_i同相。

电感三点式振荡器的优点是容易起振，波段频率范围较宽。缺点是振荡输出电压波形不够好，谐波较多。

（2）电容三点式振荡器

电容三点式振荡器电路如图5-8所示。由于振荡回路的三个电抗中有两个是电容，所以叫做电容三点式振荡器。

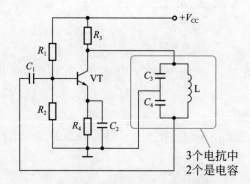

图5-8 电容三点式振荡器

L、C_3、C_4为构成振荡回路的三个电抗。R_1、R_2为晶体管VT的基极偏置电阻，R_3为集电极电阻，R_4为发射极电阻。C_1为基极耦合电容，C_2为旁路电容。

电容三点式振荡器的交流等效电路如图5-9所示。C_3上的输出电压U_o同时加在L、C_4支路上，由于电感上电流滞后电压90°，所以支路电流I比U_o滞后90°。而I流过电容C_4所产生的反馈电压U_β又比I滞后90°，即与输出电压U_o反相（相差180°）而与输入电压U_i同相，实现了正反馈。

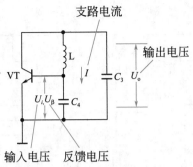

图5-9 电容三点式振荡器原理

电容三点式振荡器的优点是振荡输出电压波形好，振荡频率较稳定。缺点是不易起振，波段频率范围较窄。

（3）改进型电容三点式振荡器

改进型电容三点式振荡器比普通的电容三点式振荡器具有更高的频率稳定度。

改进型电容三点式振荡器电路如图5-10所示。振荡回路由L_1、C_2、C_3和C_4构成。R_1、R_2为晶体管VT的基极偏置电阻，R_3为集电极电阻，R_4为发射极电阻。C_1为交流旁路电容。振荡电压由L_1耦合至L_2输出。

改进型电容三点式振荡器的交流等效电路如图5-11所示，其特点是将大容量的C_2、C_3分别并联在VT的集电极-发射极、基极-发射极之间，在L_1支路中则串联了一个小容量的电容器C_4。当C_2、C_3远大于C_4时，振荡频率主要由L_1和C_4决定，$f \approx \dfrac{1}{2\pi\sqrt{L_1 C_4}}$。调节$C_4$可在一定范围内改变振荡频率。

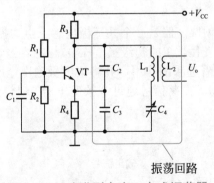

图5-10 改进型电容三点式振荡器

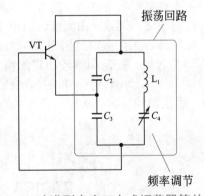

图5-11 改进型电容三点式振荡器等效电路

5.1.4 高频信号发生器

高频信号发生器是制作、调试和检修收音机等电子设备的常用仪器。高频信号发生器输出信号频率范围为450～1800kHz，包括465kHz中频信号和535～1605kHz的中波信号；调制形式为调幅；调制频率为800Hz；输出方式为无线辐射。

图5-12所示为高频信号发生器电路图。晶体管VT_1与音频变压器T、电容器C_1等组成音频振荡器，晶体管VT_2与磁性天线W、可变电容器C_6等组成高频振荡器，VT_2同时也是调制元件。图5-13所示为高频信号发生器原理方框图。

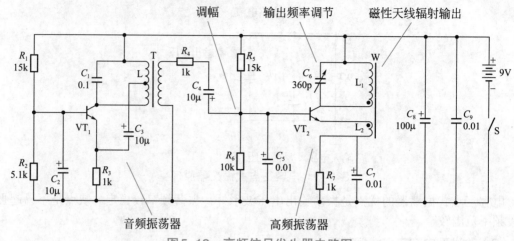

图5-12　高频信号发生器电路图

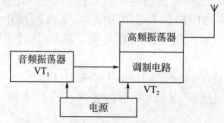

图5-13　高频信号发生器方框图

（1）音频振荡器

音频振荡器产生约800Hz的音频信号，去调制高频振荡器，使载频信号的振幅随音频信号的变化而变化，调幅波由天线辐射出去。

音频振荡器工作原理可用图5-14来说明。音频振荡器是一个共基极电感三点式振荡器，它具有容易起振、振荡频率较稳定的特点。音频变压器T的初级（L_1+L_2）与电容器C_1构成LC谐振回路，作为晶体管VT_1的集电极负载，起着选频的作用，并将集电极输出电压U_o移相180°后反馈到基极，实现了正反馈而形成振荡。振荡信号通过音频变压器T耦合至次级输出。

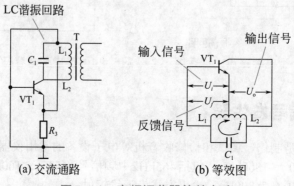

图5-14　音频振荡器等效电路

（2）高频振荡器

高频振荡器产生载频信号，载频频率可根据需要在450～1800kHz范围内选择。

高频振荡器是一个共基极变压器耦合振荡器，其等效电路如图5-15所示。在高频振荡晶体管VT_2集电极，接有磁性天线W的初级线圈L_1与电容C_6构成的LC谐振回路，振荡器的振荡频率由该LC谐振回路决定。

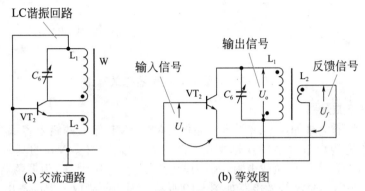

(a) 交流通路　　　　　　　　　(b) 等效图

图5-15　高频振荡器等效电路

磁性天线W的初级线圈L_1与次级线圈L_2绕于同一根磁棒上，形成变压器。L_2将输出电压U_o反相后输入晶体管VT_2的基极，反馈电压U_f与输入电压U_i同相（正反馈），使电路起振。L_1、L_2同时构成磁性天线W，直接向外辐射输出振荡信号。

5.1.5 晶体振荡器

晶体具有压电效应，其固有谐振频率十分稳定，因此晶体振荡器具有非常高的频率稳定度。根据晶体在电路中的作用形式，常用的晶体振荡器可分为并联晶体振荡器和串联晶体振荡器两类。

（1）并联晶体振荡器

并联晶体振荡器电路如图5-16所示，晶体B作为反馈元件，并联于晶体管VT的集电极与基极之间。R_1、R_2为晶体管VT的基极偏置电阻，R_3为集电极电阻，R_4为发射极电阻。C_1为基极旁路电容。

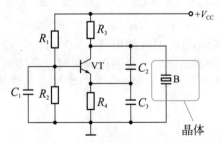

图5-16　并联晶体振荡器

从图5-17交流等效电路可见，这是一个电容三点式振荡器，晶体B在这里等效为一个电感元件使用，与振荡回路电容C_2、C_3一起组成并联谐振回路，共同决定电路的振荡频率。

并联晶体振荡器稳频原理如下：因为晶体的电抗曲线非常陡峭，可等效为一个随频率有很大变化的电感。当由于温度、分布电容等因素使振荡频率降低时，晶体的等效电感量就会迅速减小，迫使振荡频率回升。反之则作反方向调整。最终使得振荡器具有很高的频率稳定度。

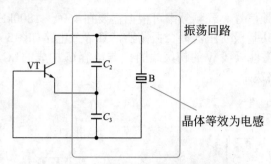

图5-17　并联晶体振荡器等效电路

（2）串联晶体振荡器

串联晶体振荡器电路如图5-18所示，晶体管VT₁、VT₂组成两级阻容耦合放大器，晶体B与C_2串联后作为两级放大器的反馈网络。R_1、R_3分别为VT₁、VT₂的基极偏置电阻，R_2、R_4分别为VT₁、VT₂的集电极负载电阻。C_1为两管间的耦合电容，C_3为振荡器输出耦合电容。

串联晶体振荡器的交流等效电路如图5-19所示。因为两级放大器的输出电压（VT₂的集电极电压）与输入电压（VT₁的基极电压）同相，晶体B在这里等效为一个纯电阻使用，将VT₂的集电极电压反馈到VT₁的基极，构成正反馈电路。电路振荡频率由晶体的固有串联谐振频率决定。

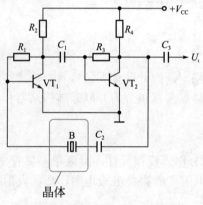

图5-18　串联晶体振荡器

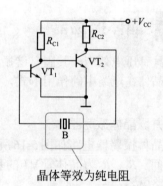

图5-19　串联晶体振荡器等效电路

串联晶体振荡器稳频原理如下：因为晶体的固有谐振频率非常稳定，在反馈电路中起着带通滤波器的作用。当电路频率等于晶体的串联谐振频率时，晶体呈现为纯电阻，实现正反馈，电路振荡。当电路频率偏离晶体的串联谐振频率时，晶体将不再是纯电阻（呈现感抗或容抗），破坏了振荡的相位条件。因此，振荡频率只能等于晶体的固有串联谐振频率。

知识链接 29　晶体

石英晶体谐振器通常简称为晶体，是一种常用的选择频率和稳定频率的电子元件，广泛应用在电子仪器仪表、通信设备、广播和电视设备、影音播放设备、计算机以及电子钟表等领域。

1. 晶体的种类

晶体一般密封在金属、玻璃或塑料等外壳中，外形如图5-20所示。按频率稳定度可分为普通型和高精度型，其标称频率和体积大小也有多种规格。

图5-20   晶体

2. 晶体的符号

晶体的文字符号为"B"或，图形符号如图5-21所示。

双电极型   三电极型   两对电极型

图5-21   晶体的符号

3. 晶体的参数

晶体的主要参数有标称频率、负载电容、激励电平等。

① 标称频率f_0是指晶体的振荡频率，通常直接标注在晶体的外壳上，一般用带有小数点的几位数字来表示，单位为MHz或kHz。标注有效数字位数较多的晶体，其标称频率的精度较高。

② 负载电容C_L是指晶体组成振荡电路时所需配接的外部电容。负载电容C_L是参与决定振荡频率的因数之一，在规定的C_L下晶体的振荡频率即为标称频率f_0。使用晶体时必须按要求接入规定的C_L，才能保证振荡频率符合该晶体的标称频率。

③ 激励电平是指晶体正常工作时所消耗的有效功率，常用的标称值有0.1mW、0.5mW、1mW、2mW等。激励电平的大小关系到电路工作的稳定和可靠。激励电平过大会使频率稳定度下降，甚至造成晶体损坏。激励电平过小会使振荡幅度变小和不稳定，甚至不能起振。一般应将激励电平控制在其标称值的50% ～ 100%范围内。

4. 晶体的工作原理

晶体的特点是具有压电效应，当有机械压力作用于晶体时，在晶体两面即会产生电压。反之，当有电压作用于晶体两面时，晶体即会产生机械变形。

如图5-22所示在晶体两面加上交流电压时，晶体将会随之产生周期性的机械振动。当交流电压的频率与晶体的固有谐振频率相等时，晶体的机械振动最强，电路中的电流最大，产生了谐振。

晶体可等效为一个品质因数 Q 值极高的谐振回路。图5-23所示为晶体的电抗 - 频率特性曲线，f_1 为其串联谐振频率，f_2 为其并联谐振频率。在 $f<f_1$ 和 $f>f_2$ 的频率范围内晶体呈电容性；在 $f_1<f<f_2$ 的频率范围内晶体呈电感性；在 $f=f_1$ 时晶体呈纯电阻性。通常将晶体作为一个 Q 值极高的电感元件使用，即运用在 f_1 至 f_2 这段很窄的频率范围内。

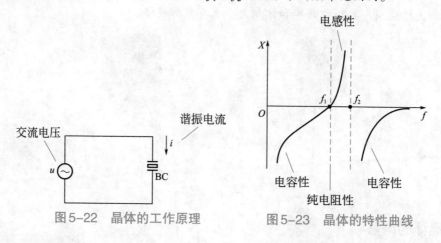

图5-22　晶体的工作原理　　　　图5-23　晶体的特性曲线

5. 晶体的用途

晶体的主要用途是构成频率稳定度很高的振荡器，包括并联晶体振荡器、串联晶体振荡器等。

5.1.6　RC移相振荡器

RC振荡器是以电阻、电容作为反馈和选频元件的振荡器，其突出特点是可以产生很低的振荡频率。音频振荡器常采用RC振荡器。RC振荡器包括RC移相振荡器、RC桥式振荡器等。

RC移相振荡器电路如图5-24所示，$C_1 \sim C_3$ 和 $R_1 \sim R_3$ 组成RC移相网络，R_4 是基极偏置电阻，R_5 是集电极电阻，C_4 是输出耦合电容。由于晶体管VT的集电极输出电压与基极输入电压互为反相，两者相差180°，因此必须将集电极输出电压移相180°（即再反相一次）后送至基极，才能使电路起振。

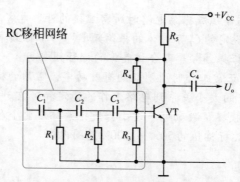

图5-24　RC移相振荡器

（1）RC网络的移相作用

RC网络具有移相作用。RC移相网络是利用电容器上电流超前电压的特性工作的，如图5-25（a）所示，通过电容 C 的电流 I_i 超前输入电压 U_i 一个相移角 φ，I_i 在电阻 R 上的压降 U_R

即为输出电压U_o，所以输出电压U_o超前输入电压U_i一个相移角φ。φ在$0°\sim90°$之间，由组成移相网络的R、C的比值决定，其矢量图如图5-25（b）所示。

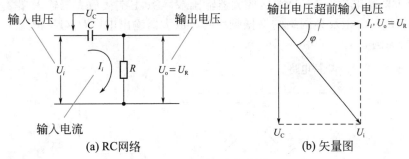

(a) RC网络　　　　　　(b) 矢量图

图5-25　RC移相网络

（2）三节移相网络

当需要的相移角φ超过$90°$时，可用多节移相网络来解决。图5-26（a）所示为三节RC移相网络，每节分别由C_1和R_1、C_2和R_2、C_3和R_3组成，适当选取R与C的值，使在特定频率下每节移相$60°$，三节便可实现移相$180°$，其矢量图如图5-26（b）所示。

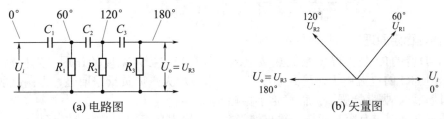

(a) 电路图　　　　　　　　　(b) 矢量图

图5-26　三节移相网络

将三节移相网络接于晶体管VT的集电极与基极之间，即可实现正反馈，满足了电路起振的相位条件，使电路起振。RC移相振荡器的特点是电路结构简单，但输出波形不够好。

5.1.7　RC桥式振荡器

RC桥式振荡器又称为文氏电桥振荡器，电路如图5-27所示。VT_1、VT_2组成两级阻容耦合放大器。R_1、C_1串联以及R_2、C_2并联共同组成正反馈网络，用以选频和产生振荡。R_5和RT组成负反馈网络，用以改善输出波形。R_3、R_4和R_7、R_8分别是VT_1、VT_2的基极偏置电阻。C_7是振荡电压输出耦合电容。

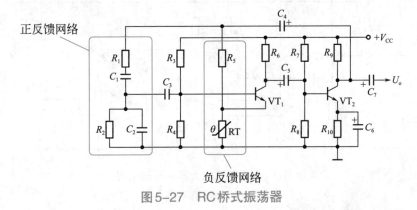

图5-27　RC桥式振荡器

（1）振荡原理

正反馈网络和负反馈网络正好构成了电桥电路，如图5-28所示。VT_1、VT_2组成相移角 $\varphi = 0°$ 的放大器，电桥的A、D端接放大器输出端，B、E端接放大器输入端。当信号频率等于 R_1、C_1 和 R_2、C_2 正反馈网络的谐振频率时，放大器输出电压 U_o 与反馈到输入端的电压 U_i 同相，电路振荡。

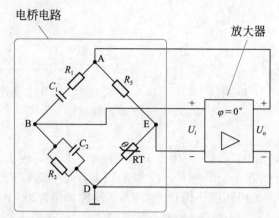

图5-28　RC桥式振荡器等效电路

（2）振幅稳定原理

电桥E-D臂的RT是正温度系数热敏电阻，具有稳定振荡幅度的作用。当振荡增强时，流过热敏电阻RT的电流增大，导致温度升高、阻值增大，使负反馈增强、振荡减弱。反之则使负反馈减弱、振荡增强。从而稳定了振幅。

RC桥式振荡器具有容易起振、输出波形较好、输出功率较大的特点，应用比较广泛。

5.1.8　信号注入器

音频信号注入器是一种较简单的常用仪器，它通过仪器前端的探针，向被检修电路注入音频信号，以判断出故障所在，可用于检修各种音频电路和音频设备。

图5-29所示为音频信号注入器电路，包括晶体管 $VT_1 \sim VT_3$ 等构成的音频振荡器、晶体管 VT_4 等构成的输出缓冲电路。

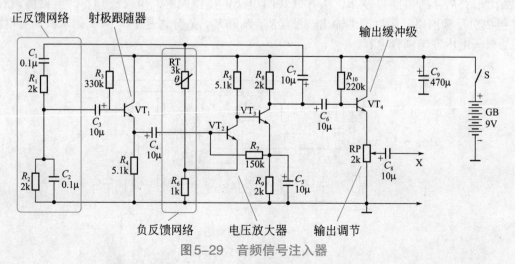

图5-29　音频信号注入器

音频信号注入器的工作原理是，振荡器（$VT_1 \sim VT_3$）产生约800Hz的音频信号，经射级跟随器（VT_4）缓冲后，由探针X注入被检测电路。整机采用9V电池为电源，C_9是电源退耦滤波电容，S是电源开关。

（1）音频振荡器

晶体管 $VT_1 \sim VT_3$ 等构成的音频振荡器，是一个典型的RC桥式振荡器，由RC电桥和放大器两部分组成。

RC桥式振荡器是用RC电桥作反馈回路的振荡器。电桥的左边是由 C_1、R_1 串联和 C_2、R_2 并联组成的两个臂，右边是由RT和 R_6 构成的两个臂。放大器的输出电压 U_o 加到电桥的一条对角线AC，从电桥的另一个对角线BD取出反馈电压 U_i 送回放大器输入端。

形成振荡的相位条件是正反馈，即 U_i 与 U_o 同相。当R与C一定时，电桥只在一个频率上满足这一点，因此，RC电桥具有选频作用，其频率 $f = \dfrac{1}{2\pi RC}$，式中：$R = R_1 = R_2$，$C = C_1 = C_2$。改变R与C的值可改变振荡频率。

RC桥式振荡器要求其放大器相移为"0"，且有足够的放大倍数。VT_2 和 VT_3 组成的双管直接耦合放大器，其输入与输出同相，可以满足这个要求。对放大器而言，电桥左边（$C_1 + R_1$）臂和（$C_2 /\!/ R_2$）臂构成正反馈选频电路，右边RT臂和 R_6 臂构成负反馈稳幅电路。R_6 同时还是 VT_2 的发射极电阻。

RC振荡器中的放大器必须工作在甲类放大状态，以保证良好的振荡波形，所以RC振荡器不能像LC振荡器那样，利用振荡管本身工作到非线性区域来保持振荡的稳定。可行的办法是在负反馈电路中采用热敏电阻。电路图中，RT是负温度特性热敏电阻。当振荡器输出电压 U_o 增大时，通过RT的电流加大，RT温度升高而阻值减小，负反馈系数增加，放大器电压增益下降，把 U_o 拉低，使振荡趋于稳定。

射级跟随器 VT_1 接在RC电桥与双管直接耦合放大器之间，起到缓冲作用，减轻了放大器对RC选频网络的影响，有助于提高频率稳定度。

（2）输出缓冲电路分析

输出缓冲电路的作用是隔离负载（被检测电路）对振荡器的不良影响。输出缓冲电路实际上是由 VT_4 构成的一级射级跟随器，由于其具有很高的输入阻抗，对振荡电路的影响极小；同时又具有很低的输出阻抗，提高了振荡电路的输出驱动能力。通过电位器RP可调节输出信号的大小。

5.1.9　集成运放桥式振荡器

图5-30所示为采用集成运放的800Hz文氏桥式正弦波振荡器，它容易起振，输出波形较

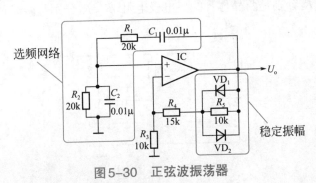

图5-30　正弦波振荡器

好，改变振荡频率也较为方便。R_1、C_1 和 R_2、C_2 构成正反馈回路，并具有选频作用，使电路产生单一频率的振荡。R_3、R_4、R_5 等构成负反馈回路，以控制集成运放 IC 的闭环增益，并利用并联在 R_5 上的二极管 VD_1、VD_2 的钳位作用进一步稳定振幅。

5.1.10 集成运放正交振荡器

图 5-31 所示为采用双运放构成的正交正弦波振荡器，它的突出优点是可以同时得到正弦波和余弦波输出，性能也比较好。集成运放 IC_{1-1} 和 IC_{1-2} 分别构成同相输入积分器和反相输入积分器，在 V_{01} 和 V_{02} 端分别输出正弦振荡信号和余弦振荡信号。限幅二极管 VD_1、VD_2 将振幅稳定在一定数值。

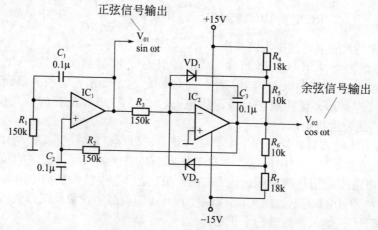

图 5-31　正交正弦波振荡器

5.2　多谐振荡器

多谐振荡器是脉冲和数字电路中常用的信号源之一，它能够产生连续的脉冲方波。多谐振荡器可以由晶体管、数字电路或时基电路等构成。

5.2.1 晶体管多谐振荡器

晶体管多谐振荡器电路如图 5-32 所示，它是由 VT_1、VT_2 两个晶体管交叉耦合而成，C_1、C_2 是耦合电容，R_1、R_4 分别是两晶体管的集电极电阻，R_2、R_3 分别是两晶体管的基极偏置电阻。

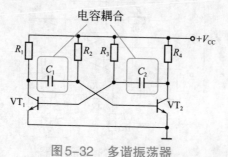

图 5-32　多谐振荡器

多谐振荡器没有稳定状态，只有两个暂稳状态：或者VT_1导通、VT_2截止；或者VT_1截止、VT_2导通；这两个状态周期性地自动翻转。其简要工作原理如下。

（1）VT_1导通VT_2截止状态

接通电源后，由于接线电阻、分布电容、元件参数不一致等偶然因素，电路必然是一侧导通、一侧截止。当VT_1导通、VT_2截止时，C_2经R_4、VT_1基极-发射极充电，充电电流为$I_{C2充}$；C_1经R_2、VT_1集电极-发射极放电，放电电流为$I_{C1放}$，如图5-33所示。

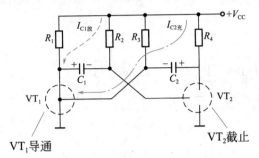

图5-33　VT_1导通VT_2截止状态

随着C_1的放电及反方向充电，当C_1右端（即VT_2基极）电位达到0.7V时，VT_2由截止变为导通，其集电极电压$U_{C2}=0V$。由于C_2两端电压不能突变，VT_1基极电位变为$-V_{CC}$，VT_1因而由导通变为截止，电路翻转为另一暂稳状态。

（2）VT_1截止VT_2导通状态

在VT_1截止、VT_2导通时，C_1经R_1、VT_2基极-发射极充电，充电电流为$I_{C1充}$；C_2经R_3、VT_2集电极-发射极放电，放电电流为$I_{C2放}$，如图5-34所示。

随着C_2的放电及反方向充电，当C_2左端（即VT_1基极）电位达到0.7V时，VT_1导通，其集电极电压$U_{C1}=0V$，并通过C_1使VT_2截止，电路又一次翻转。

正是如此周而复始地自动翻转，电路形成自激振荡，振荡周期$T=0.7(R_2C_1+R_3C_2)$。通常取$R_2=R_3=R$，$C_1=C_2=C$，则$T=1.4RC$。振荡频率$f=\dfrac{1}{T}$。多谐振荡器工作波形如图5-35所示，两晶体管集电极分别输出互为反相的方波脉冲。

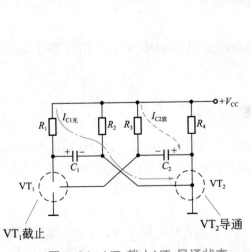

图5-34　VT_1截止VT_2导通状态

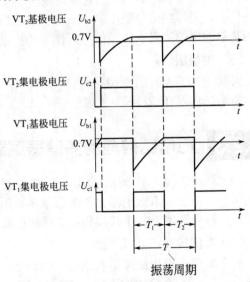

图5-35　多谐振荡器工作波形

5.2.2　调皮的考拉

　　调皮的考拉是一种有趣的电子玩具，其电路的核心就是晶体管多谐振荡器。调皮的考拉电路如图5-36所示，晶体管VT_1、VT_2等构成第一多谐振荡器，晶体管VT_3、VT_4等构成第二多谐振荡器，晶体管VT_5构成射极跟随器。S为电源开关。

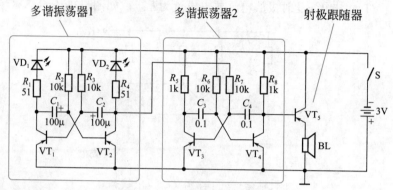

图5-36　调皮的考拉电路

（1）第一多谐振荡器

　　晶体管VT_1、VT_2等构成的第一多谐振荡器具有两个作用，一是驱动发光二极管VD_1、VD_2（分别串接在VT_1、VT_2的集电极回路里）轮流闪亮，使考拉的双眼闪光。二是产生一方波脉冲控制信号，去控制第二多谐振荡器间歇振荡，使考拉发声。

　　第一多谐振荡器的振荡周期T由两个晶体管的基极电阻R_2、R_3、耦合电容C_1、C_2决定，从晶体管VT_2集电极输出的控制信号为脉宽0.7s、间隔0.7s的方波脉冲。

（2）第二多谐振荡器

　　晶体管VT_3、VT_4等构成的第二多谐振荡器是一个可控振荡器，其结构特点是VT_3的基极电阻R_7不是接电源电压，而是接在VT_2的集电极，因此电路振荡与否受第一多谐振荡器输出的控制信号的控制。

　　当控制信号为"1"时，电路起振，产生约700Hz的音频信号。当控制信号为"0"时，电路停振，无音频信号输出。由于第一多谐振荡器产生的控制信号是方波脉冲，所以第二多谐振荡器输出的是间歇音频信号，作为考拉发声的信号源。

（3）射极跟随器

　　射极跟随器VT_5的作用是将第二多谐振荡器产生的700Hz间歇音频信号进行电流放大后，驱动扬声器BL发声。

5.2.3　门电路构成的多谐振荡器

　　门电路可以构成多谐振荡器，而且电路简单、工作稳定。特别是CMOS门电路构成的多谐振荡器，由于CMOS电路输入阻抗很高，因此无须用大容量的电容器，就能获得较大的时间常数，特别适用于制作低频和超低频振荡器。

（1）非门构成多谐振荡器

　　两个非门可以构成多谐振荡器，电路如图5-37所示。D_1、D_2为非门，R为定时电阻，C为定时电容。B点（D_1输出端）和E点（D_2输出端）分别输出互为反相的方波脉冲信号。

当E点由$E=0$刚变为$E=1$时，由于电容C两端电压不能突变，所以$A=1$，$B=0$，电容C开始经R充电，充电电流$I_{C充}$如图5-38所示。

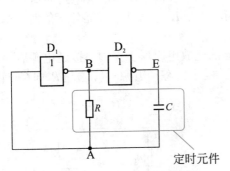

图5-37 非门多谐振荡器

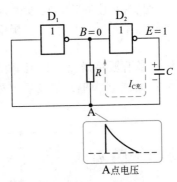

图5-38 电容器充电

随着电容C的充电，A点电位逐渐下降。当A点电位降低至D_1的转换阈值时，D_1输出端（B点）由"0"变为"1"，D_2输出端（E点）由"1"变为"0"，实现了电路的一次翻转。

在电路刚翻转为$E=0$时，同样由于电容C两端电压不能突变，致使$A=0$，$B=1$，电容C开始经R放电，放电电流$I_{C放}$如图5-39所示。

随着电容C的放电，A点电位逐渐上升。当A点电位升高至D_1的转换阈值时，D_1输出端（B点）又由"1"变为"0"，D_2输出端（E点）又由"0"变为"1"，电路再次翻转。如此不断地自动翻转即形成自激振荡，振荡周期$T=1.4RC$。各点波形如图5-40所示。

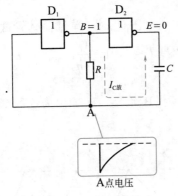

图5-39 电容器放电

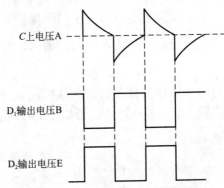

图5-40 非门多谐振荡器波形

（2）改进型多谐振荡器

图5-41所示为改进型多谐振荡器电路，在反相器D_1的输入端增加了补偿电阻R_S，可以有效地改善由于电源电压变化而引起的振荡频率不稳定的情况。当R_S远大于R（一般应使$R_S=10R$以上）时，电路振荡周期$T=2.2RC$。

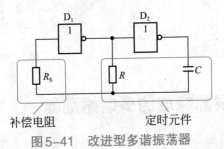

图5-41 改进型多谐振荡器

5.2.4　单结晶体管构成的多谐振荡器

单结晶体管具有负阻特性，可以很方便地构成多谐振荡器，其电路如图5-42所示。V为单结晶体管，R_1是单结晶体管的发射极电阻，R_2、R_3分别是单结晶体管的两个基极电阻，C为定时电容。

单结晶体管多谐振荡器也是利用电容器的充放电原理工作的。接通电源后，由于电容C上电压不可能瞬间建立，单结晶体管V处于截止状态，电源$+V_{CC}$通过R_1向C充电，充电电流$I_{C充}$如图5-43所示。

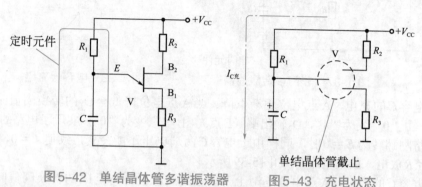

图5-42　单结晶体管多谐振荡器　　　图5-43　充电状态

随着充电的进行，电容C上电压不断上升。当C上电压上升到单结晶体管V的峰点电压U_P时，发射结等效二极管导通，C通过V的发射极-第一基极和R_3放电，放电电流$I_{C放}$如图5-44所示。放电电流$I_{C放}$在R_3上的压降形成窄脉冲。

当电容C上电压因放电下降至单结晶体管V的谷点电压U_V时，单结晶体管截止，又开始新的一轮充放电过程，从而产生自激振荡，振荡周期$T \approx R_1 C \ln \dfrac{1}{1-\eta}$，式中，$\eta$为单结晶体管的分压比。

振荡信号可从单结晶体管的第一基极B_1或第二基极B_2输出，B_1输出为连续窄脉冲，B_2输出为占空比较大的方波脉冲，波形如图5-45所示。

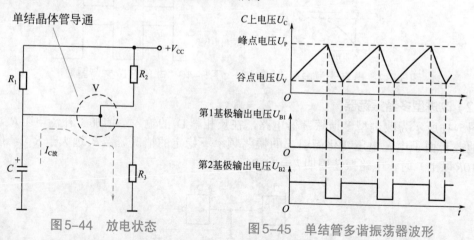

图5-44　放电状态　　　　　图5-45　单结管多谐振荡器波形

5.2.5　施密特触发器构成的多谐振荡器

施密特触发器构成多谐振荡器时，仅需外接一个电阻和一个电容，电路如图5-46所示。

电阻 R 和电容 C 组成定时电路，电阻 R 跨接在施密特触发器 D 的输出端和输入端之间。

当施密特触发器 D 输出端为"1"时，通过电阻 R 对电容 C 充电，C 上电压（即 D 的输入端电压）不断上升。

当 C 上电压达到 D 的正向阈值电压 U_{T+} 时，施密特触发器翻转，D 输出端由"1"变为"0"。这时，电容 C 通过电阻 R 放电，C 上电压不断下降。

当 C 上电压下降至 D 的负向阈值电压 U_{T-} 时，施密特触发器再次翻转，D 输出端又由"0"变为"1"，如此周而复始形成振荡，图 5-47 为其工作波形图。

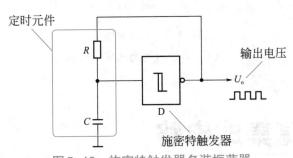

图 5-46　施密特触发器多谐振荡器

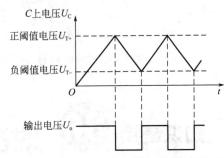

图 5-47　施密特多谐振荡器波形

5.2.6　时基电路构成的多谐振荡器

555 时基电路可以构成多谐振荡器，电路如图 5-48 所示。R_1、R_2、C 组成定时网络，555 时基电路的置"1"输入端（第 2 脚）和置"0"输入端（第 6 脚）一起并接在定时电容 C 上端，放电端（第 7 脚）接在 R_1 与 R_2 之间，从 555 时基电路的第 3 脚输出方波脉冲。

刚接通电源时，因 C 上电压 $U_C = 0$，555 时基电路输出电压 $U_o = 1$，放电端（⑦ 脚）截止，电源 $+V_{CC}$ 经 R_1、R_2 向 C 充电，如图 5-49 所示。

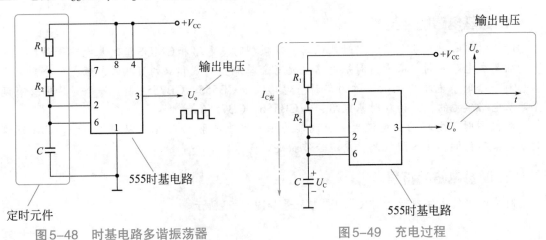

图 5-48　时基电路多谐振荡器　　　　图 5-49　充电过程

当 C 上电压 U_C 被充电到 $\frac{2}{3}V_{CC}$ 时，555 时基电路翻转，$U_o = 0$，放电端（⑦ 脚）导通到地，C 上电压 U_C 经 R_2 和放电端放电，如图 5-50 所示。

当 C 上电压 U_C 由于放电下降到 $\frac{1}{3}V_{CC}$ 时，555 时基电路再次翻转，又使 $U_o = 1$，从而开始新的一个周期。电路波形如图 5-51 所示。充电周期 $T_1 = 0.7(R_1+R_2)C$，放电周期 $T_2 =$

$0.7R_2C$，振荡周期 $T = T_1 + T_2 = 0.7 (R_1 + 2R_2) C$。

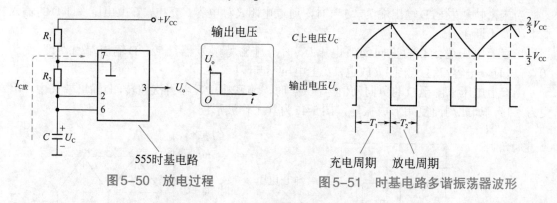

图5-50　放电过程

图5-51　时基电路多谐振荡器波形

知识链接 30　时基集成电路

时基集成电路简称时基电路，是一种将模拟电路和数字电路结合在一起、能够产生时间基准和完成各种定时或延迟功能的非线性集成电路。图5-52所示为常见时基集成电路外形。

图5-52　时基集成电路

1. 时基电路的种类

时基电路有单时基电路、双时基电路、双极型时基电路和CMOS型时基电路等种类。

从集成电路的封装来看，时基电路主要有金属外壳封装和双列直插式封装。一个封装中只含有一个时基电路单元的，称为单时基电路，如CB555、CB7555等。一个封装中含有两个时基电路单元的，称为双时基电路，如CB556、CB7556等。

双极型时基电路输出电流大、驱动能力强，可直接驱动200mA以内的负载。CMOS型时基电路功耗低、输入阻抗高，更适合作长延时电路。

2. 时基电路的符号

时基电路的文字符号为"IC"，图形符号如图5-53所示。

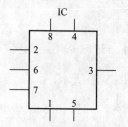

图5-53　时基集成电路的符号

3. 时基电路的参数

时基电路的参数较多，主要有电源电压、输出电流、放电电流、额定功耗、频率范围等，双极型时基电路和CMOS型时基电路的主要参数有所不同。

① 电源电压V_{CC}是指时基集成电路正常工作所需的直流工作电压，CMOS型时基集成电路比双极型时基集成电路的电源电压范围略宽。

② 输出电流I_{OM}是指时基集成电路输出端所能提供的最大电流。双极型时基集成电路具有较大的输出电流。

③ 放电电流I_D是指时基集成电路放电端所能通过的最大电流。

④ 频率范围是指时基集成电路工作于无稳态模式时的振荡频率范围。CMOS型时基集成电路比双极型时基集成电路的最高振荡频率略高。

4. 时基电路工作原理

图5-54所示为时基电路内部原理方框图。电阻R_1、R_2、R_3组成分压网络，为A_1、A_2两个电压比较器提供$\frac{2}{3}V_{CC}$和$\frac{1}{3}V_{CC}$的基准电压。两个比较器的输出分别作为RS触发器的置"0"信号和置"1"信号。输出驱动级和放电管VT受RS触发器控制。由于分压网络的三个电阻R_1、R_2、R_3均为$5k\Omega$，所以该集成电路也被称为555时基电路。

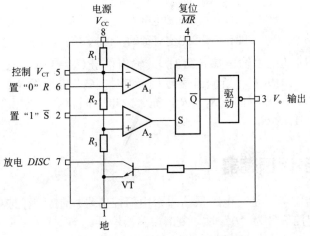

图5-54　时基电路内部方框图

时基电路的工作原理是：

① 当置"0"输入端$R \geq \frac{2}{3}V_{CC}$时（$\overline{S} > \frac{1}{3}V_{CC}$），上限比较器$A_1$输出为"1"使电路输出端$U_o$为"0"，放电管VT导通，$DISC$端为"0"。

② 当置"1"输入端$\overline{S} \leq \frac{1}{3}V_{CC}$时（$R < \frac{2}{3}V_{CC}$），下限比较器$A_2$输出为"1"使电路输出端$U_o$为"1"，放电管VT截止，$DISC$端为"1"。

③ $\overline{MR}$为复位端，当$\overline{MR}=0$时，$U_o=0$，$DISC=0$。

5. 时基电路的用途

时基电路的典型工作模式有单稳态触发器模式、双稳态触发器模式、多谐振荡器模式、施密特触发器模式4种。时基电路的主要用途是定时、振荡和整形，广泛应用在延时、定时、多谐振荡、脉冲检测、波形发生、波形整形、电平转换和自动控制等领域。

5.2.7　完全对称的多谐振荡器

一般多谐振荡器的输出波形是不对称的，造成这种不对称的原因是定时电容C的充、放电路径不尽相同。充电路径经过R_1和R_2，而放电路径只经过R_2，使得充电时间T_1大于放电时间T_2。

解决不对称问题的办法是让定时电容的充、放电时间相等。图5-55所示为完全对称的多谐振荡器电路，它可以满足某些特殊情况下需要输出波形完全对称的要求。

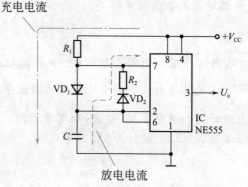

图5-55　完全对称的多谐振荡器

电路中，当555时基电路输出端（第3脚）输出信号$U_o=1$时，电源$+V_{CC}$经R_1、VD_1向C充电，充电时间$T_1=0.7R_1C$。当输出信号$U_o=0$时，C上电压经R_2、VD_2向放电端放电，放电时间$T_2=0.7R_2C$。只要我们取$R_1=R_2$，充、放电时间就会完全相等，即$T_1=T_2$，电路振荡周期$T=T_1+T_2=1.4R_1C$。

5.2.8　门控多谐振荡器

门控多谐振荡器的特点是，电路振荡与否由门控信号控制。当门控信号为"1"时，多谐振荡器起振；当门控信号为"0"时，多谐振荡器停振。

图5-56所示为555时基电路构成的门控多谐振荡器电路，它利用了555时基电路的复位端$\overline{MR}$（第4脚）作为门控端。

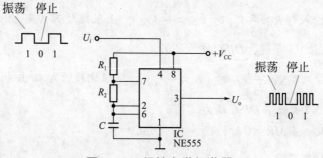

图5-56　门控多谐振荡器

555时基电路的复位端$\overline{MR}$是"0"电平有效。当门控信号$U_i=0$时，555时基电路被强制复位，电路停振，输出信号$U_o=0$。当门控信号$U_i=1$时，多谐振荡器起振，输出信号U_o为脉冲方波。

5.2.9 窄脉冲发生器

555时基电路构成的窄脉冲发生电路如图5-57所示，R_1、R_2是定时电阻，C是定时电容。窄脉冲发生电路本质上也是一个多谐振荡器，所不同的是，在定时电阻R_2上并接了一个晶体二极管VD，使得定时电容C的充电时间很短，而放电时间较长。

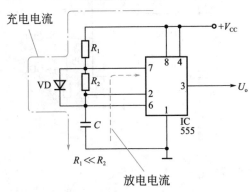

图5-57 窄脉冲发生电路

由于晶体二极管的单向导电性，充电时电源$+V_{CC}$经R_1、VD向C充电，充电时间$T_1 = 0.7R_1C$。放电时C只能经R_2向放电端（第7脚）放电，放电时间$T_2 = 0.7R_2C$。当定时电阻的取值为$R_1 \ll R_2$时，$T_1 \ll T_2$，555时基电路第3脚的输出信号U_o便是窄脉冲串了。

5.2.10 压控振荡器

压控振荡器的振荡频率受控制电压的控制。图5-58所示为压控振荡器电路图，集成运放IC_1构成积分器，555时基电路IC_2工作于单稳态触发器模式。V_i为控制电压，可在$0 \sim 10V$范围变化。电路振荡频率f_o受V_i控制，$f_o = 3R_1C_1\dfrac{V_i}{V_{CC}}$。

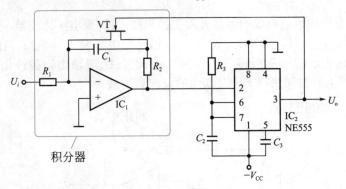

图5-58 压控振荡器

5.2.11 占空比可调的脉冲振荡器

多谐振荡器输出的方波信号中，"1"的宽度与振荡周期的比值叫做占空比。大多数情况下我们对多谐振荡器的占空比并没有要求，但某些特殊电路中对占空比是有要求的，例如，窄脉冲发生器一般要求占空比小于10%，脉宽调制电路更是利用占空比的变化来传递信息。因此，占空比可调的脉冲振荡器便应运而生了。

图5-59所示为占空比可调的脉冲振荡器电路，555时基电路构成多谐振荡器，R_1、R_2、RP_1、RP_2、VD_1、VD_2、C_1等组成定时网络。RP_1为占空比调节电位器，RP_2为频率调节电位器。

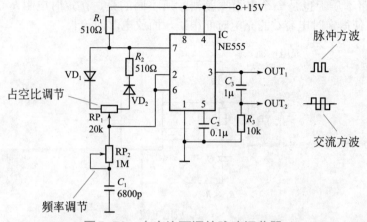

图5-59　占空比可调的脉冲振荡器

定时电容C_1的充电回路包括R_1、VD_1、RP_1的左半部分和RP_2，C_1的放电回路包括R_2、VD_2、RP_1的右半部分和RP_2，由于$R_1 = R_2$，因此改变RP_1左、右部分的比值就可以改变输出信号的占空比。电位器RP_1的动臂向左移则占空比减小，动臂向右移则占空比增大。

改变RP_2的大小，就同时等量地改变了充电时间和放电时间，可以在不改变占空比的情况下调节振荡频率。

该振荡器具有两个输出端，OUT_1输出脉冲方波，OUT_2输出交流方波。可输出100Hz～10kHz的方波信号，其占空比可在5%到95%之间调节。

5.2.12　锯齿波发生器

图5-60所示为集成运放构成的锯齿波发生器电路。IC_1为电压比较器，IC_2为积分器。当比较器IC_1输出为正电压时，经VD_1、R_4使C_1经迅速充电（因R_4较小）；当比较器IC_1输出为负电压时，VD_1截止，C_1经R_3缓慢放电（因R_3较大），U_o端输出锯齿波信号。如将二极管VD_1反接，则获得上升时间快、下降时间慢的反向锯齿波。

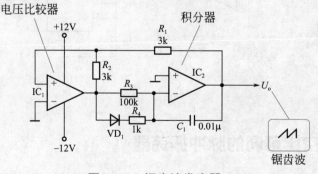

图5-60　锯齿波发生器

5.2.13　三角波发生器

图 5-61 所示为采用集成运放构成的三角波发生器电路。集成运放 IC$_2$ 构成一个积分器，IC$_1$ 构成一个带正反馈的电压比较器。电阻 R_1、R_2 构成分压电路，R_2 同时是 IC$_1$ 电压比较器的正反馈电阻。U_{o1} 端输出三角波信号，U_{o2} 端输出占空比为 50% 的方波信号。

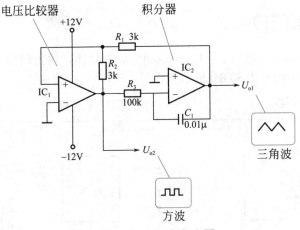

图 5-61　三角波发生器

5.3　门铃电路

门铃是我们日常生活中接触较多的常用电器。门铃电路多种多样，构成多种不同的效果，带给我们多样性的选择，例如单音门铃、间歇音门铃、音乐门铃、声光门铃、感应式门铃、对讲门铃等。

5.3.1　单音门铃

单音门铃是最简单的门铃，它只能发出单一的音频声音，但是作为门铃使用还是可以胜任的。图 5-62 所示为 555 时基电路构成的单音门铃电路。

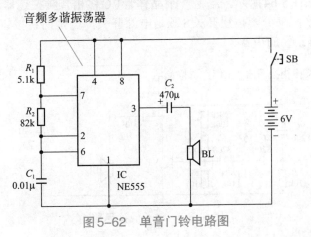

图 5-62　单音门铃电路图

555时基电路IC构成音频多谐振荡器，振荡频率取决于定时元件R_1、R_2和C_1，即振荡频率$f=\dfrac{1}{0.7(R_1+2R_2)C_1}$，改变$R_1$、$R_2$或$C_1$可以改变振荡频率。

SB是门铃按钮。按下SB时，电源接通，电路工作，产生约800Hz的音频信号，经C_2耦合至扬声器BL发出声音。

5.3.2　间歇音门铃

间歇音门铃电路如图5-63所示，IC_1构成超低频振荡器，输出周期为2s的方波信号。IC_2构成音频振荡器，输出频率为800Hz的音频信号。SB是门铃按钮。

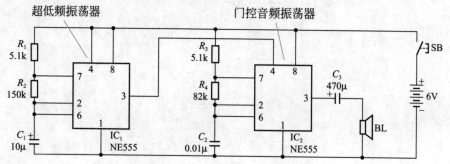

图5-63　间歇音门铃电路图

音频振荡器IC_2是门控多谐振荡器，555时基电路IC_2的复位端（第4脚）受超低频振荡器IC_1输出信号（第3脚）的控制。当IC_1输出信号为高电平"1"时，IC_2振荡并输出800Hz音频信号，经耦合电容C_3驱动扬声器BL发声。当IC_1输出信号为低电平"0"时，IC_2停振，扬声器BL无声。

两个555时基电路振荡器的综合工作效果是，当按下按钮SB时，门铃发出响1s、间隔1s的间歇性的声音。

R_1、R_2、C_1是IC_1的定时元件，改变它们可以调节超低频振荡器的振荡周期。R_3、R_4、C_2是IC_2的定时元件，改变它们可以调节音频振荡器的振荡频率。

5.3.3　电子门铃

电子门铃电路如图5-64所示，这是一个晶体管RC移相音频振荡器。电路包括RC移相网络和晶体管放大器两部分。按钮开关S既是电源开关，也是门铃按钮，当来客按下S时，电子门铃便发出"嘟..."的声音。

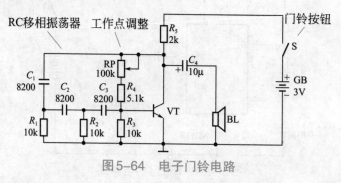

图5-64　电子门铃电路

晶体管VT等构成共发射极电压放大器，并采用了并联电压负反馈，RP和R_4是偏置电阻，偏置电压不是取自电源，而是取自VT的集电极，这种并联电压负反馈偏置电路能够较好地稳定晶体管工作点。RP和R_4同时也起到交流负反馈作用，可以改善放大器的性能。

C_1和R_1、C_2和R_2、C_3和R_3分别构成三节RC移相网络，每节移相60°，三节共移相180°。这个三节RC移相网络，接在晶体管VT的集电极与基极之间，将集电极输出电压U_C移相180°后反馈至基极（正反馈），形成振荡。R_3同时还是晶体管VT的基极下偏置电阻。

RC移相网络同时具有选频功能，振荡频率$f \approx \dfrac{1}{2\pi \sqrt{6}\,RC}$，由R与C的值决定。本电路中振荡频率约为800Hz，可通过改变R或C的大小来改变振荡频率。

5.3.4 音乐门铃

音乐门铃电路如图5-65所示，由音乐集成电路IC、功放晶体管VT、扬声器BL和触发按钮SB等组成。

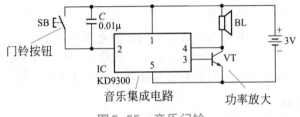

图5-65 音乐门铃

当按下SB（即门铃按钮）时，音乐集成电路IC被触发，其产生的音乐信号经晶体管VT放大后，驱动扬声器BL发出悦耳的音乐声。选用不同的音乐集成电路，门铃即具有不同的音乐声。电容C的作用是防止误触发。

由于门铃的工作特点是需要长期待机，因此本电路不设电源开关。长期不用时，取出电池即可。

知识链接 31 音乐集成电路

音乐集成电路是指能够发出音乐或乐曲的集成电路，广泛应用在电子玩具、音乐贺卡、电子门铃、电子钟表、电子定时器、提示报警器、家用电器和智能仪表等场合。音乐集成电路有三极管式塑封、双列直插式封装和小印板软封装等多种封装形式，如图5-66所示，最常见的是小印板软封装形式。

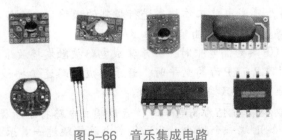

图5-66 音乐集成电路

1. 音乐集成电路的种类

音乐集成电路有较多种类，包括单曲音乐集成电路、多曲音乐集成电路、带功放音乐集成电路、光控音乐集成电路、声控音乐集成电路和闪光音乐集成电路等。

2. 音乐集成电路的符号

音乐集成电路的文字符号为"IC"，图形符号如图5-67所示。

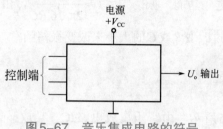

图5-67　音乐集成电路的符号

3. 音乐集成电路的工作原理

音乐集成电路型号众多，封装形式各不相同，但电路结构原理大同小异。典型的音乐集成电路结构原理如图5-68所示，由时钟振荡器、只读存储器（ROM）、节拍发生器、音阶发生器、音色发生器、控制器、调制器和电压放大器等电路组成。

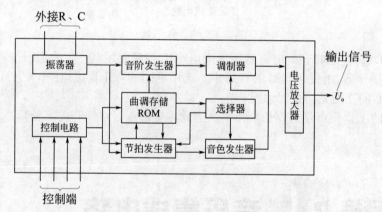

图5-68　音乐集成电路结构原理

只读存储器（ROM）中固化有代表音乐乐曲的音调、节拍等信息。节拍发生器、音阶发生器和音色发生器分别产生乐曲的节拍、基音信号和包络信号。它们在控制器控制下工作，并由调制器合成乐曲信号，经电压放大器放大后输出。

4. 音乐集成电路的控制端

控制端是用户对音乐集成电路工作状态进行控制的操作端口。控制端主要有触发端CE、连续播放端LP、自动停止端$\overline{AS}$和选曲端SL。

① 触发端CE。当CE端为高电平时，音乐集成电路被触发播放乐曲。

② 连续播放控制端LP。LP为高电平时，音乐集成电路连续播放，直至最后一首乐曲。LP为低电平时，音乐集成电路只播放一首乐曲。

③ 自动停止控制端$\overline{AS}$。当$\overline{AS}$为高电平时，音乐集成电路将不断循环播放乐曲。

④ 选曲端SL。每给SL端一个脉冲，音乐集成电路就跳过一首乐曲，再播放时将从下一

首乐曲开始。

不同型号的音乐集成电路其控制端也不尽相同。许多音乐集成电路只有一个触发端CE，当CE端被脉冲信号触发时音乐集成电路播放一首乐曲即停，当CE端为持续高电平时音乐集成电路不断循环播放乐曲。

5. 音乐集成电路的应用

单曲音乐集成电路内储一首音乐乐曲，触发一次播放一遍。

多曲音乐集成电路内储存有多首音乐乐曲，触发一次播放第一首，再触发一次则播放第二首，依此类推循环播放。

带功放音乐集成电路内部含有功率放大器，可直接驱动扬声器发声。

光控音乐集成电路受光信号控制，外接光敏元件即可由光信号触发播放。

声控音乐集成电路由特定频率的声音信号触发播放，一般使用时外接压电陶瓷片或驻极体话筒。

闪光音乐集成电路在被触发播放声音的同时，还可驱动发光二极管按一定规律闪烁发光。

5.3.5 声光门铃

声光门铃不仅会发声，而且会发光，可以使听力有障碍的人士看到门铃"响"了。图5-69所示为555时基电路构成的声光门铃电路，SB是门铃按钮，S_1是静音开关，S_2是电源开关。

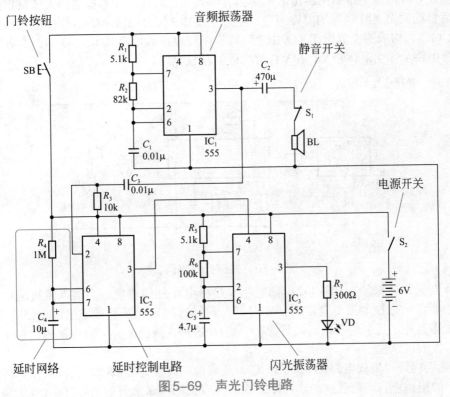

图5-69 声光门铃电路

(1) 声音电路

555时基电路IC_1工作于多谐振荡器状态，构成音频振荡器，振荡频率800Hz。当门铃按钮SB按下时，振荡器得到工作电压而起振，振荡信号经耦合电容C_2驱动扬声器BL发出门铃声。

（2）闪光电路

555时基电路IC$_3$工作于多谐振荡器状态，构成闪光信号源，驱动发光二极管VD闪光。IC$_3$的复位端（第4脚）受IC$_2$输出端的控制，只有在IC$_2$输出端为高电平时，IC$_3$才起振。在IC$_2$输出端为"0"时，IC$_3$停振，发光二极管VD不亮。

（3）延时控制电路

555时基电路IC$_2$工作于单稳态触发器状态，构成延时控制电路，控制闪光电路的工作状态。IC$_2$单稳态触发器由IC$_1$输出信号触发，延时时间约10s。

电路工作过程是，当按下门铃按钮SB时，音频振荡器IC$_1$工作，扬声器BL发出门铃声音。同时IC$_1$的输出信号经C$_3$、R$_3$微分后，负脉冲触发单稳态触发器IC$_2$翻转为暂态，输出高电平使闪光电路IC$_3$工作，发光二极管VD闪光。

当松开门铃按钮SB时，音频振荡器停止工作，扬声器即无声。但由于单稳态触发器IC$_2$的延时作用，闪光电路继续闪光10s，这样有助于听障人士注意到门铃"响"了。

如果需要静音，断开静音开关S$_1$即可，这时按门铃按钮SB，门铃就只有闪光而无声音。静音模式适用于家有部分成员正在休息或学习需要安静环境的情况。

5.3.6 感应式叮咚门铃

感应式叮咚门铃电路如图5-70所示，当有客人到来时，它能够检测到人体发出的红外辐射，然后自动发出"叮咚"的门铃声音。电路主要由3部分组成：①由热释电式红外探测头BH9402（IC$_1$）构成的检测电路；②由"叮咚"门铃声集成电路KD-253B（IC$_2$）等构成的音频信号源电路；③由晶体管VT$_1$和VT$_2$等构成的功放电路。

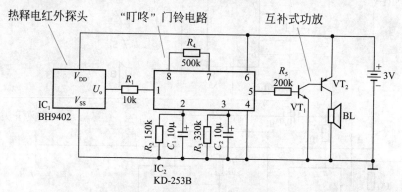

图5-70 感应式叮咚门铃

热释电式红外探测头BH9402内部包括：热释电红外传感器、高输入阻抗运算放大器、双向鉴幅器、状态控制器、延迟时间定时器、封锁时间定时器和参考电源电路等。除热释电红外传感器外，其余主要电路均包含在一块BISS0001数模混合集成电路内，缩小了体积，提高了工作的可靠性。

"叮咚"门铃声集成电路KD-253B（IC$_2$）是专为门铃设计的CMOS集成电路，内储"叮"与"咚"的模拟声音。每触发一次，KD-253B可发出两声带余音的"叮咚"声，类似于金属碰击声。它还能有效地防止因荧光灯、电钻等干扰造成的误触发。

"叮咚"声音的节奏快慢和余音长短均可调节。调节R$_4$可改变"叮咚"声音的节奏快慢。调节R$_2$和R$_3$，可分别改变"叮"和"咚"声音的余音长短。

功放电路是晶体管VT₁、VT₂等构成的互补式放大器,将门铃集成电路KD-253B发出的"叮咚"声音信号放大后,驱动扬声器BL发声。其中,VT₁是NPN型晶体管,VT₂是PNP型晶体管。

5.3.7 对讲门铃

对讲门铃不仅具有一般门铃的呼叫功能,而且还具有通话功能。主人听到门铃响后,可以与来访者通话,了解来访者的身份和目的,以决定是否开门接待。

图5-71所示为对讲门铃电路,具有呼叫和通话两大功能,在结构上包括主机和分机,它们之间通过外线连接。

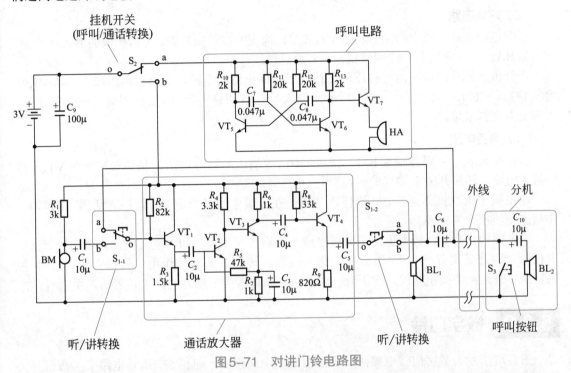

图5-71 对讲门铃电路图

主机电路包括:晶体管VT₅～VT₇、蜂鸣器HA等组成的呼叫电路,晶体管VT₁～VT₄、话筒BM、扬声器BL₁等组成的通话电路,由挂机开关S₂构成的呼叫/通话功能转换电路等。

分机电路包括:呼叫按钮S₃、兼作受话器和送话器的扬声器BL₂等。图5-72所示为对讲门铃原理方框图。

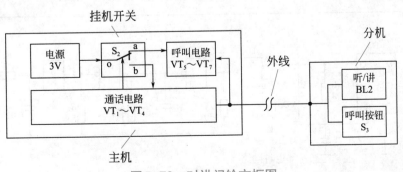

图5-72 对讲门铃方框图

（1）电路工作原理

待机时手机挂在主机上压下了挂机开关S_2，S_2的o、a接点接通使3V电源正极接入呼叫电路，但此时3V电源负极与呼叫电路并不连接，呼叫电路不发声而处于待机状态。S_2的o、b接点断开而切断了3V电源与通话电路的连接，通话电路不工作。

当来访者按下分机（位于户外）上的呼叫按钮S_3时，接通了主机（位于户内）上3V电源负极与呼叫电路的连接，呼叫电路工作，发出门铃声。

当主人听到门铃声拿起主机上的手机后，挂机开关S_2弹起，其o、a接点断开使呼叫电路断电而停止发声。同时S_2的o、b接点接通使通话电路得电工作，主人即可与来访者通话。

通话结束后挂上手机，挂机开关S_2被压下使通话电路停止工作，同时呼叫电路恢复待机状态。

（2）呼叫电路

呼叫电路包括主机上的由晶体管VT_5和VT_6构成的多谐振荡器、VT_7构成的射极跟随器、蜂鸣器HA，以及分机上的呼叫按钮S_3，S_3通过外线与主机相连接。

当分机上的呼叫按钮S_3被按下时，接通了呼叫电路的电源，多谐振荡器起振，从VT_6集电极输出的760Hz方波信号，经VT_7电流放大后，驱动蜂鸣器HA发出"嘟——"的声音，提醒主人有客来访。

（3）通话电路

通话电路包括驻极体话筒BM、扬声器BL_2等构成的拾音电路，晶体管VT_1～VT_4构成的放大电路，转换开关S_1构成的听/讲转换电路等。

在主机中由驻极体话筒BM担任送话器，在分机中由扬声器BL_2兼任送话器，BL_2的工作状态受转换开关S_1控制。

对讲门铃只有一个放大电路，兼顾完成"来访者→主人"和"主人→来访者"的通话放大任务，因此必须有一个听/讲转换电路来控制。转换开关S_1的作用，就是实现听/讲功能的转换。S_1是一个按钮开关，按下时，主人讲，来访者听；松开时，来访者讲，主人听。

5.3.8　数字门铃

图5-73所示为数字门铃电路图，主要由数字电路组成，包括5个单元电路：①按钮开关SB等构成的控制电路；②D触发器D_1等构成的单稳态触发器；③与非门D_2、D_3等构成的超低频门控多谐振荡器；④与非门D_4、D_5等构成的音频门控多谐振荡器；⑤晶体管VT_1等构成的功率放大电路。图5-74所示为数字门铃机原理方框图。

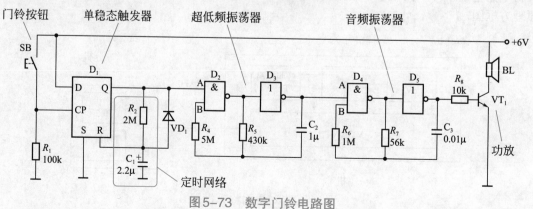

图5-73　数字门铃电路图

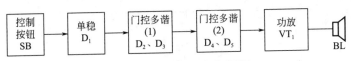

图5-74　数字门铃方框图

平时电路处于待机状态，D_1单稳态触发器输出端为"0"，两级门控多谐振荡器均不工作，扬声器无声。

当按下控制按钮SB时，给D_1单稳态触发器CP端输入了一个触发脉冲，单稳态触发器翻转至暂稳态，输出脉宽约3s的"1"信号，使超低频多谐振荡器（D_2、D_3）起振。

超低频多谐振荡器输出脉宽约1s的方波信号。在方波信号为"1"时，音频多谐振荡器（D_4、D_5）起振，输出约800Hz的音频信号，经VT_1功率放大后推动扬声器发声。在方波信号为"0"时，音频多谐振荡器停振，扬声器无声。

当D_1单稳态触发器暂稳态结束后，电路回复待机状态。综上所述，按一下控制按钮SB，电路将发出"嘟、嘟、嘟"的3声门铃声。

5.4　集成运放音频信号发生器

音频信号发生器是一种能够产生音频正弦波的常用电子仪器，在调试和检修音响、扩音机等音频设备时经常应用。

集成运放音频信号发生器性能优良，可以产生20Hz～20kHz的正弦波信号，共分为3个波段：第1波段频率范围为20～200Hz，第2波段频率范围为200Hz～2kHz，第3波段频率范围为2～20kHz，均连续可调。

5.4.1　电路结构原理

图5-75所示为音频信号发生器电路图。电路中采用了两个集成运放IC_1（RC桥式振荡器）和IC_2（电压跟随器）。RC桥式振荡器产生连续可调的正弦波信号，经电压跟随器缓冲后输出。波段开关S_1为频率粗调，电位器RP_1为频率细调，RP_2为输出电平调节。图5-76所示为整机原理方框图。

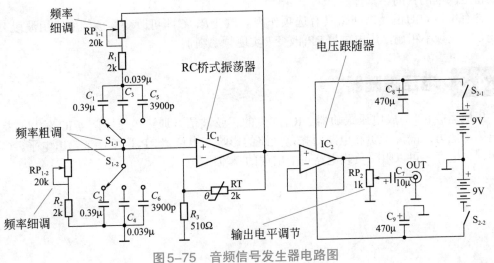

图5-75　音频信号发生器电路图

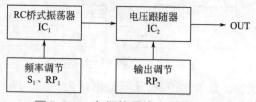

图5-76   音频信号发生器方框图

5.4.2 RC桥式振荡器

RC桥式振荡器如图5-77所示，RC串联支路和RC并联支路构成正反馈回路，用于形成振荡。RT和R_3构成负反馈回路，用于稳定振幅。正反馈回路和负反馈回路组成电桥，放大器输出信号接于电桥A、B对角线，D、E对角线接放大器输入端。

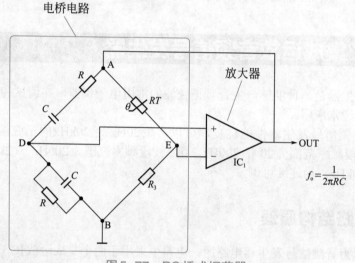

图5-77   RC桥式振荡器

放大器的放大倍数取决于RT与R_3的比值。RT是负温度系数热敏电阻，当输出信号增大时，RT减小，使得放大倍数下降；当输出信号减小时，RT增大，使得放大倍数上升，从而达到稳定振幅的目的。

含有电容C的正反馈回路具有选频作用，改变R、C即可改变振荡频率。用波段开关S_1改变C实现频率粗调，用电位器RP_1改变R实现频率细调。

5.4.3 电压跟随器

集成运放IC_2构成电压跟随器。IC_1产生的正弦波信号通过电压跟随器IC_2输出，提高了输出驱动能力，隔离了负载电路对振荡回路的影响。电位器RP_2用于调节输出电平。C_7为输出端耦合电容，可以阻隔负载电路可能出现的直流电压。

第6章

有源滤波电路

滤波器是一种选频电路，它只允许特定频率范围内的信号通过，而将频率范围外的信号衰减掉。电路中包含有源元件的滤波器称为有源滤波器，通常由集成运算放大器和阻容元件组成。从滤波特性上看，有源滤波器可分为4类：低通有源滤波器、高通有源滤波器、带通有源滤波器和带阻有源滤波器。

6.1 低通有源滤波器

低通有源滤波器的特性是只允许频率低于截止频率 f_c 的信号通过，高于 f_c 的信号被阻止。图6-1所示为低通有源滤波器的幅频特性曲线，$0 \sim f_c$ 的频率范围称为通带，$f_c \sim \infty$ 的频率范围称为阻带。低通有源滤波器有一阶、二阶、多阶等电路形式，它们的滤波效果也不同。二阶低通有源滤波器应用较多。

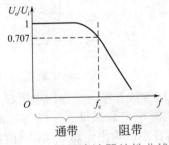

图6-1 低通滤波器特性曲线

6.1.1 一阶低通滤波器

图6-2所示为一阶低通有源滤波器电路，它由一阶无源RC低通滤波器和集成运放电压跟随器组成，截止频率 $f_c = \dfrac{1}{2\pi RC}$。电压跟随器作为RC滤波器的负载，由于其输入阻抗很大，几乎不需要RC滤波器提供信号电流；而电压跟随器的输出阻抗很小，具有很强的带负载能力；因此，一阶低通有源滤波器的性能优于一阶无源RC低通滤波器。

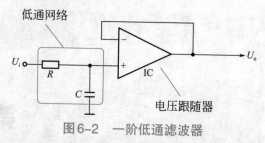

图6-2　一阶低通滤波器

一阶低通有源滤波器的阻带衰减特性为每倍频程-6dB，即当 $f > f_c$ 时，频率每升高一倍，输出电压幅度下降6dB。一阶低通有源滤波器的频率特性与理想特性差距很大，只能应用于要求不高的场合。

6.1.2 二阶低通滤波器

二阶低通有源滤波器的阻带衰减特性为每倍频程-12dB，有压控源二阶低通有源滤波器、无限增益多路反馈二阶低通有源滤波器等电路形式，都可以获得良好的幅频特性，应用很普遍。

（1）压控源二阶低通有源滤波器

压控源二阶低通有源滤波器电路如图6-3所示，集成运放IC为同相输入接法。电路中有两个电容，C_1 接在衰减回路，C_2 接在正反馈回路。电路截止频率 $f_c = \dfrac{1}{2\pi\sqrt{R_1 R_2 C_1 C_2}}$，若取 $R_1 = R_2 = R$、$C_1 = C_2 = C$，则 $f_c = \dfrac{1}{2\pi RC}$。R_3 为平衡电阻。

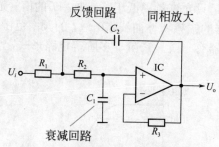

图6-3　压控源二阶低通滤波器

当信号频率很低时，C_1、C_2 的容抗都很大，输出电压 U_o 接近于输入电压 U_i。

当信号频率增加时，C_1 容抗减小使衰减增大，C_2 容抗减小使正反馈增强。在 $f < f_c$ 时，正反馈的作用较强而衰减的作用较小，输出电压 U_o 基本保持平坦。在 $f > f_c$ 时，正反馈的作用较小而衰减的作用较强，输出电压 U_o 按每倍频程-12dB急剧下降，即频率每升高一倍，输出电压幅度下降12dB。

（2）无限增益多路反馈二阶低通有源滤波器

无限增益多路反馈二阶低通有源滤波器电路如图6-4所示，集成运放IC为反相输入接法。电路具有 R_2 和 C_2 两条反馈通路。C_1 接在衰减回路。电路截止频率 $f_c = \dfrac{1}{2\pi\sqrt{R_2 R_3 C_1 C_2}}$。$R_1$ 为输入电阻，R_4 为平衡电阻。

当信号频率 $f = 0$ 时，C_1、C_2 的容抗均为 ∞，输出电压 $U_o = \dfrac{R_2}{R_1} U_i$。

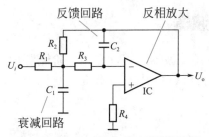

图6-4　多路反馈二阶低通滤波器

随着信号频率的增加，C_1、C_2的容抗逐渐减小。在$f<f_c$时，C_2的负反馈作用不大，而C_1的衰减作用同时也使R_2的负反馈作用减弱，使输出电压U_o基本保持平坦。在$f>f_c$时，C_1继续起衰减作用，同时C_2的负反馈作用变得非常强烈，促使输出电压U_o急剧下降，衰减幅度为每倍频程12dB。

6.1.3　三阶低通滤波器

从理论上讲，有源滤波器的阶次越高，其幅频特性就越接近理想特性。在要求更高的一些场合，往往使用三阶甚至更高阶次的有源滤波器。

图6-5所示为三阶低通有源滤波器电路，它是由一个一阶RC低通滤波器（R_1和C_1）和一个二阶低通有源滤波器连接而成，阻带衰减特性为每倍频程-18dB。

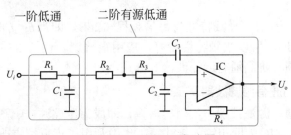

图6-5　三阶低通滤波器

6.2　高通有源滤波器

高通有源滤波器的特性是只允许频率高于截止频率f_c的信号通过，低于f_c的信号被阻止。图6-6所示为高通有源滤波器的幅频特性曲线，$0\sim f_c$的频率范围称为阻带，$f_c\sim\infty$的频率范围称为通带。高通有源滤波器也有一阶、二阶、多阶等电路形式，二阶高通有源滤波器应用较多。

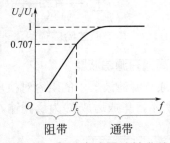

图6-6　高通滤波器特性曲线

6.2.1 一阶高通滤波器

图6-7所示为一阶高通有源滤波器电路，它由一阶无源RC高通滤波器和集成运放电压跟随器组成，与一阶低通有源滤波器相比，仅仅是将电路中的R与C互换了位置。截止频率$f_c = \dfrac{1}{2\pi RC}$。

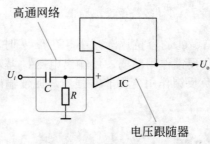

图6-7　一阶高通滤波器

一阶高通有源滤波器的阻带衰减特性为每倍频程-6dB，即当$f < f_c$时，频率每下降一倍，输出电压幅度下降6dB。一阶高通有源滤波器应用于要求不高的场合。

6.2.2 二阶高通滤波器

二阶高通有源滤波器阻带衰减特性为每倍频程-12dB，即当$f < f_c$时，频率每下降一倍，输出电压幅度下降12dB，所以幅频特性较好，应用很普遍。包括压控源二阶高通有源滤波器、无限增益多路反馈二阶高通有源滤波器等形式。

（1）压控源二阶高通有源滤波器

将压控源二阶低通有源滤波器中的阻容对调，即成为压控源二阶高通有源滤波器，电路如图6-8所示，集成运放IC为同相输入接法，工作中利用了正反馈来改善幅频特性。电路截止频率$f_c = \dfrac{1}{2\pi \sqrt{R_1 R_2 C_1 C_2}}$，若取$R_1 = R_2 = R$、$C_1 = C_2 = C$，则$f_c = \dfrac{1}{2\pi RC}$。

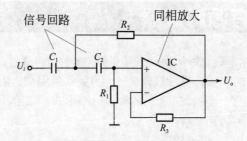

图6-8　压控源二阶高通滤波器

（2）无限增益多路反馈二阶高通有源滤波器

将无限增益多路反馈二阶低通有源滤波器中的阻容对换，即成为无限增益多路反馈二阶高通有源滤波器，电路如图6-9所示，集成运放IC为反相输入接法，工作中利用了负反馈来改善幅频特性。电路截止频率$f_c = \dfrac{1}{2\pi \sqrt{R_1 R_2 C_2 C_3}}$。

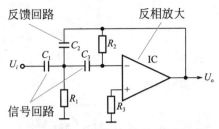

图6-9 多路反馈二阶高通滤波器

6.2.3 三阶高通滤波器

将一个一阶RC高通滤波器（R_1和C_1）和一个二阶高通有源滤波器连接起来，可以组成三阶高通有源滤波器，电路如图6-10所示。三阶高通有源滤波器的阻带衰减特性为每倍频程$-18dB$。

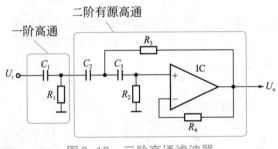

图6-10 三阶高通滤波器

6.3 带通有源滤波器

带通有源滤波器的特性是只允许频率处于上限截止频率f_H与下限截止频率f_L之间的信号通过，高于f_H和低于f_L的信号均被阻止。图6-11所示为带通有源滤波器的幅频特性曲线，它具有一个通带和两个阻带：$f_L \sim f_H$的频率范围称为通带，f_o为通带的中心频率，$f_o = \sqrt{f_L f_H}$；$0 \sim f_L$和$f_H \sim \infty$的频率范围称为阻带。比较常用的是二阶带通有源滤波器。

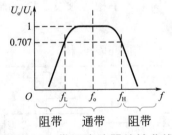

图6-11 带通滤波器特性曲线

6.3.1 压控源带通滤波器

图6-12所示为压控源二阶带通有源滤波器电路，集成运放IC为同相输入接法，通带中

心频率 $f_o = \dfrac{1}{2\pi\sqrt{C_1 C_2 R_3 \dfrac{R_1 R_2}{R_1 + R_2}}}$。

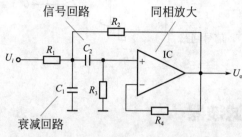

图6-12　压控源二阶带通滤波器

6.3.2　多路反馈带通滤波器

图6-13所示为无限增益多路反馈二阶带通有源滤波器电路，集成运放IC为反相输入接法，通带中心频率 $f_o = \dfrac{1}{2\pi\sqrt{C_1 C_2 R_3 \dfrac{R_1 R_2}{R_1 + R_2}}}$。

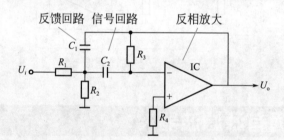

图6-13　多路反馈二阶带通滤波器

6.3.3　带通数字滤波器

图6-14所示为带通数字滤波器电路，由两个单稳态触发器构成，单稳态触发器 D_1 的输出脉宽等于输入信号频率上限的周期，单稳态触发器 D_2 的输出脉宽等于输入信号频率下限的周期。

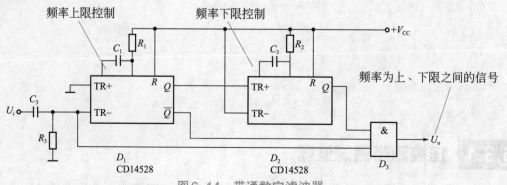

图6-14　带通数字滤波器

当输入信号频率高于上限时，单稳态触发器D_1的反相输出端$\overline{Q_1}=0$，关闭了与门D_3，输出端$U_o=0$。

当输入信号频率低于下限时，单稳态触发器D_2的输出端$Q_2=0$，也使与门D_3关闭，输出端$U_o=0$。

只有输入信号频率在所限定的频率范围内时，$\overline{Q_1}=1$并且$Q_2=1$，与门D_3才打开，允许输入信号通过。由于单稳态触发器D_1和D_2的输出脉宽分别由外接定时元件R_1和C_1、R_2和C_2决定，所以可通过改变这些外接定时元件来选择通带频率的上、下限。

6.4　其他有源滤波器

除了较常用的低通、高通、带通有源滤波器外，还有一些其他的有源滤波器，例如带阻有源滤波器、可变滤波器等，下面予以介绍。

6.4.1　带阻有源滤波器

带阻有源滤波器又称为陷波器，它的特性是频率处于上限截止频率f_H与下限截止频率f_L之间的信号被衰减掉，而高于f_H和低于f_L的信号则可以通过。图6-15所示为带阻有源滤波器的幅频特性曲线，它具有两个通带和一个阻带：$0\sim f_L$和$f_H\sim\infty$的频率范围称为通带；$f_L\sim f_H$的频率范围称为阻带，f_o为阻带的中心频率。

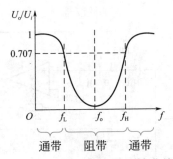

图6-15　带阻滤波器特性曲线

图6-16所示为二阶带阻有源滤波器电路，集成运放IC接成电压跟随器，信号从其同相输入端输入。当取$C_1=C_2=C$、$C_3=2C$、$R_3=\dfrac{R_1R_2}{R_1+R_2}$时，电路阻带中心频率$f_o=\dfrac{1}{2\pi C\sqrt{R_1R_2}}$。

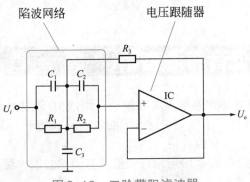

图6-16　二阶带阻滤波器

6.4.2 通用可变滤波器

图6-17所示为集成运放LF347构成的通用可变滤波器电路，它同时具有低通、高通、带通、带阻滤波器的功能，选择不同的输出端，即可作为不同的滤波器使用。

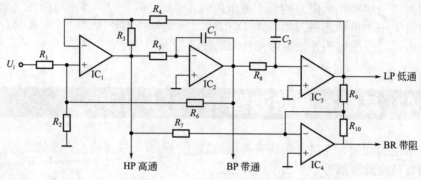

图6-17 通用可变滤波器

6.4.3 前级有源二分频电路

图6-18所示为前级有源二分频电路，分频点为800Hz。集成运放IC$_1$等构成二阶高通滤波器，IC$_2$等构成二阶低通滤波器，将来自前置放大器的全音频信号分频后分别送入两个功率放大器放大，然后分别推动高音扬声器和低音扬声器。

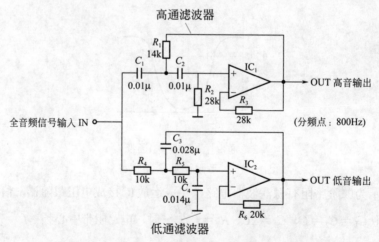

图6-18 前级二分频电路

6.5 超重低音有源音箱

超重低音有源音箱与立体声音响设备相配合，组成3D放音系统，即可欣赏到具有超重低音震撼力效果的影音节目。由于150Hz以下的低音波长很长，基本已不具备明显的方向性，因此只需要一只超重低音有源音箱。

超重低音有源音箱电路如图6-19所示，由低通有源滤波器、缓冲放大器、功率放大器等部分组成。

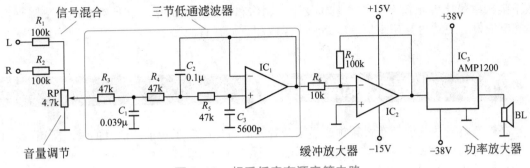

图6-19 超重低音有源音箱电路

6.5.1 低通有源滤波器

分别取自立体声音响系统左、右音箱的L、R声道音频信号，经R_1、R_2混合后进入低通有源滤波器。由于R_1、R_2阻值很大，又是从扬声器端接取信号，所以不会对左、右声道的立体声分离度产生不良影响。

集成运放IC_1、电阻$R_3 \sim R_5$、电容$C_1 \sim C_3$等构成三阶巴特沃兹有源低通滤波器，具有每倍频程18dB的阻带衰减特性，转折频率为120Hz，将音频信号中的中高频成分滤除，只保留120Hz以下的低音信号通过。

6.5.2 缓冲放大器

集成运放IC_2等构成放大倍数为10倍的缓冲放大器，既隔离了功放电路对有源滤波器的影响，又提高了驱动电压。

6.5.3 功率放大器

功率放大器IC_3采用傻瓜型功放集成模块AMP1200，额定输出功率100W，仅有输入、输出、正电源、负电源、地5个引脚，如图6-20所示，使用极为方便，完全能够满足家庭听音条件下对超重低音效果的要求。电位器RP用于控制超重低音音量的大小。

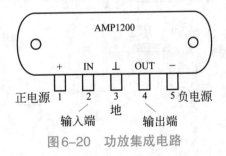

图6-20 功放集成电路

6.5.4 音箱选择与改造

上述超重低音电路，可配接任何类型的低音音箱。虽然一般来讲倒相箱的重放下限频率低于密闭箱，但是倒相箱设计、制作和调试都较复杂，瞬态响应较差。相对而言，密闭箱重放下限频率虽比倒相箱高一些，但其设计、制作和调试都较简单，并且频响曲线下降平缓，瞬态响应好，更适合与超重低音电路配合组成超重低音有源音箱。

6.6 外置式频谱显示器

高档音响设备一般都有音频频谱显示装置，既可以随时了解播放信号的瞬时频谱，又具有高雅美观的视觉效果。外置式频谱显示器，不必与音响设备进行任何电气连接，只需放置于音箱前，即可直观地动态地显示出正在播放的音频信号的频谱，使音响系统既好听又好看，增色不少。

6.6.1 电路结构原理

图6-21所示为外置式频谱显示器电路图。该显示器可以同时在100Hz、300Hz、1kHz、3kHz、10kHz五个频率点上（含一定带宽），采用五级动态光柱显示各频率点的瞬时电平。

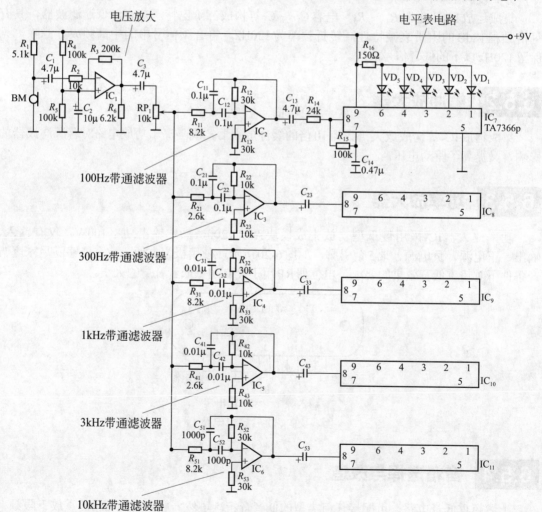

图6-21 外置式频谱显示器电路图

外置式频谱显示器包括以下单元电路：①驻极体话筒BM等构成的拾音电路；②集成运放IC$_1$等构成的音频电压放大器；③集成运放IC$_2$～IC$_6$分别构成5个有源带通滤波器；④专用集成电路IC$_7$～IC$_{11}$分别构成5个LED电平表。一个有源带通滤波器和一个LED电平表配合，共组成了5路频率点电平显示器。图6-22所示为整机电路方框图。

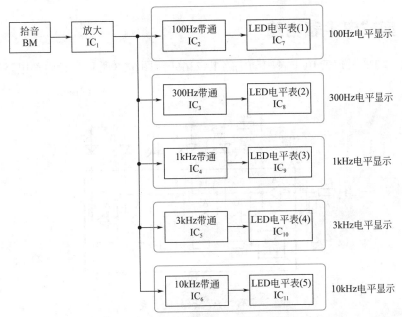

图6-22 外置式频谱显示器方框图

整机工作原理是：音箱播放的声音信号由话筒BM接收，并转换为电信号经集成运放IC$_1$放大后，同时送入5个有源带通滤波器。每个带通滤波器只允许特定频率范围的信号通过。

以第1路为例，带通滤波器IC$_2$从音频信号中选出100Hz（含一定带宽，下同）的信号，送入IC$_7$构成的LED电平表，使LED光柱随100Hz信号电平的大小而高低变化。

同理，第2路至第5路分别显示300Hz、1kHz、3kHz、10kHz信号的电平。5个频率点的电平光柱排在一起，即可模拟出一幅动态的频谱图。

6.6.2 带通有源滤波器

IC$_2$～IC$_6$分别构成5个有源带通滤波器，分别是只允许100Hz、300Hz、1kHz、3kHz、10kHz频率的信号通过，通频带以外的信号均被阻止。

下面以第1路为例，说明有源带通滤波器的工作原理。集成运放IC$_2$与R_{11}、R_{12}、C_{11}、C_{12}等组成二阶多路反馈带通滤波器，其中心频率$f_0 = \dfrac{1}{2\pi\sqrt{R_{11}R_{12}C_{11}C_{12}}}$。在集成运放IC$_2$的输出端与反相输入端之间，共有两条反馈回路：

① R_{11}与C_{11}组成低通负反馈回路，频率越高负反馈量越大、输出信号越小，其转折频率为f_H，高于f_H的信号即认为被阻止。

② C_{12}与R_{12}组成高通负反馈回路，频率越低负反馈量越大、输出信号越小，其转折频率为f_L，低于f_L的信号即认为被阻止。

两条反馈回路共同作用的结果是，只有在f_H与f_L之间的信号（即通频带内的信号）得以通过IC$_2$，其余均被阻止，实现了"带通"。

考虑到本电路中带通滤波器需要有足够的带宽，设计时取其Q值为"1"。改变带通滤波器负反馈回路元件R_{11}、R_{12}、C_{11}、C_{12}的值即可改变其中心频率f_0，改变R_{12}与R_{11}的比值即可改变其Q值。

6.6.3 集成电平表电路

IC$_7$～IC$_{11}$均采用LED电平表驱动电路TA7366P，图6-23所示为其内部电路原理示意图。

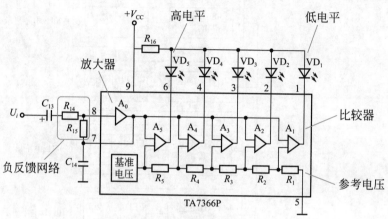

图6-23 TA7366P内部电路

TA7366P内部A$_0$为电压放大器，对输入信号进行适当放大，放大倍数等于外接电阻R_{15}与R_{14}的比值，可通过改变R_{14}或R_{15}进行调节。A$_1$～A$_5$为电压比较器，其参考电压分别取自基准电压在内部电阻R_1～R_5上的压降，A$_5$的参考电压最高，A$_1$的参考电压最低，并按0dB、−3dB、−6dB、−11dB、−16dB的阶梯排列。

当输入信号U_i大于A$_1$的参考电压时，发光二极管VD$_1$点亮；当U_i大于A$_2$的参考电压时，VD$_1$与VD$_2$点亮；依此类推。可见，发光二极管点亮的个数与输入信号电平的高低成正比。将VD$_1$～VD$_5$垂直向上排列成为光柱，发光光柱的高低即表示了输入信号电平的高低。采用LED电平表驱动集成电路，大大简化了电路结构，提高了可靠性。RP$_1$为灵敏度调节电位器。

第**7**章

数字电路

数字电路是指传输和处理数字信号的电路。数字信号在时间上和数值上都是不连续的，而是断续变化的离散信号。数字信号往往采用二进制数表示，数字电路的工作状态则用"1"和"0"表示。数字电路在信息化时代具有特别重要的地位。

7.1 双稳态触发器

双稳态触发器是数字电路中常用的基本触发器之一。双稳态触发器可以由晶体管、数字电路或时基电路等构成。

双稳态触发器的特点是具有两个稳定的状态，并且在外加触发信号的作用下，可以由一种稳定状态转换为另一种稳定状态。在没有外加触发信号时，现有状态将一直保持下去。

7.1.1 晶体管双稳态触发器

晶体管双稳态触发器电路如图7-1所示，由VT_1、VT_2两个晶体管交叉耦合而成。R_5、R_3是VT_1的基极偏置电阻，R_2、R_6是VT_2的基极偏置电阻，R_1、R_4分别是两管的集电极电阻。输出信号可以从两个晶体管的集电极取出，两管输出信号相反。

双稳态触发器实质上是由两级共发射极开关电路组成，并形成正反馈回路。形式上改画后的电路如图7-2所示，VT_2的集电极输出端通过R_5反馈到VT_1的基极输入端。

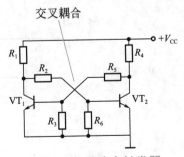

图7-1 双稳态触发器

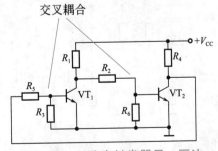

图7-2 双稳态触发器另一画法

（1）双稳态触发器工作原理

双稳态触发器的两个稳定状态是：要么VT_1导通VT_2截止，要么VT_1截止VT_2导通。

VT_1导通VT_2截止时，因为VT_1导通，$U_{C1}=0V$，VT_2因无基极偏流而截止，$U_{C2}=+V_{CC}$，通过R_5向VT_1提供基极偏流I_{b1}，使VT_1保持导通，如图7-3所示，电路处于稳定状态。

VT_1截止VT_2导通时，因为VT_2导通，$U_{C2}=0V$，VT_1因无基极偏流而截止，$U_{C1}=+V_{CC}$，通过R_2向VT_2提供基极偏流I_{b2}，使VT_2保持导通，如图7-4所示，电路处于另一稳定状态。

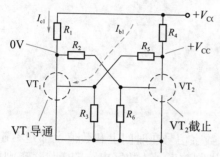 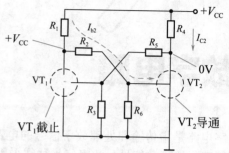

图7-3　VT_1导通VT_2截止状态　　　图7-4　VT_1截止VT_2导通状态

（2）单端触发

双稳态触发器的触发方式有单端触发和计数触发两种。单端触发电路具有两个触发端，使两路触发脉冲分别加到两个晶体管的基极，如图7-5所示。C_1与R_7、C_2与R_8分别组成两路触发脉冲的微分电路，二极管VD_1、VD_2隔离正脉冲，只允许负脉冲加到晶体管基极。

当在左侧触发端加入一脉冲U_{i1}时，经C_1、R_7微分，其上升沿和下降沿分别产生正、负脉冲。正脉冲被VD_1隔离，负脉冲则经过VD_1加至导通管VT_1基极使其截止。VT_1的截止又迫使VT_2导通，双稳态触发器转换为另一稳定状态。

当在右侧触发端加入一脉冲U_{i2}时，使导通管VT_2截止，VT_1导通，双稳态触发器再次翻转。图7-6所示为单端触发工作波形。

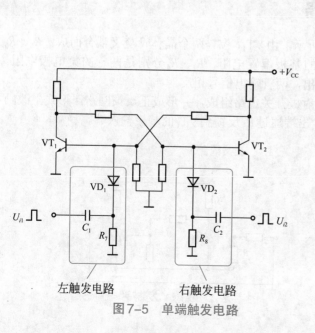 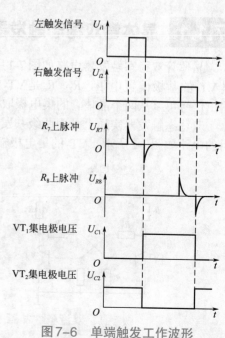

图7-5　单端触发电路　　　　　　　图7-6　单端触发工作波形

（3）计数触发

计数触发电路只有1个触发输入端，触发脉冲通过 C_1 和 C_2 加到两个晶体管的基极，如图7-7所示。微分电阻 R_7、R_8 不接地而是改接至本侧晶体管的集电极。

当触发端加上触发脉冲 U_i 时，经微分后产生的负脉冲使导通管截止，而对截止管不起作用。因此，每一个触发脉冲都使双稳态触发器翻转一次，所以叫做计数触发，电路波形如图7-8所示。电阻 R_7、R_8 起引导作用，使每次负触发脉冲只加到导通管基极，保证电路可靠翻转。

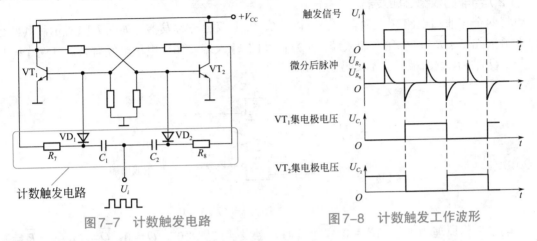

图7-7 计数触发电路　　图7-8 计数触发工作波形

7.1.2 门电路构成的双稳态触发器

用门电路可以方便地构成双稳态触发器，而且无需外围元件，无需调试，电路简洁可靠。

（1）或非门双稳态触发器

将两个或非门电路交叉耦合，可以构成RS型双稳态触发器，如图7-9所示，它具有两个触发输入端：R 为置"0"输入端，S 为置"1"输入端，"1"电平触发有效。具有两个输出端：Q 为原码输出端，$\overline{Q}$ 为反码输出端。

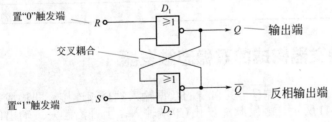

图7-9 或非门双稳态触发器

电路工作原理为：①当 $R=1$、$S=0$ 时，触发器被置"0"，$Q=0$，$\overline{Q}=1$。②当 $R=0$、$S=1$ 时，触发器被置"1"，$Q=1$，$\overline{Q}=0$。③当 $R=0$、$S=0$ 时，触发器输出状态保持不变。④当 $R=1$、$S=1$ 时，下一状态不确定，应避免使触发器出现这种状态。表7-1为其真值表。

表7-1 或非门RS触发器真值表

输入		输出	
R	S	Q	$\overline{Q}$
1	0	0	1

续表

输入		输出	
0	1	1	0
0	0	保持	
1	1	下一状态不确定	

（2）与非门双稳态触发器

将两个与非门电路交叉耦合，也可以构成RS型双稳态触发器，如图7-10所示，其两个触发输入端是：$\overline{R}$为置"0"输入端，$\overline{S}$为置"1"输入端，"0"电平触发有效。其两个输出端是：Q为原码输出端，$\overline{Q}$为反码输出端。

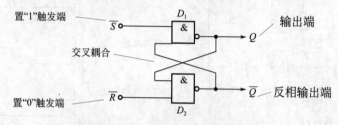

图7-10　与非门双稳态触发器

电路工作原理为：①当$\overline{R}=0$、$\overline{S}=1$时，触发器被置"0"，$Q=0$、$\overline{Q}=1$。②当$\overline{R}=1$、$\overline{S}=0$时，触发器被置"1"，$Q=1$、$\overline{Q}=0$。③当$\overline{R}=1$、$\overline{S}=1$时，触发器输出状态保持不变。④当$\overline{R}=0$、$\overline{S}=0$时，下一状态不确定，应避免使触发器出现这种状态。表7-2为其真值表。

表7–2　与非门RS触发器真值表

输入		输出	
$\overline{R}$	$\overline{S}$	Q	$\overline{Q}$
0	1	0	1
1	0	1	0
1	1	保持	
0	0	下一状态不确定	

7.1.3　D触发器构成的双稳态触发器

将D触发器的反码输出端$\overline{Q}$与其自身的数据输入端D相连接，即构成了计数触发式双稳态触发器，如图7-11所示。触发脉冲U_i由CP端输入，上升沿触发。输出信号通常由原码输出端Q引出，也可从反码输出端$\overline{Q}$输出。

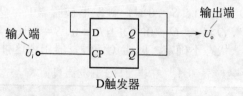

图7–11　D触发器构成双稳态触发器

每一个触发脉冲U_i的上升沿都使双稳态触发器翻转一次，因此输出脉冲U_o的个数是输入触发脉冲U_i的二分之一。该双稳态触发器常被用作二进制计数单元。

7.1.4 时基电路构成的双稳态触发器

用时基电路可以构成RS型双稳态触发器,电路如图7-12所示。$\overline{S}$ 为置"1"输入端,"0"电平触发有效。R 为置"0"输入端,"1"电平触发有效。输出信号 U_o 由时基电路的第3脚输出。C_1、R_1 构成 $\overline{S}$ 端触发信号微分电路,C_2、R_2 构成 R 端触发信号微分电路。

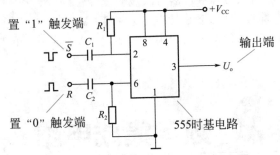

图7-12 时基电路构成双稳态触发器

该电路工作过程为:在 $U_o = 0$ 时,当在 $\overline{S}$ 端加上一个"0"电平触发脉冲,经 C_1、R_1 微分后产生一负脉冲至时基电路的第2脚,使触发器翻转为 $U_o = 1$。这之后,当在 R 端加上一个"1"电平触发脉冲,经 C_2、R_2 微分后产生一正脉冲至时基电路的第6脚,使触发器再次翻转为 $U_o = 0$。

7.1.5 实用声波遥控器

声波遥控器是一个数字电路的应用实例,它可以用声音(拍手声、口哨声等)遥控电灯、电视机、空调等家用电器的开或者关,带来实实在在的方便。

图7-13所示为声波遥控器电路,包括驻极体话筒BM等构成的声电转换电路,晶体管 VT_1 等构成的放大电路,VT_2、VT_3 等构成的整形电路,VT_4、VT_5、继电器K等构成的控制执行电路,降压电容 C_8、二极管 $VD_5 \sim VD_8$ 等构成的电源电路。

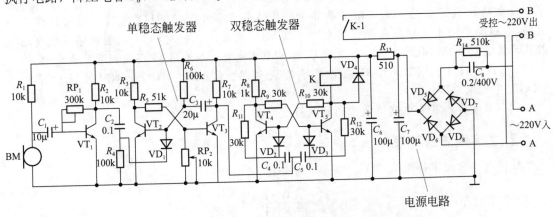

图7-13 声波遥控器

声波遥控器的实质,是通过声音控制电源的通断,实现打开或关闭家用电器的功能。电路工作原理如下。

当发出声音信号时,被驻极体话筒BM接收而转换成电信号,经 C_1 耦合至晶体管 VT_1 放大，并经 C_2、R_4 微分后，形成正、负脉冲。正脉冲被二极管 VD_1 阻断，负脉冲通过 VD_1 到达晶体管 VT_2 触发单稳态触发器翻转。

单稳态触发器翻转后，晶体管 VT_3 集电极电压 U_{C3} 从12V下跳为0V。U_{C3} 的电压变化经 C_4、R_{11} 微分后，其负脉冲通过二极管 VD_2 加到晶体管 VT_4 触发双稳态触发器翻转，晶体管 VT_5 由截止转为导通，继电器K吸合，触点闭合，使接在B-B端的家用电器电源接通而工作。此工作状态一直保持到双稳态触发器再次被触发翻转。

当再次发出声音信号时，双稳态触发器再次翻转，VT_5 截止，继电器K释放，触点断开，关闭了家用电器的电源。二极管 VD_4 的作用，是防止在 VT_5 截止的瞬间，继电器线圈产生的自感反电势击穿 VT_5。

知识链接 **32** 数字集成电路

数字集成电路通常简称为数字电路，是指传输和处理数字信号的集成电路。数字电路的特点是工作于开关状态。数字电路基本上都采用双列直插式封装，如图7-14所示。

图7-14　数字电路

1. 数字电路的种类

数字电路种类很多。按照功能不同可分为门电路、触发器、计数器、译码器、寄存器和移位寄存器、模拟开关和数据选择器以及运算电路等。

按电路结构可分为TTL电路（晶体管-晶体管逻辑电路）、HTL电路（高阈值逻辑门电路）、ECL电路（发射极耦合逻辑电路）、CMOS电路（互补对称MOS型数字集成电路）、PMOS电路（P沟道MOS型数字集成电路）、NMOS电路（N沟道MOS型数字集成电路）等。其中，TTL、HTL、ECL属于双极型数字集成电路，CMOS、PMOS、NMOS属于单极型MOS数字集成电路。

CMOS电路和TTL电路是最常用的两种数字集成电路。

2. 数字电路的符号

数字电路的文字符号为"D"，图形符号如图7-15所示。

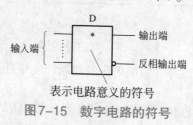

图7-15　数字电路的符号

3. CMOS数字电路的参数

CMOS数字电路的参数很多，包括极限参数、静态参数和动态参数。主要参数有电源电压、最大输入电压、最小输入电压、最大输入电流、最大允许功耗、最高时钟频率、输出电流等。

① 电源电压U_{DD}是指CMOS电路的直流供电电压。CMOS电路具有很宽的电源电压范围，U_{DD}在3V ~ 18V范围内均能正常可靠地工作。

② 最大输入电压$U_{i(max)}$和最小输入电压$U_{i(min)}$是指CMOS电路正常工作情况下，其输入端所能承受的输入电压的上下极限。使用中输入电压不能大于$U_{i(max)}$或小于$U_{i(min)}$，否则将造成CMOS电路失效甚至损坏。

③ 最大输入电流I_{iM}是指CMOS电路正常工作情况下，其输入端所能承受的输入电流的极限值。使用中可在CMOS电路输入端串入限流电阻。

④ 最大允许功耗P_M是指CMOS电路正常工作情况下所能承受的最大耗散功率。

⑤ 最高时钟频率f_M是指在规定的电源电压和负载条件下，时序逻辑电路能保持正常逻辑功能的时钟频率上限。

⑥ 输出电流I_o是指CMOS电路输出端的输出驱动电流，包括输出供给电流和输出吸收电流两方面。CMOS电路的输出电流一般较小，需要驱动继电器、电动机、灯泡等较大电流负载时，应加接晶体管等驱动电路。

4. TTL数字电路的参数

TTL数字电路的参数也很多，包括极限参数、静态参数和动态参数。主要有电源电压、输入电压、输入电流、输出短路电流等。

① 电源电压U_{CC}是指TTL电路的直流供电电压。TTL电路的电源电压为+5V。

② 输入电压U_i是指TTL电路正常工作情况下，其输入端所能承受的输入电压的范围。使用中输入电压不能超出规定范围，否则将造成TTL电路失效甚至损坏。

③ 输入电流I_i是指TTL电路正常工作情况下，其输入端所能承受的输入电流的范围。使用中可在TTL电路输入端串入限流电阻加以控制。

④ 输出短路电流I_{os}是指TTL电路正常工作情况下所能提供的最大输出电流。

7.2 单稳态触发器

单稳态触发器也是数字电路中的基本触发器之一。单稳态触发器的特点是只有一个稳定状态，另外还有一个暂时的稳定状态（暂稳状态）。在没有外加触发信号时，电路处于稳定状态。在外加触发信号的作用下，电路就从稳定状态转换为暂稳状态，并且在经过一定的时间后，电路能够自动地再次转换回到稳定状态。

单稳态触发器在一个触发脉冲的作用下，能够输出一个具有一定宽度的矩形脉冲，常用在脉冲整形、定时和延时电路中。单稳态触发器可以由晶体管、数字电路或时基电路等构成。

7.2.1 晶体管单稳态触发器

图7-16所示为晶体管单稳态触发器电路，它也是由VT_1、VT_2两个晶体管交叉耦合组成，但与双稳态触发器不同的是，单稳态触发器VT_1集电极与VT_2基极之间改由电容C_1耦合。正

是由于电容的耦合作用，使电路具有了单稳态的特性。

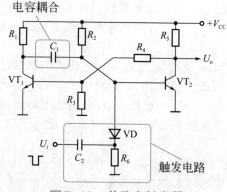

图7-16　单稳态触发器

R_4、R_3是VT_1的基极偏置电阻，R_2是VT_2的基极偏置电阻，R_1、R_5分别是两管的集电极电阻。微分电路C_2、R_6和隔离二极管VD组成触发电路。输出信号可以从两个晶体管的集电极取出，两管输出信号相反。

（1）稳定状态

单稳态触发器处于稳定状态时的情况如图7-17所示。电源$+V_{CC}$经R_2为VT_2提供基极偏流I_{b2}，VT_2导通，其集电极电压$U_{C2}=0V$。VT_1因无基极偏压而截止，其集电极电压$U_{C1}=+V_{CC}$，电源$+V_{CC}$经R_1、VT_2基极-发射极向电容C_1充电，C_1上电压为左正右负，大小等于电源电压$+V_{CC}$。

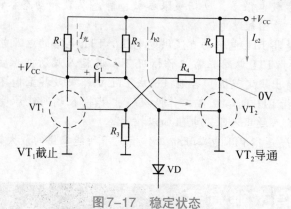

图7-17　稳定状态

（2）暂稳状态

当在单稳态触发器的触发端加上一个触发脉冲U_i时，经C_2、R_6微分，负触发脉冲通过VD加至导通管VT_2基极使其截止，$U_{C2}=+V_{CC}$，并通过R_4为VT_1提供基极偏流I_{b1}，使VT_1导通，U_{C1}从$+V_{CC}$下跳为0V。由于电容C_1两端电压不能突变，所以在此瞬间VT_2基极电压U_{b2}将下跳为$-V_{CC}$，使得VT_2在触发脉冲结束之后仍然保持截止状态，这时电路处于暂稳状态，如图7-18所示。

进入暂稳状态后，电容C_1通过VT_1集电极-发射极、电源、R_2不断放电，放电结束后即进行反向充电，U_{b2}电位不断上升。当U_{b2}达到VT_2的导通阈值0.7V时，VT_2立即导通，并通过R_4使VT_1截止，电路自动从暂稳状态回复到稳定状态。

单稳态触发器电路各点工作波形如图7-19所示。输出脉宽T_W（即暂稳态时间）由C_1经R_2的放电时间决定，$T_W=0.7R_2C_1$。在暂稳态时间，VT_2集电极输出一个宽度为T_W的正矩形脉冲，VT_1集电极则输出一个宽度为T_W的负矩形脉冲。

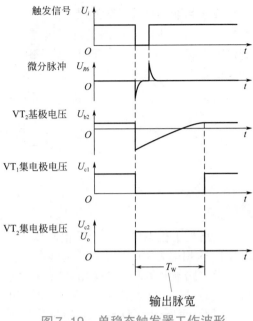

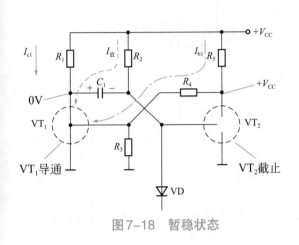

图7-18 暂稳状态

图7-19 单稳态触发器工作波形

7.2.2 门电路构成的单稳态触发器

或非门和与非都可以构成单稳态触发器。

（1）或非门单稳态触发器

或非门构成的单稳态触发器电路结构如图7-20所示，由或非门D_1、非门D_2、定时电阻R和定时电容C组成。或非门单稳态触发器由正脉冲触发，输出一个脉宽为T_W的正矩形脉冲。

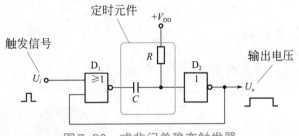

图7-20 或非门单稳态触发器

或非门单稳态触发器工作原理如下：

单稳态触发器电路处于稳态时，由于反相器D_2输入端经R接$+V_{DD}$，其输出端为"0"，耦合至D_1输入端使D_1输出端为"1"，电容C两端电位相等，无压降。

当在触发端加入触发脉冲U_i时，或非门D_1输出端变为"0"。由于电容C两端的电压不能突变，因此D_2输入端也变为"0"，D_2输出端U_o变为"1"。由于U_o又正反馈到D_1输入端形成闭环回路，所以电路一经触发后，即使取消触发脉冲U_i仍能保持暂稳状态。此时，电源$+V_{DD}$开始经R对C充电。

随着C的充电，D_2输入端电位逐步上升。当达到反相器D_2的转换阈值时，D_2输出端U_o又变为"0"。由于闭环回路的正反馈作用，D_1输出端随即变为"1"，电路回复稳态，直至再次被触发。输出脉宽$T_W = 0.7RC$。

（2）与非门单稳态触发器

与非门构成的单稳态触发器电路如图7-21所示，由与非门D_1、反相器D_2、定时电阻R和定时电容C组成。和或非门单稳态触发器不同的是，定时电阻R不是接$+V_{DD}$而是接地。与非门单稳态触发器由负脉冲触发，输出一个脉宽为T_W的负矩形脉冲。

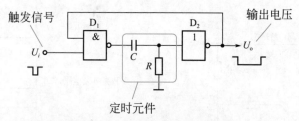

图7-21　与非门单稳态触发器

电路处于稳态时，由于反相器D_2输入端经R接地，其输出端U_o为"1"，耦合至D_1输入端使D_1输出端为"0"，电容C两端电位相等，无压降。

当电路被触发后，D_1输出端变为"1"。由于电容C两端的电压不能突变，因此D_2输入端也变为"1"，D_2输出端U_o变为"0"，电路进入暂稳状态。

随着C的充电，D_2输入端电位逐步下降，当达到D_2的转换阈值时，D_2输出端U_o又变为"1"，电路回复稳态，直至再次被触发。输出脉宽$T_W = 0.7RC$。

7.2.3　D触发器构成的单稳态触发器

D触发器构成的单稳态触发器由正脉冲触发，输出一个脉宽为T_W的正矩形脉冲。电路如图7-22所示，R为定时电阻，C为定时电容。D触发器的数据端D接"1"电平（$+V_{DD}$），置"1"端S接地，输出端Q经RC定时网络接至置"0"端R。触发脉冲U_i从CP端输入，输出信号U_o由Q端输出。

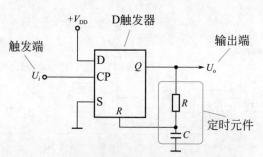

图7-22　D触发器构成的单稳态触发器

电路处于稳态时，$U_o = 0$。当触发脉冲U_i加至CP端时，U_i上升沿使数据端D的"1"到达输出端Q，电路转换为暂稳态，$U_o = 1$，并经R向C充电。

随着充电的进行，当电容C上的电压达到R端的转换电压时，使D触发器置"0"，$U_o = 0$，电路回复稳态。这时C经R放电，为下一次触发做好准备。U_o的输出脉宽$T_W = 0.7RC$。

7.2.4　时基电路构成的单稳态触发器

时基电路构成的单稳态触发器由负脉冲触发，输出一个脉宽为T_W的正矩形脉冲。

时基电路构成的单稳态触发器电路如图7-23所示。RC组成定时网络，时基电路的置"0"

端（第6脚）和放电端（第7脚）并接于定时电容C上端。触发脉冲U_i从时基电路的置"1"端（第2脚）输入，输出信号U_o由第3脚输出。

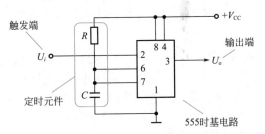

图7-23 时基电路构成的单稳态触发器

电路处于稳态时，$U_o = 0$，放电端（⑦脚）导通到地，电容C上无电压。

当负触发脉冲U_i加到时基电路第2脚时，电路翻转为暂稳态，$U_o = 1$，放电端（第7脚）截止，电源$+V_{CC}$开始经R向C充电。

由于C上电压直接接到时基电路的置"0"端（第6脚），当C上的充电电压达到$\dfrac{2}{3}V_{CC}$（置"0"端阈值）时，电路再次翻转，回复稳态。U_o的输出脉宽$T_W = 0.7RC$。

7.2.5 声控坦克

声控坦克不像有线遥控那样拖着一条长长的尾巴，也不像无线遥控那样复杂，只需发出声音即可操纵。

图7-24所示为声控坦克电路，包括：驻极体话筒BM等构成的声电转换电路，晶体管VT_1、VT_2等构成的音频放大器，晶体管$VT_3 \sim VT_5$等构成的单稳态触发器，晶体管VT_6构成的射极跟随器，晶体管VT_7构成的电子开关，直流电动机M是最终执行器件。

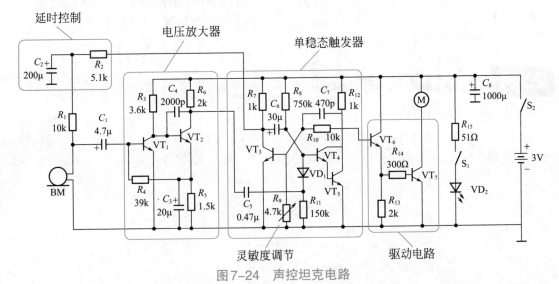

图7-24 声控坦克电路

电路工作原理是，当发出口令后，声音信号由驻极体话筒接收并转变为相应的电信号，经音频放大器放大后，触发单稳态触发器翻转为暂态。这时，单稳态触发器输出一高电平信号，经射极跟随器电流放大后，使电子开关导通，直流电动机转动，坦克开动。单稳态触发器暂态结束后，电子开关截止，直流电动机停转，坦克即停止运动。

（1）音频放大器

晶体管VT_1、VT_2组成直接耦合双管放大器，VT_1的基极偏压不是取自电源电压，而是通过R_4取自VT_2的发射极电压，这就构成了二级直流负反馈，使整个电路工作点更加稳定。

（2）单稳态触发器

晶体管$VT_3 \sim VT_5$等构成单稳态触发器，其中VT_4与VT_5接成达林顿复合管形式，目的是提高其基极输入阻抗和放大倍数，使基极电阻R_8可取较大阻值，以满足长延时的要求。

当有声控信号时，经C_5、R_{11}微分后形成的负脉冲，触发单稳态触发器翻转为暂态，VT_4、VT_5截止，输出为高电平。随着C_6经R_8和VT_3放电并反方向充电，约15s后，电路自动回复为稳态，直至下一个触发脉冲的到来。

晶体管VT_3的基极电阻R_9可调节声控灵敏度。R_9是一可调电阻，R_9阻值增大则灵敏度提高，R_9阻值减小则灵敏度降低。

（3）延时控制电路

如果没有延时控制，在单稳态触发器暂态结束、电子开关刚关闭的瞬间，由于机械惯性坦克并不能立即停止不动，其运动噪声和振动，又会立即被驻极体话筒BM接收后触发单稳态触发器翻转，结果造成坦克始终停不下来。

为解决这个问题，设置了延时控制电路，由单稳态触发器经延时电路控制驻极体话筒BM的工作电源。当暂态结束、VT_3集电极由0V变为3V时，由于延时电路R_2、C_2的作用，驻极体话筒BM需延时一短暂时间后才恢复正常工作，保证了坦克能够稳定地停下来。

➤ 7.3　施密特触发器

施密特触发器是最常用的整形电路之一。施密特触发器的两个显著特点是：①电路含有正反馈回路；②具有滞后电压特性，即正向和负向翻转的阈值电压不相等。施密特触发器也具有两个稳定状态：要么VT_1截止VT_2导通，要么VT_1导通VT_2截止，这两个稳定状态在一定条件下能够互相转换。

7.3.1　晶体管施密特触发器

晶体管施密特触发器电路由两级电阻耦合共发射极晶体管放大器组成，如图7-25所示。与一般两级电阻耦合放大器不同的是，两个晶体管VT_1、VT_2共用一个发射极电阻R_5，这就形成了强烈的正反馈。R_2、R_3是VT_2的基极偏置电阻，R_1、R_4分别是VT_1、VT_2的集电极负载电阻。

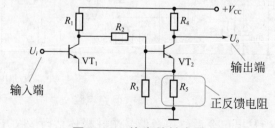

图7-25　施密特触发器

（1）第一稳定状态

第一稳定状态为VT_1截止、VT_2导通的状态。没有输入信号时，晶体管VT_1因无基极偏置电流而截止。电源 $+V_{CC}$ 经 R_1、R_2 为晶体管 VT_2 提供基极偏置电流 I_{b2}，VT_2 导通，其发射极电流 I_{e2} 在发射极电阻 R_5 上产生电压降 U_{R5}（$U_{R5}=I_{e2}R_5$）。正是这个电压 U_{R5} 使得 VT_1 的发射结处于反向偏置，进一步保证了电路处于稳定的 VT_1 截止、VT_2 导通的状态，如图7-26所示。

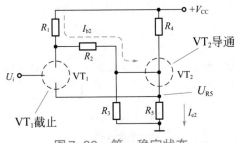

图7-26　第一稳定状态

（2）第二稳定状态

第二稳定状态为 VT_1 导通、VT_2 截止的状态。当输入信号 U_i 加至施密特触发器输入端，并且 $U_i \geqslant U_{T+}$ 时，电路翻转为第二稳定状态，VT_1 导通，其集电极电压 $U_{C1}=0$，使得 VT_2 因失去基极偏流而截止。U_{T+} 称为正向阈值电压。

同时 VT_1 发射极电流 I_{e1} 在发射极电阻 R_5 上产生的电压降 U_{R5}（这时的 $U_{R5}=I_{e1}R_5$），使得 VT_2 的发射结处于反向偏置，进一步保证了电路处于稳定的 VT_1 导通、VT_2 截止的状态，如图7-27所示。

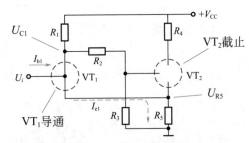

图7-27　第二稳定状态

（3）再次翻转

当输入信号 U_i 经过峰值后下降至 U_{T+} 时，电路并不翻转。而只有当 U_i 继续下降至 U_{T-} 时，电路才再次发生翻转回到第一稳定状态，即 VT_1 截止、VT_2 导通的状态。

这是因为 VT_1 的集电极回路中接有 R_2、R_3 分流支路，使得 VT_1 导通时的发射极电流 I_{e1} 小于 VT_2 导通时的发射极电流 I_{e2} 的缘故。U_{T-} 称为负向阈值电压，U_{T+} 与 U_{T-} 的差值称为滞后电压 ΔU_T，即 $\Delta U_T = U_{T+} - U_{T-}$。图7-28为施密特触发器波形图。

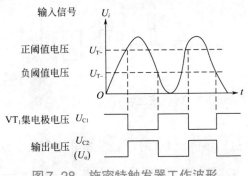

图7-28　施密特触发器工作波形

7.3.2　非门电路构成的施密特触发器

利用两个非门可以构成施密特触发器，电路如图7-29所示。R_1为输入电阻，R_2为反馈电阻。非门D_1、D_2直接连接，R_2将D_2的输出端信号反馈至D_1的输入端，构成了正反馈回路。

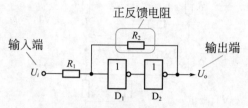

图7-29　非门构成施密特触发器

（1）第一稳定状态

无输入信号时，非门D_1输入端为"0"，触发器处于第一稳定状态，各非门输出端状态为：$D_1 = 1$、$D_2 = 0$。这时，R_1、R_2对输入信号形成对地的分压电路，如图7-30所示。

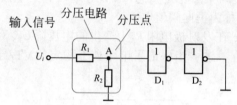

图7-30　第一稳定状态等效电路

（2）第二稳定状态

当接入输入信号U_i时，由于R_1、R_2的分压作用，非门D_1的输入端A点的实际电压是U_i的$\dfrac{R_2}{R_1 + R_2}$倍，即$A = \dfrac{R_2}{R_1 + R_2}U_i$。设非门的阈值电压为$\dfrac{1}{2}V_{DD}$，只有当输入信号上升到$U_i \geqslant \dfrac{R_1 + R_2}{R_2} \times \dfrac{1}{2}V_{DD}$时，触发器才发生翻转。$\dfrac{R_1 + R_2}{R_2} \times \dfrac{1}{2}V_{DD}$称为施密特触发器的正向阈值电压$U_{T+}$，即$U_{T+} = \dfrac{R_1 + R_2}{2R_2}V_{DD}$。

由于R_2的正反馈作用，翻转过程是非常迅速和彻底的，触发器进入第二稳定状态，$D_1 = 0$、$D_2 = 1$。这时，R_1、R_2对输入信号形成对正电源V_{DD}的分压电路，如图7-31所示。

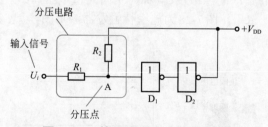

图7-31　第二稳定状态等效电路

（3）再次翻转

当输入信号U_i经过峰值后下降至U_{T+}时，触发器并不翻转。这是因为V_{DD}经R_2、R_1在A点有一分压，叠加于U_i之上，使得A点的实际电压为：$A = U_i + \dfrac{R_1}{R_1 + R_2}(V_{DD} - U_i)$。只有当$U_i$

继续下降至 $A \leqslant \frac{1}{2}V_{DD}$ 时，触发器才再次发生翻转回到第一稳定状态。施密特触发器的负向

阈值电压 $U_{T-} = \frac{R_2 - R_1}{2R_2}V_{DD}$。滞后电压 $\Delta U_T = U_{T+} - U_{T-} = \frac{R_1}{R_2}V_{DD}$。

7.3.3 光控自动窗帘

光控自动窗帘天黑了自动拉合，天亮了自动拉开，完全省去了人工操作，给生活带来方便和情趣。

图7-32所示为光控自动窗帘电路，包括光敏晶体管VT_1构成的光控电路、晶体管VT_2与VT_3构成的施密特整形电路、晶体管VT_4构成的反相电路、C_2R_{10}及C_7R_{13}构成的两个微分电路、时基电路IC_1与IC_2构成的驱动电路等组成部分，图7-33所示为其原理方框图。

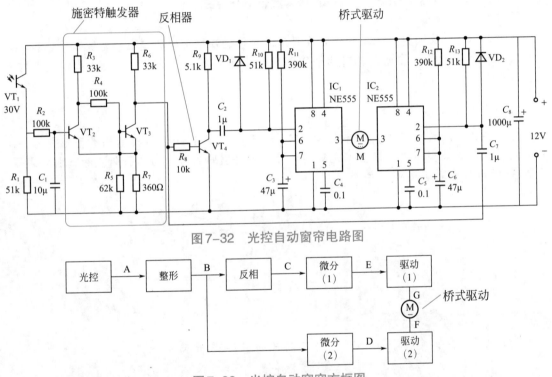

图7-32　光控自动窗帘电路图

图7-33　光控自动窗帘方框图

光控自动窗帘工作原理如下：

① 设初始时刻为白天，光敏晶体管VT_1受光照而导通，其发射极输出信号（A点）为高电平，VT_2与VT_3构成的施密特触发器输出端（VT_3集电极，即B点）也为高电平。

② 晚上天渐黑后，光敏晶体管VT_1由导通变为截止，A点输出信号由高电平变为低电平，经施密特触发器整形后，B点输出信号为下降沿陡直的低电平，该下降沿经C_7R_{13}微分形成一负脉冲"D"，触发IC_2单稳态驱动电路翻转至暂态，其输出"F"变为高电平。

施密特触发器B点的输出信号同时经VT_4反相电路反相、C_2R_{10}微分后，形成的正脉冲对IC_1单稳态驱动电路不起作用，其输出"G"保持低电平。

因为直流电动机M接在IC_1、IC_2两个单稳态驱动电路输出端之间，当"F"为高电平、"G"为低电平时，电动机正转，使窗帘拉合。窗帘拉合后，由于IC_2单稳态驱动电路暂态结

束回复稳态，输出"F"变为低电平，电动机停转。

③ 早晨天渐亮后，光敏晶体管VT_1由截止变为导通，经施密特触发器整形后，B点输出信号为上升沿陡直的高电平，经VT_4反相电路反相后变为下降沿陡直的低电平，该下降沿经C_2R_{10}微分形成一负脉冲"E"，触发IC_1单稳态驱动电路翻转至暂态，其输出"G"变为高电平。

同时，施密特触发器B点的输出信号经C_7R_{13}微分后，形成的正脉冲对IC_2单稳态驱动电路不起作用，其输出"F"保持低电平。

因为"G"为高电平、"F"为低电平，电机反转，使窗帘拉开。IC_1单稳态驱动电路暂态结束后，电机停转。

 知识链接 33 光敏晶体管

光敏晶体管（又叫光电三极管）是在光敏二极管的基础上发展起来的光敏器件。和晶体三极管相似，光敏晶体管也是具有两个P-N结的半导体器件，所不同的是其基极受光信号的控制。

1. 光敏晶体管的种类

光敏晶体管有许多种类，按导电极性可分为NPN型和PNP型，按结构类型可分为普通光敏晶体管和复合型（达林顿型）光敏晶体管，按外引脚数可分为二引脚式和三引脚式等。图7-34所示为常见光敏晶体管。

图7-34 光敏晶体管

2. 光敏晶体管的符号

光敏晶体管的文字符号为"VT"，图形符号如图7-35所示。

图7-35 光敏晶体管的符号

3. 光敏晶体管的引脚

由于光敏晶体管的基极即为光窗口，因此大多数光敏晶体管只有发射极e和集电极c两个引脚，基极无引出线，光敏晶体管的外形与光敏二极管几乎一样。也有部分光敏晶体管基极b有引出引脚，常作温度补偿用。

图7-36所示为常见光敏晶体管引脚示意图，靠近管键或色点的是发射极e，离管键或色点较远的是集电极c；较长的引脚是发射极e，较短的引脚是集电极c。

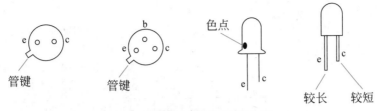

图7-36 光敏晶体管的引脚

4. 光敏晶体管的参数

光敏晶体管的参数较多，主要参数有最高工作电压、光电流、最大允许功耗等。

① 最高工作电压U_{ceo}是指在无光照、集电极漏电流不超过规定值（约0.5μA）时，光敏晶体管所允许加的最高工作电压，一般在10～50V之间，使用中不要超过。

② 光电流I_L是指在受到一定光照时光敏晶体管的集电极电流，通常可达几毫安。光电流I_L越大，光敏晶体管的灵敏度越高。

③ 最大允许功耗P_{CM}是指光敏晶体管在不损坏的前提下所能承受的最大集电极耗散功率。

5. 光敏晶体管工作原理

光敏晶体管的特点是不仅能实现光电转换，而且同时还具有放大功能。

光敏晶体管可以等效为光敏二极管和普通晶体管的组合元件，如图7-37所示。光敏晶体管基极与集电极间的P-N结相当于一个光敏二极管，在光照下产生的光电流I_L又从基极进入晶体管放大，因此光敏晶体管输出的光电流可达光敏二极管的β倍。

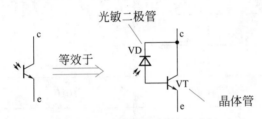

图7-37 光敏晶体管等效电路

6. 光敏晶体管的用途

光敏晶体管的主要用途是光控，在光电转换、自动控制、红外遥控和智能照明等领域得到广泛应用。由于光敏晶体管本身具有放大作用，给使用带来了很大方便。

7.4 逻辑控制电路

逻辑控制电路是指用数字信号控制电路的参数或功能，例如控制放大器的增益、控制振荡器的频率、控制电路的选通等。

7.4.1 数控增益放大器

图7-38所示为数控增益放大器电路，该放大器用数控电阻网络代替了运放的反馈电阻，而数控电阻网络的阻值，由4位二进制数控制，从而实现了由4位二进制数控制增益（放大

倍数）的放大电路。

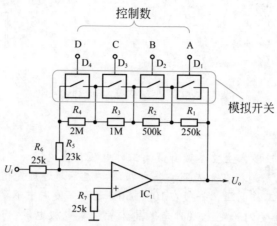

图7-38　数控增益放大器

　　双向模拟开关$D_1 \sim D_4$及电阻$R_1 \sim R_5$构成数控电阻网络，数控输入端A、B、C、D接二进制控制数，某位控制数为"1"时，使该位模拟开关导通，将相应的电阻短接，从而达到电阻网络数字控制的目的。表7-3所列为二进制控制数与放大倍数的对应关系。

表7-3　控制数与放大倍数的关系

控制数	放大倍数	控制数	放大倍数
DCBA		DCBA	
0000	150	1000	70
0001	140	1001	60
0010	130	1010	50
0011	120	1011	40
0100	110	1100	30
0101	100	1101	20
0110	90	1110	10
0111	80	1111	1

7.4.2　数控频率振荡器

　　图7-39所示为数控频率多谐振荡器电路，其振荡频率由4位二进制数控制。图中，双向模拟开关$D_1 \sim D_4$及电容$C_1 \sim C_4$组成数控电容网络，并接在振荡电容C_5上，$C_1 \sim C_4$是否接入电路取决于$D_1 \sim D_4$的导通与否，而$D_1 \sim D_4$的导通与否由A、B、C、D四个控制端的二进制数控制，在不同的4位二进制数控制下，$C_1 \sim C_4$的接入状态相应地发生变化，也就改变了振荡频率。4位二进制数与振荡频率的对应关系见表7-4。

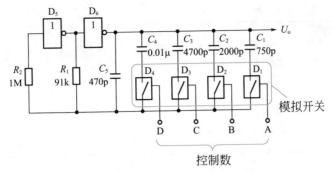

图7-39 数控频率多谐振荡器

表7-4 4位二进制数与振荡频率的关系

控制数 DCBA	振荡频率（Hz）	控制数 DCBA	振荡频率（Hz）
0000	10k	1000	500
0001	4k	1001	450
0010	2k	1010	400
0011	1.5k	1011	360
0100	1k	1100	330
0101	850	1101	300
0110	700	1110	290
0111	600	1111	280

7.4.3 双通道音源选择电路

图7-40所示为采用双4路模拟开关CC4052构成的双通道4路音源选择电路，可用于立体声放大器输入音源的选择。左、右声道均有4路输入端，各有1个输出端。A、B为控制端，由两位二进制数选择接入的输入音源，具体接入状态见表7-5。被选中的左、右声道输入端信号分别接通至各自的输出端（L_o、R_o端），送往后续电路进行放大。

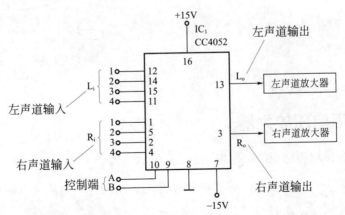

图7-40 音源选择电路

表7-5 控制端与接入状态的关系

控制端		接通的输入端
B	A	
0	0	1
0	1	2
1	0	3
1	1	4

7.5 模拟放大电路

　　数字门电路在一定的条件下可以构成模拟放大电路，适用于小信号的电压放大。尤其是在以数字电路为主构成的电路系统中，可以减少使用集成电路的种类，优化接口关系，提高系统质量。

7.5.1 模拟电压放大器

　　给CMOS门电路加上适当的偏置电压，可使其工作于线性放大状态。如图7-41所示，在非门的输出端与输入端之间并接一个反馈电阻R_f，将非门的工作点偏置于转移特性曲线的中间，则构成了一个线性模拟放大器，放大倍数等于反馈电阻R_f与输入电阻R_i之比。

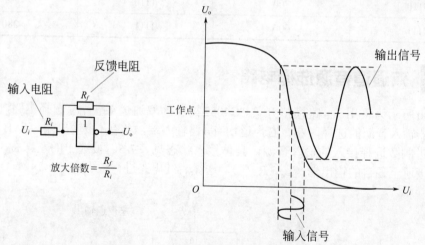

图7-41 CMOS电路的模拟应用

7.5.2 实用电压放大器

　　图7-42所示为门电路构成的实用电压放大器，由三个非门D_1、D_2、D_3串接而成。R_2为反馈偏置电阻，将三个非门的工作点偏置在$\frac{1}{2}V_{DD}$附近。R_1为输入电阻。电路放大倍数$A=\dfrac{R_2}{R_1}$，按图中参数放大倍数$A=100$倍。

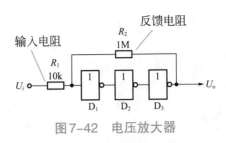

图 7-42 电压放大器

7.5.3 简易CMOS收音机

利用CMOS数字电路制作收音机，不但具有新颖性，而且具有灵敏度高、耗电极少、体积小、重量轻的突出优点，接收范围为中波550～1600kHz，使用一枚3V纽扣电池做电源，用普通8Ω耳塞机收听，声音清晰响亮。

图7-43所示为简易CMOS收音机的电路图。电路中使用了4个CMOS非门，分别用作高频放大和音频放大。采用耳塞机插座兼做电源开关，耳塞机插头插入时电源接通，插头拔出时电源自动切断，既方便使用，又简化了电路机构，进一步缩小了整机体积。

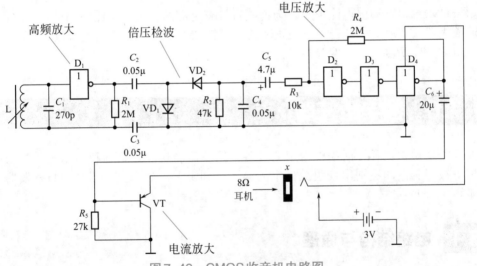

图 7-43 CMOS收音机电路图

（1）工作原理

电路工作原理如图7-44方框图所示。广播电台信号由L、C_1组成的调谐回路选择接收后，由非门D_1进行高频放大，然后由二极管VD_1、VD_2等组成的倍压检波电路进行检波，检波出的音频信号送入非门D_2、D_3、D_4组成的音频电压放大器放大，再经晶体管VT电流放大后，推动耳塞机发声。

图 7-44 CMOS收音机方框图

（2）调感式调谐回路

与一般收音机不同的是，L与C_1组成的调谐回路采用调感方式，即调谐电容C_1容量固定，通过改变磁性天线L的电感量来选择电台。电感量增大，接收频率f下降；电感量减小，

接收频率 f 上升。采用调感方式，可以进一步简化结构、缩小体积。

（3）倍压检波电路

为进一步提高接收效果，采用了倍压检波电路，由检波二极管 VD_1、VD_2 及 C_2、R_2 等组成。当信号电压 u_i 正半周时，u_i 经 VD_1 对 C_2 充电，C_2 上电压为左正右负；当 u_i 负半周时，u_i 与 C_2 上电压串联后流经 VD_2、R_2，检波负载 R_2 上即可得到约 2 倍于 u_i 的输出电压，如图 7-45 所示。C_4 的作用是滤除检波输出信号中的高频成分，得到音频信号。

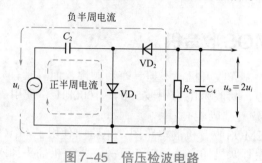

图 7-45　倍压检波电路

（4）电流放大器

由于 CMOS 电路输出电流很小，为使收音机有足够的音量，电路中由晶体管 VT 构成一级电流放大器。实质上这是一个射极跟随器，可将 CMOS 电路的输出电流放大 β 倍，以推动普通 8Ω 耳塞机。R_5 是 VT 的偏置电阻。

7.6　数字抢答器

抢答器是知识竞赛等活动中常用的设备。抢答器的功能是鉴别和指示出各参与者中第一个按下按钮者，即鉴别出一组数据中的第一个到来者，数字抢答器利用 D 触发器实现这个功能。

7.6.1　电路结构与原理

数字抢答器电路如图 7-46 所示，主要元器件是 D 触发器、与非门和晶体管等，包含两个信号通道：抢答按钮电路、第一信号鉴别电路、发光指示电路和复位电路组成主要的信号通道，门控多谐振荡器和声音提示电路组成辅助电路通道。图 7-47 所示为电路原理方框图。

（1）电路结构

数字抢答器由以下单元电路组成：①按钮开关 SB_1 ～ SB_4 和电阻 R_1 ～ R_4 等组成的抢答按钮电路，其功能是提供抢答器的输入操作部件；②集成 D 触发器 D_1、与非门 D_3 和 D_4 等组成的第一信号鉴别电路，其功能是从多路输入中鉴别出第一个按下的按钮信号；③晶体管 VT_1 ～ VT_4 和发光二极管 VD_1 ～ VD_4 等组成的发光指示电路，其功能是指示出第一信号鉴别结果；④按钮开关 SB_5 和电阻 R_{13} 等组成的复位电路，其功能是使抢答器电路复位以便进行新一轮抢答；⑤与非门 D_2、D_5 和 D_6 等组成的门控多谐振荡器，其功能是为声音提示电路提供信号源；⑥晶体管 VT_5 和扬声器 BL 等组成的声音提示电路，其功能是发出提示音。

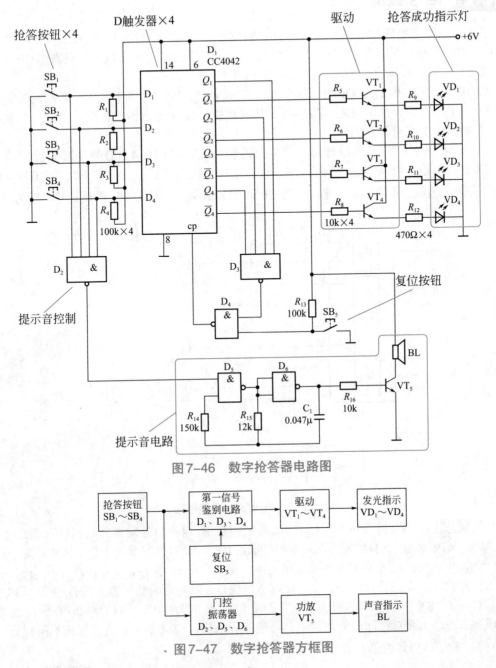

图7-46 数字抢答器电路图

图7-47 数字抢答器方框图

（2）工作原理

抢答按钮$SB_1 \sim SB_4$都未被按下时，抢答器处于待机状态，发光二极管$VD_1 \sim VD_4$均不亮。

抢答开始参赛者按下抢答按钮。首先被按下的按钮（例如SB_1）使其对应的D触发器翻转，并使所有D触发器进入数据锁存状态，电路对在此时间以后的信号便不再响应，也就是其他抢答按钮不再有效。同时发光二极管VD_1发光，指示出SB_1抢得了发言权。

一轮抢答结束后，主持人按下复位按钮SB_5，使电路又回复到待机状态，为新一轮抢答做好准备。

7.6.2　信号鉴别电路

第一信号鉴别电路的核心是集成锁存D触发器CC4042（电路图中的D_1）。CC4042内含4个独立的锁存型D触发器，它们共用时钟脉冲端CP和极性选择端POL。只有当CP与POL逻辑状态相同时，D端数据才被传输至Q端，否则数据被锁存。

电路图中，CC4042的POL端（D_1的第6脚）固定处于"1"电平状态，数据的传输或者锁存便由CP脉冲的极性所决定，$CP=1$时传输数据，$CP=0$时锁存数据。根据这一原理即可用CC4042来实现抢答器的功能。

第一信号鉴别电路工作原理可用图7-48说明。CC4042中的4个D触发器的数据输入端$D_1 \sim D_4$分别受抢答按钮$SB_1 \sim SB_4$控制，按钮未按下时为"1"，按钮按下时为"0"。4个反相输出端$\overline{Q_1} \sim \overline{Q_4}$反映鉴别结果，平时均为"0"，鉴别到第一信号时相应的反相输出端为"1"。

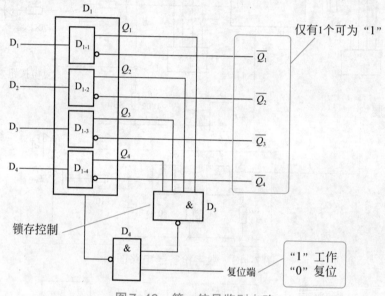

图7-48　第一信号鉴别电路

待机状态下，因为抢答按钮$SB_1 \sim SB_4$都未被按下，4个D触发器的数据输入端$D_1 \sim D_4$均为"1"。又因为这时各D触发器共用的时钟脉冲$CP=1$，D触发器处于数据传输状态，所以D端数据传输至Q端，4个D触发器的输出端$Q_1 \sim Q_4$均为"1"，反相输出端$\overline{Q_1} \sim \overline{Q_4}$均为"0"。

抢答开始时，设抢答按钮SB_1首先被按下，使D_{1-1}触发器的数据输入端D_1变为"0"，其输出端$Q_1=0$，使与非门D_3输出为"1"，与非门D_4输出为"0"，即$CP=0$，D触发器处于数据锁存状态，电路对在此时间以后的信号便不再响应，也就是其它抢答按钮不再有效。同时$\overline{Q_1}=1$，表示鉴别到的第一信号。

7.6.3　指示电路

指示电路包括发光指示电路和声音提示电路，用于指示抢答状态。

① 发光指示电路由晶体管驱动电路和发光二极管组成。对应于4个抢答按钮，发光指示电路也有4套，晶体管$VT_1 \sim VT_4$接成射极跟随器形式，为发光二极管$VD_1 \sim VD_4$提供足够的驱动电流。$VT_1 \sim VT_4$的基极分别受D触发器的反相输出端$\overline{Q_1} \sim \overline{Q_4}$控制。

例如，当第一信号鉴别电路鉴别到抢答按钮SB_1首先被按下时，$\overline{Q_1}=1$，VT_1导通驱动发光二极管VD_1发光，指示出SB_1抢得了发言权。

② 声音提示电路包括门控多谐振荡器和音频功放，为抢答器提供按键音。电路原理如图7-49所示，与非门D_5、D_6组成门控多谐振荡器，D_5的A输入端为门控端。$A=0$时电路停振，$A=1$时电路起振。

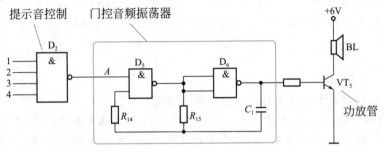

图7-49　声音提示电路

多谐振荡器门控端A受与非门D_2控制，D_2的4个输入端分别由抢答按钮$SB_1 \sim SB_4$控制。$SB_1 \sim SB_4$都未按下时，D_2的4个输入端均为"1"，D_2输出端为"0"（即$A=0$）。当$SB_1 \sim SB_4$中有任一个被按下时，D_2输出端即为"1"（即$A=1$），电路起振，D_6输出约800Hz的脉冲方波，经晶体管VT_5放大并驱动扬声器发声，提示抢答成功。

7.6.4　复位电路

复位按钮SB_5控制复位端的状态，正常工作时复位端为"1"，复位按钮按下时复位端为"0"。

一轮抢答结束后，主持人按下复位按钮SB_5，使与非门D_4输出为"1"，即$CP=1$，D触发器又进入数据传输状态，使4个D触发器回复到$Q_1 \sim Q_4$均为"1"、$\overline{Q_1} \sim \overline{Q_4}$均为"0"的待机状态，为新一轮抢答做好准备。

　知识链接 34　数字电路看图技巧

数字电路处理的是不连续的、离散的数字信号，数字信号一般只具有"0"和"1"两个状态，这与传统的模拟电路完全不同。对于数字电路或含有数字电路的电路图，看懂它的关键是，通过分析各种输入信号状态与输出信号状态之间的逻辑关系，搞清楚电路的逻辑功能。

1. 数字电路的引脚

数字电路在电路图中通常以分散画法的形式出现，即一块集成电路中的若干个功能单元，以逻辑符号的图形分布在电路图中的不同位置上，这是数字电路与模拟电路在电路图表现形式上的显著区别。分析数字电路，一般只需要掌握逻辑单元的功能，而不必去研究逻辑单元内部的电路。因此，熟识数字逻辑单元的符号和数字电路引脚的特征，能够帮助我们正确看懂数字电路图。

数字电路引脚的主要作用是建立集成电路内部电路与外围电路的连接点，只有通过引脚与外围电路建立联系，数字电路才能发挥其功能。

① 通过引脚使数字电路之间、数字电路与其他电路之间建立有机的逻辑关系。

② 通过引脚为数字电路提供工作电源。

③ 通过引脚为数字电路提供输入信号，并引出数字电路处理后的输出信号。

所以，识别和掌握数字电路各引脚的作用和功能，是看懂和分析含有数字电路的电路图的有效方法。

2. 电源引脚

电源引脚的作用是为数字电路引入直流工作电压。

① 数字电路一般采用单电源供电，即采用单一的正直流电压作为工作电压。数字电路具有一个电源引脚，电路图中有时在电源引脚旁标注有"V_{DD}"字符，如图7-50所示。

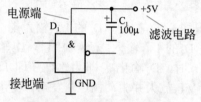

图7-50　电源与接地引脚

② 电源引脚的外电路具有以下明显的特征：a.电源引脚直接与相应的电源电路的输出端相连接；b.电源引脚与地之间一般都接有大容量的电源滤波电容（如图7-50中的C_1）。

③ 电路图中有些数字电路可能有多个引脚接电源，这些引脚中有些并非是真正的电源引脚，而是逻辑功能的需要。主要有以下3种情况：a.数字电路内部多余不用的门电路或触发器，往往将它们的输入端接正电源，如图7-51所示；b.与门、与非门多余不用的输入端，应接正电源以保证其逻辑功能正常，如图7-52所示；c.触发器、计数器、译码器、寄存器等不使用的"0"电平有效的控制端，应接正电源以保证其逻辑功能正常，如图7-53所示。

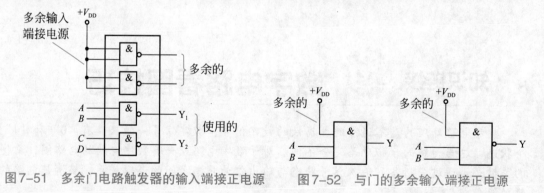

图7-51　多余门电路触发器的输入端接正电源　　图7-52　与门的多余输入端接正电源

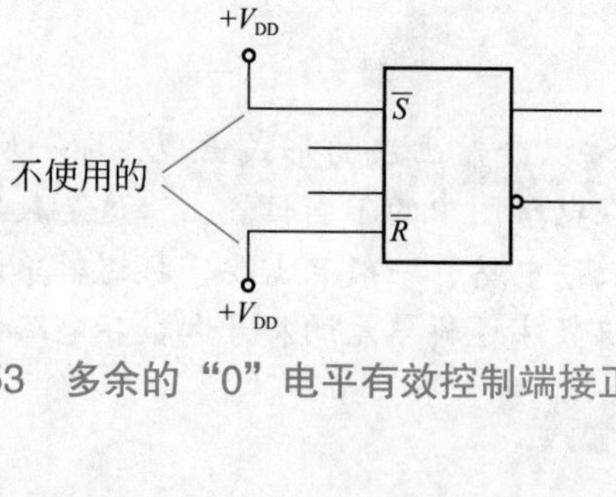

图7-53　多余的"0"电平有效控制端接正电源

3. 接地引脚

接地引脚的作用是将数字电路内部的地线与外电路的地线连通。

① 数字集成电路一般具有一个接地引脚，电路图中有时在接地引脚旁标注有"GND"字符，如图7-50所示。

② 接地引脚的外电路的明显特征是直接与电路图中的地线相连接，或者直接绘有接地符号。

③ 电路图中有些数字电路可能有多个引脚接地。主要有以下3种情况：①数字电路内部多余不用的门电路或触发器，往往将它们的输入端接地，如图7-54所示；②或门、或非门多余不用的输入端，应接地以保证其逻辑功能正常，如图7-55所示；③触发器、计数器、译码器、寄存器等不使用的"1"电平有效的控制端，应接地以保证其逻辑功能正常，如图7-56所示。

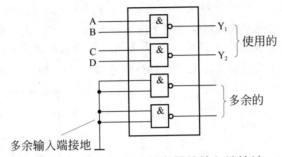

图7-54 多余门电路触发器的输入端接地

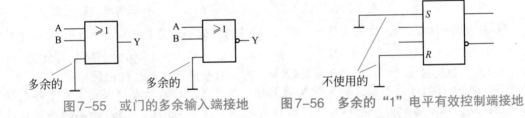

图7-55 或门的多余输入端接地　　图7-56 多余的"1"电平有效控制端接地

4. 输入端引脚

数字电路输入端包括数据输入端和控制输入端两大类，这些输入端从引脚图形上可分为一般输入端、反相输入端、边沿触发输入端、反相边沿触发输入端等，如图7-57所示。

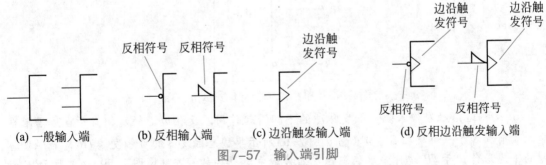

(a) 一般输入端　　(b) 反相输入端　　(c) 边沿触发输入端　　(d) 反相边沿触发输入端

图7-57 输入端引脚

① 一般数据输入端，数据信号以原码形态输入。例如：a.门电路的输入端，有时标注有字符"A、B、C、…"等，如图7-58所示；b.触发器的数据输入端，标注有字符"D、J、K、…"等，如图7-59所示；c.移位寄存器的数据输入端中，串行数据输入端标注有"D"

字符，并行数据输入端标注有"P_1、P_2、P_3、P_4、…"等字符，如图7-60所示。

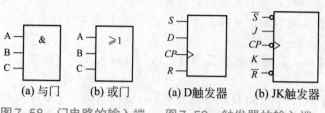

图7-58　门电路的输入端　　图7-59　触发器的输入端　　图7-60　移存器的输入端

② 一般控制输入端，控制信号为"1"时起作用。例如：图7-59（a）所示D触发器的"R"（置"0"端）和"S"（置"1"端）两个控制输入端，当$R=1$时，触发器被置"0"；当$S=1$时，触发器被置"1"；当$R=0$或$S=0$时，对触发器不起任何控制作用。

③ 反相数据输入端，数据信号以反码形态输入。例如：a.图7-61（a）所示为具有反相数据输入端的门电路，反相输入端的标注字符上方有一短杠"‾"，表示反相，如"$\overline{A}$、$\overline{B}$、…"等。反相数据输入端的效果相当于将输入信号反相后再输入，图7-61（b）所示为其等效电路；b.图7-62所示为具有反相数据输入端的移位寄存器，"$\overline{D}$"为反相串行数据输入端。

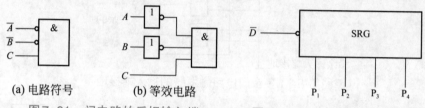

(a) 电路符号　　　(b) 等效电路

图7-61　门电路的反相输入端　　　图7-62　移存器的反相输入端

④ 反相控制输入端，控制信号为"0"时起作用。例如：图7-59（b）所示JK触发器的"$\overline{R}$"（置"0"端）和"$\overline{S}$"（置"1"端）两个控制输入端，当$\overline{R}=0$时，触发器被置"0"；当$\overline{S}=0$时，触发器被置"1"；当$\overline{R}=1$或$\overline{S}=1$时，对触发器不起任何控制作用。

⑤ 一般边沿触发输入端，触发脉冲的上升沿起作用。边沿触发输入端常见于各类触发器的触发端，以及各种时序电路的时钟脉冲输入端。例如：a.图7-63所示单稳态触发器的正触发端TR_+，当触发脉冲的上升沿作用于TR_+端时，单稳态触发器被触发翻转为暂稳态；b.图7-59（a）所示D触发器中，时钟脉冲输入端CP是边沿触发输入端，D触发器在时钟脉冲上升沿的触发下动作。

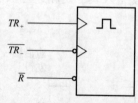

图7-63　单稳态触发器的触发端

⑥ 反相边沿触发输入端，触发脉冲的下降沿起作用。反相边沿触发相当于在边沿触发输入端前加入了一个反相器。例如：a.图7-63所示单稳态触发器的负触发端$\overline{TR_-}$，当触发脉冲的下降沿作用于$\overline{TR_-}$端时，单稳态触发器被触发翻转为暂稳态；b.图7-59（b）所示JK触发器中，时钟脉冲输入端CP是反相边沿触发输入端，JK触发器在时钟脉冲下降沿的触发下动作。

⑦ 其他输入端。在数字电路系统中，有时也会处理或传输模拟信号，因此，必要时在

电路图中相关的输入端旁加注字符，如图7-64所示，"∩"表示模拟信号输入端，"#"表示数字信号输入端。

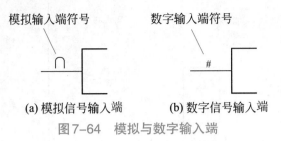

(a) 模拟信号输入端　　　　(b) 数字信号输入端

图7-64　模拟与数字输入端

5. 输出端引脚

数字电路输出端可分为一般输出端和反相输出端，如图7-65所示。

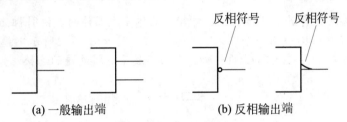

(a) 一般输出端　　　　　　(b) 反相输出端

图7-65　输出端引脚

① 一般输出端，数据信号以原码的形态输出。例如：a.门电路的输出端，标注有字符"Y"，如图7-66所示；b.触发器的输出端，标注有字符"Q"，如图7-67所示；c.加法器的输出端中，"和"输出端标注有字符"S"，"进位"输出端标注有字符"$C_。$"，如图7-68所示；d.移位寄存器的输出端中，并行数据输出端标注有"Q_1、Q_2、Q_3、Q_4、…"字符，其中最后一位并行数据输出端也就是串行数据输出端，如图7-69所示。

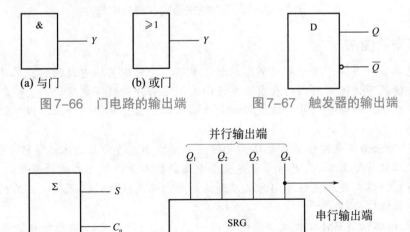

图7-66　门电路的输出端　　　图7-67　触发器的输出端

图7-68　加法器的输出端　　　图7-69　移存器的输出端

② 反相输出端，数据信号以反码的形态输出。例如：a.门电路的反相输出端，标注有字符"$\overline{Y}$"，如图7-70所示，这相当于在基本门电路后面加接了一个非门；b.触发器的反相输出端，标注有字符"$\overline{Q}$"，如图7-67所示；c.译码器的多个反相输出端，分别标注有字符"$\overline{Y_1}$、$\overline{Y_2}$、$\overline{Y_3}$、…"等，如图7-71所示。

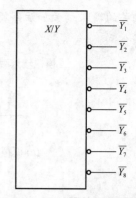

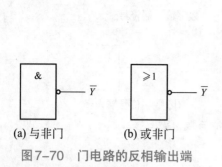

(a) 与非门　　　(b) 或非门

图7-70　门电路的反相输出端　　　图7-71　译码器的反相输出端

6. 非逻辑引脚

有些数字电路还具有若干外接电阻、电容、晶体等元器件的其他引脚，这些不属于逻辑连接的连接端，在电路图中用一个"×"符号标注。例如图7-72所示单稳态触发器中，其上部连接外接电阻R_e和外接电容C_e的引脚，即为不属于逻辑连接的连接端。

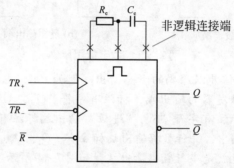

图7-72　单稳态触发器的非逻辑引脚

7. 顺向看图法

数字电路多种多样，对于不同类型的数字电路，应根据具体电路的特点采用不同的分析方法。一般情况下，可采用顺向看图法或逆向看图法来分析数字电路。

顺向看图法，即顺着信号处理流程方向从输入端到输出端依次分析。现举例作进一步的说明。

图7-73所示为声光控楼道灯电路，电路图中，位于左边的驻极体话筒BM（接收声音信号）和光敏二极管VD（接收光信号）是整个电路的输入端，位于右边的照明灯EL是整个电路的最终负载，信号处理流程方向为从左到右。顺向看图法就是按照从左到右的顺序，从输入端到输出端依次分析。

① 当驻极体话筒BM接收到声音信号时，经声控电路放大、整形和延时后，其输出端A点为"1"，送入与非门D_1的上输入端。如果这时是在夜晚，无环境光，光控电路输出端B点为"0"，同时由于本灯未亮故D点为"1"，所以与非门D_2输出端C点为"1"，送入与非门D_1的下输入端。由于与非门D_1的两个输入端都为"1"，其输出端D点变为"0"，反相器D_3输出端E点为"1"，使电子开关导通，照明灯EL点亮。

② 由于声控电路中含有延时电路，声音信号消失后再延时一段时间，A点电平才变为"0"，使照明灯EL熄灭。

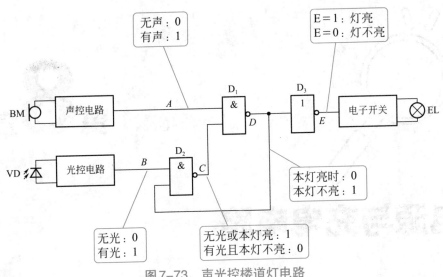

图7-73 声光控楼道灯电路

③ 当本灯EL点亮时，D点的"0"同时加至D_2的下输入端将其关闭，使得B点的光控信号无法通过。这样，即使本灯的灯光照射到光敏二极管VD上，系统也不会误认为是白天而造成照明灯刚点亮就立即又被关闭。

④ 如果是在白天，环境光被光敏二极管VD接收，光控电路输出端B点为"1"，由于本灯未亮故D点也为"1"，所以与非门D_2输出端C点为"0"，送入与非门D_1的下输入端，关闭了与非门D_1，此时不论声控电路输出如何，D_1输出端D点恒为"1"，E点则为"0"，使电子开关关断，照明灯EL不亮。

⑤ 通过以上分析我们可以知道，声光控楼道灯的逻辑控制功能为：a.白天整个楼道灯不工作；b.晚上有一定响度的声音时楼道灯打开；c.声音消失后楼道灯延时一段时间才关闭；d.本灯点亮后不会被误认为是白天。

8. 逆向看图法

逆向看图法，即逆着信号处理流程方向从输出端到输入端倒推分析。仍以图7-73声光控楼道灯电路为例。

① 照明灯EL点亮的条件是，电子开关输入端E点必须为"1"，即D点必须为"0"。

② D点为"0"的条件是与非门D_1的两个输入端都为"1"。D_1的上输入端连接的是声控电路的输出端A，有声时A＝"1"，无声时A＝"0"。D_1的下输入端受与非门D_2输出端C点控制，而D_2的两个输入端分别接光控电路输出端B点和本灯信号D点，在无环境光或本灯已亮时C＝"1"，在有较强环境光且本灯未亮时C＝"0"。

③ 通过以上分析可知，在白天环境光较强时，照明灯EL被关闭。在夜晚，照明灯EL则受声控电路的控制，有声音时亮，声音消失后延时一定时间然后关闭。这个分析结果与顺向看图法一致。

第 8 章

电源与充电电路

电源与充电电路是应用最广的一类电子电路，特别是电源电路，几乎所有电子设备都离不开它。电源电路包括整流电路、滤波电路、稳压电路、逆变电路等。

8.1 整流滤波电路

整流滤波电路是常用的电源电路，它将交流220V市电电源降压、整流、滤波为合适的直流电压，作为电子电路的工作电源。整流滤波电路通常由整流电路和滤波电路两部分组成。

8.1.1 整流电路

整流电路是将交流电转换为直流电的电路，整流电路是利用晶体二极管等具有单向导电特性的电子器件进行工作的。整流电路可分为半波整流、全波整流、桥式整流等电路形式。

（1）半波整流电路

半波整流电路是最简单、最基本的整流电路，如图8-1所示，由电源变压器T、整流二极管VD组成，R_L为负载电阻。半波整流电路的效率较低。

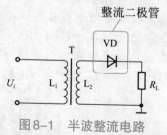

图8-1 半波整流电路

电源变压器T的初级线圈L_1接交流电源电压U_1（通常为交流220V市电），经过变压器T的降压，在其次级线圈L_2两端得到所需要的交流电压U_2，再经二极管VD整流成为直流电压U_o。半波整流电路工作过程如下：

在交流电压U_1正半周时，U_2的极性为上正下负，如图8-2（a）所示。二极管具有单向导电性，即电流只能从正极流向负极。U_2正半周时，整流二极管VD是加的正向电压，因此

VD导通，电流I由U_2"＋"经整流二极管VD、负载电阻R_L回到U_2"－"，形成电流回路，并在R_L上产生电压降（即为输出电压U_o），其极性为上正下负。

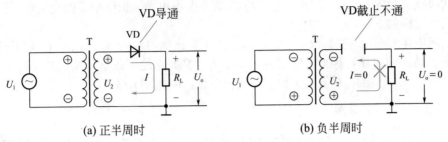

(a) 正半周时   (b) 负半周时

图8-2 半波整流原理

在交流电压U_1负半周时，U_2的极性为上负下正，如图8-2（b）所示。这时，整流二极管VD加的是反向电压，因此VD截止，电流$I=0$，负载电阻R_L上无电压降，输出电压$U_o=0$。

半波整流电路工作波形如图8-3所示。从图中可见，半波整流电路只有在交流电压U_2正半周时才有输出电压U_o，负半周时无输出电压，输出电压U_o的直流分量较少，交流分量较多。由于只利用了交流电压U_2正弦波的一半，所以半波整流电路的效率较低。

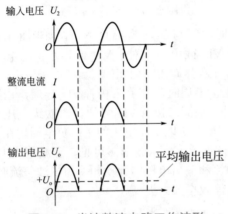

图8-3 半波整流电路工作波形

（2）全波整流电路

为了提高整流效率、减少输出电压U_o的脉动分量，往往采用全波整流电路。全波整流电路实际上是两个半波整流电路的组合，电路如图8-4所示。

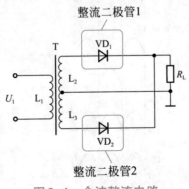

图8-4 全波整流电路

　　电源变压器 T 的次级绕组圈数为半波整流时的两倍，且中心抽头，分为 L_2 与 L_3 两个部分。电路中采用了两个整流二极管 VD_1 和 VD_2。当电源变压器 T 初级线圈 L_1 接入交流电源 U_1 时，在次级线圈 L_2 与 L_3 上则分别产生 U_2 与 U_3 两个大小相等、相位相反的交流电压。全波整流电路工作过程如下。

　　在交流电压 U_1 正半周时，U_2 与 U_3 均为上正下负，如图 8-5（a）所示。U_2 对于整流二极管 VD_1 而言是正向电压，因此 VD_1 导通，电流 I_1 经 VD_1 流过负载电阻 R_L，R_L 上电压 U_o 为上正下负。而 U_3 对于整流二极管 VD_2 而言是反向电压，因此 VD_2 截止。

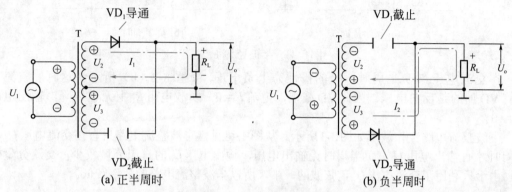

图 8-5　全波整流原理

　　在交流电压 U_1 负半周时，U_2 与 U_3 均为上负下正，如图 8-5（b）所示。这时，U_2 对于 VD_1 而言是反向电压，因此 VD_1 截止。U_3 对于 VD_2 而言是正向电压，因此 VD_2 导通，电流 I_2 经 VD_2 流过负载电阻 R_L，R_L 上电压 U_o 仍为上正下负。

　　综上所述，在交流电压正半周时，整流二极管 VD_1 导通，由次级电压 U_2 向负载电阻 R_L 供电；在交流电压负半周时，整流二极管 VD_2 导通，由次级电压 U_3 向负载电阻 R_L 供电；由于 U_2 与 U_3 大小相等、相位相反，所以交流电压的正、负半周均在负载电阻 R_L 上得到利用。

　　全波整流电路波形如图 8-6 所示。从波形图可见，全波整流电路利用了输入交流电压的整个正弦波，因此其输出电流和输出电压的脉动频率为半波整流时的两倍，其中的直流分量也是半波整流时的两倍，整流效率大大提高。

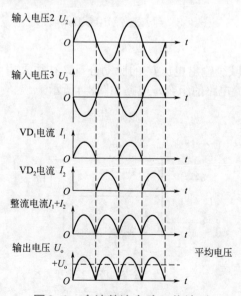

图 8-6　全波整流电路工作波形

（3）桥式整流电路

全波整流的另一电路形式是桥式整流，电路如图8-7所示。桥式整流电路虽然需要使用4只整流二极管，但是电源变压器次级绕组不必绕两倍圈数，也不必有中心抽头，制作更为方便，因此得到了非常广泛的应用。

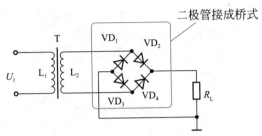

图8-7 桥式整流电路

桥式整流电路工作过程如下。交流电压U_1正半周时，电源变压器次级电压U_2的极性为上正下负，4只整流二极管中，VD_1、VD_4因所加电压为反向电压而截止；VD_2、VD_3因所加电压为正向电压而导通，电流I_1如图8-8（a）所示流过负载电阻R_L，在R_L上产生电压降（即为输出电压U_o），电压极性为上正下负。

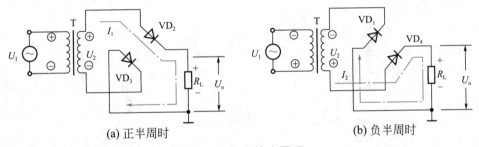

(a) 正半周时   (b) 负半周时

图8-8 桥式整流原理

交流电压U_1负半周时，电源变压器次级电压U_2的极性为上负下正，4只整流二极管中，VD_2、VD_3因所加电压为反向电压而截止；VD_1、VD_4因所加电压为正向电压而导通，电流I_2如图8-8（b）所示流过负载电阻R_L，在R_L上产生电压降（即为输出电压U_o），电压极性仍为上正下负。

由于4只整流二极管巧妙地轮流工作，使得交流电压的正、负半周均在负载电阻R_L上得到了利用，从而实现了全波整流，其工作波形与图8-6所示全波整流电路波形相同。

知识链接 35 整流桥堆

整流桥堆是一种整流二极管的组合器件，包括全桥整流堆和半桥整流堆等，如图8-9所示。

图8-9 整流桥堆

1. 全桥整流堆

全桥整流堆通常简称为全桥，外形有长方形、圆形、扁形、方形等，并有多种电压、电流、功率规格。全桥整流堆的文字符号为"UR"，图形符号如图8-10所示。

全桥整流堆内部包含4只整流二极管，并按一定规律连接，如图8-11所示。全桥整流堆具有4个引脚，包括两个交流输入端（用符号"~"标示）、一个直流正极输出端（用符号"+"标示）和一个直流负极输出端（用符号"−"标示）。

图8-10　整流桥堆的符号　　　　　图8-11　全桥整流堆内部电路

全桥整流堆主要用于桥式整流电路，工作原理与使用4只二极管的桥式整流电路相同。使用全桥整流堆，可以简化整流电路的结构。

2. 半桥整流堆

半桥整流堆通常简称为半桥。半桥整流堆内部包含2只整流二极管，并按一定规律连接。按照其内部二极管连接方式的不同，可分为：①两只二极管正极相连构成的半桥；②两只二极管负极相连构成的半桥；③两只二极管互相独立构成的半桥，如图8-12所示。

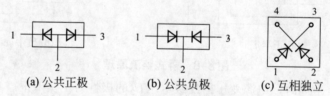

(a) 公共正极　　　　　(b) 公共负极　　　　　(c) 互相独立

图8-12　半桥整流堆内部电路

半桥整流堆主要用于全波整流电路。两只二极管负极相连构成的半桥可构成输出正电压的全波整流电路，如图8-13所示。两只二极管正极相连构成的半桥可构成输出负电压的全波整流电路，如图8-14所示。两只二极管互相独立构成的半桥可按需要连接，灵活应用。使用两个半桥可组成桥式整流电路。

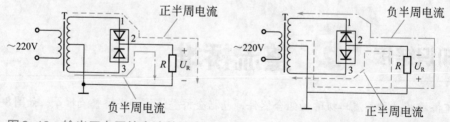

图8-13　输出正电压的全波整流电路　　图8-14　输出负电压的全波整流电路

8.1.2　负压整流电路

负压整流电路是获得负电压的整流电路。负压整流电路同样具有半波整流、全波整流、桥式整流等电路形式。

（1）负压半波整流电路

负压半波整流电路如图8-15所示，与正电压的半波整流电路相比较，仅仅是将整流二极管VD反接即可。

由于整流二极管VD反接，因此只有在输入交流电压U_2负半周时，整流二极管VD才为正向使用而导通，电流I流向如图8-15中虚线所示，在负载电阻R_L上即可得到上负下正的输出电压U_o（即负电压输出）。而在输入交流电压U_2正半周时，整流二极管VD因所加电压为反向电压而截止，负载电阻R_L上因为无电流而无输出电压U_o。图8-16所示为负压半波整流电路波形图。

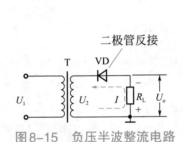
图8-15 负压半波整流电路

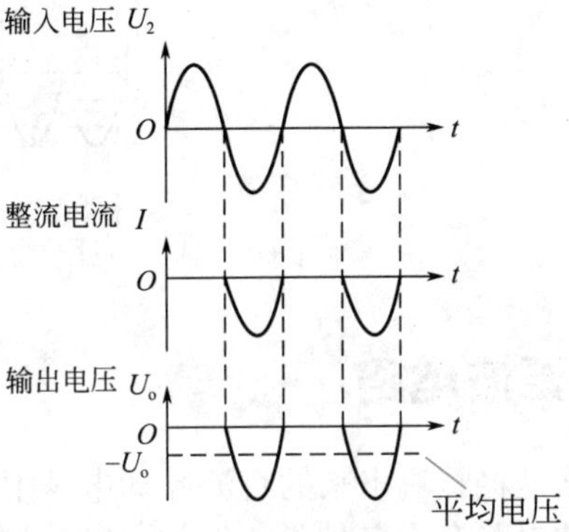

图8-16 负压半波整流电路工作波形

（2）负压全波整流电路

将全波整流电路中的整流二极管VD_1和VD_2都反接，即为负压全波整流电路。

交流电压U_1负半周时电流为I_1，交流电压U_1正半周时电流为I_2，如图8-17所示。负载电阻R_L上得到的输出电压U_o为负电压（上负下正）。

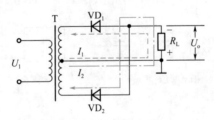
图8-17 负压全波整流电路

（3）负压桥式整流电路

将桥式整流电路中的4只整流二极管VD_1、VD_2、VD_3、VD_4全部反接，即为负压桥式整流电路，如图8-18所示。

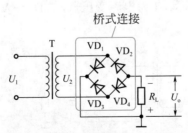
图8-18 负压桥式整流电路

交流电压U_2正半周时，电流由U_2上端经VD_1、R_L（从下到上）、VD_4回到U_2下端；交流电压U_2负半周时，电流由U_2下端经VD_3、R_L（从下到上）、VD_2回到U_2上端；负载电阻R_L上得到的输出电压U_o为负电压（上负下正）。图8-19所示为负压全波（含桥式）整流电路波形图。

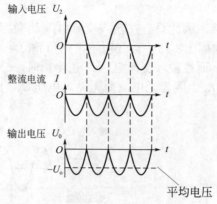

图8-19　负压全波整流电路工作波形

8.1.3　滤波电路

滤波电路是将整流出来的直流脉动电压中的交流成分滤除的电路，以得到平滑实用的直流电压。滤波电路有许多种类，例如电容滤波电路、电感滤波电路、倒L型LC滤波电路、π型LC滤波电路、RC滤波电路等，如图8-20所示。

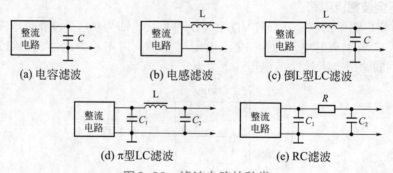

图8-20　滤波电路的种类

由于电感元件体大笨重，而且在负载电流突然变化时会产生较大的感应电动势，易造成半导体管的损坏，所以在实际电路中通常使用电容滤波电路和RC滤波电路，在一些要求较高的电路中，还使用有源滤波电路。

（1）电容滤波电路

电容滤波电路如图8-21所示，T为电源变压器，$VD_1 \sim VD_4$为整流二极管，C为滤波电容器，R_L为负载电阻。

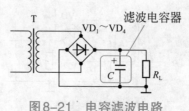

图8-21　电容滤波电路

电容滤波电路是利用电容器的充放电原理工作的，其工作过程可用图8-22示意图进行说明。U_o为整流电路输出的脉动电压，U_c为滤波电路输出电压（即滤波电容C上电压）。

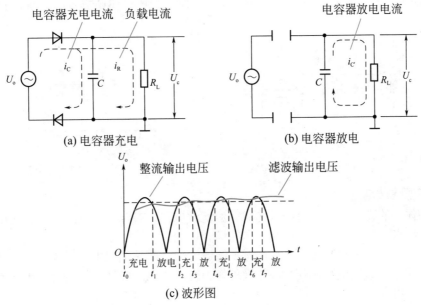

图8-22　电容滤波电路原理

在t_0时刻，$U_c = 0$。$t_0 \sim t_1$时刻，随着整流输出脉动电压U_o的上升，$U_o > U_c$，整流二极管导通，U_o向滤波电容C充电，使C上电压U_c迅速上升，充电电流为i_C；同时，U_o向负载电阻R_L供电，供电电流为i_R；如图8-22（a）所示。

到t_1时刻，C上电压$U_c = U_o$，充电停止。$t_1 \sim t_2$时刻，U_o处于下降和下一周期的上升阶段，但因为$U_o < U_c$，整流二极管截止，无充电电流，C向负载电阻R_L放电，放电电流为i_C'，如图8-22（b）所示。

$t_2 \sim t_3$时刻，U_o上升再次达到$U_o > U_c$，整流二极管导通，U_o又开始向C充电，补充C上已放掉的电荷。

$t_3 \sim t_4$时刻，U_o又处于$U_o < U_c$阶段，整流二极管截止，停止充电，C又向负载电阻R_L放电。如此周而复始，其工作波形如图8-22（c）所示。

从波形图可见，在起始的若干周期内，虽然滤波电容C时而充电、时而放电，但其电压U_c的总趋势是上升的。经过若干周期以后，电路达到稳定状态，每个周期C的充放电情况都相同，即C上充电得到的电荷刚好补充了上一次放电放掉的电荷。

正是通过电容器C的充放电，使得输出电压U_c保持基本恒定，成为波动较小的直流电。滤波电容C的容量越大，滤波效果相对就越好。

电容滤波电路虽然很简单，但是滤波效果不是很理想，输出电压中仍有交流分量，因此实际电路中使用较多的是RC滤波电路。

（2）RC滤波电路

RC滤波电路中采用了两个滤波电容C_1、C_2和一个滤波电阻R_1，组成π形状，如图8-23所示。RC滤波电路可看作是在C_1容容滤波电路的基础上，再经过R_1和C_2的滤波，整个滤波电路的最终输出电压即为C_2上的电压U_{C2}。

R_1和C_2可看作是一个分压器，如图8-24所示，输出电压U_{C2}等于C_1上电压U_{C1}经R_1与C_2分压后在C_2上所得到的电压。对于C_1初步滤波输出电压U_{C1}中的直流分量来说，C_2的容抗极大，几乎没有影响，输出端直流电压的大小取决于滤波电阻R_1与负载电阻R_L的比值，只要R_1不是太大，就可保证R_L得到绝大部分的直流输出电压。而对于U_{C1}中的交流分量来说，C_2的容抗很小，交流分量很大部分被旁路到地。因此，RC滤波电路输出直流电压的波形很小。

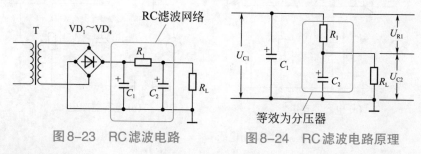

图8-23　RC滤波电路　　　　图8-24　RC滤波电路原理

（3）有源滤波电路

利用晶体管的直流放大作用可以构成有源滤波电路。有源滤波电路具有直流压降小、滤波效果好的特点，主要应用在滤波要求高的场合。

有源滤波电路如图8-25所示，VT_1为有源滤波管。R_1是偏置电阻，为VT_1提供合适的偏置电流。C_2是基极旁路电容，使VT_1基极可靠地交流接地，确保基极电流中无交流成分。C_3为输出端滤波电容。

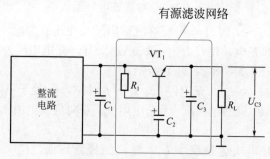

图8-25　有源滤波电路

有源滤波电路工作原理是：虽然整流电路输出并加在VT_1集电极的是脉动直流电压，其中既有直流分量也有交流分量，但晶体管的集电极-发射极电流主要受基极电流的控制，而受集电极电压变动的影响极微。由于C_2的旁路滤波作用，VT_1的基极电流中几乎没有交流分量，从而使VT_1对交流呈现极高的阻抗，在其输出端（VT_1发射极）得到的就是较纯净的直流电压（U_{C3}）。因为晶体管的发射极电流是基极电流的（$1+\beta$）倍，所以C_2的作用相当于在输出端接入了一个容量为（$1+\beta$）倍C_2容量的大滤波电容。

8.1.4　倍压整流电路

倍压整流电路可以使整流输出电压数倍于输入电压。在需要输出电压较高、输出电流较小的场合，可以采用倍压整流电路。

（1）二倍压整流电路

图8-26所示为典型的二倍压整流电路，它在空载时的输出直流电压是输入交流电压峰值的两倍。

倍压整流电路是利用电容器充放电原理实现倍压输出的，其工作原理如下。

在输入交流电压 U_2 负半周时，整流二极管 VD_1 导通，C_1 很快被充电至 U_2 峰值，C_1 上电压 $U_{C1} = \sqrt{2} U_2$，极性为左负右正，如图8-27（a）所示。

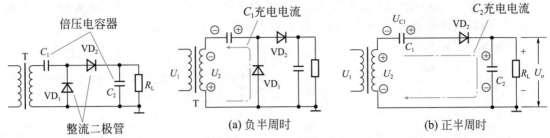

图8-26 二倍压整流电路   图8-27 二倍压整流原理

在输入交流电压 U_2 正半周时，整流二极管 VD_1 截止、VD_2 导通，U_2 与 C_1 上电压 U_{C1} 串联后经 VD_2 向 C_2 充电，C_2 上电压等于 U_2 峰值与 C_1 上电压 U_{C1} 之和，即 $U_{C2} = 2\sqrt{2} U_2$，极性为上正下负，如图8-27（b）所示。U_{C2} 即为输出电压 U_o，所以，负载电阻 R_L 上得到的输出直流电压 U_o 是 U_2 峰值的两倍。

（2）三倍压整流电路

根据二倍压整流电路原理可以构成多倍压整流电路，一般来讲，n 倍压整流电路需要 n 个整流二极管和 n 个电容器。但是，倍压整流的倍数越高，电路的输出电流越小，即带负载能力越弱。

三倍压整流电路如图8-28所示，由3个整流二极管 $VD_1 \sim VD_3$ 和3个电容器 $C_1 \sim C_3$ 组成。在输入交流电压 U_2 的第一个半周（正半周）时，U_2 经 VD_1 对 C_1 充电至 $\sqrt{2} U_2$；在 U_2 的第二个半周（负半周）时，U_2 与 C_1 上的电压串联后经 VD_2 对 C_2 充电至 $2\sqrt{2} U_2$；在 U_2 的第三个半周（正半周）时，VD_3 导通使 C_3 也充电至 $2\sqrt{2} U_2$。因为输出电压 $U_o = U_{C1} + U_{C3} = 3\sqrt{2} U_2$，所以在负载电阻 R_L 上即可得到3倍于 U_2 峰值的电压。

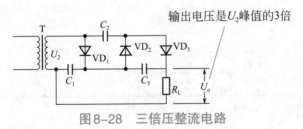

图8-28 三倍压整流电路

（3）四倍压整流电路

四倍压整流电路如图8-29所示，由4个整流二极管 $VD_1 \sim VD_4$ 和4个电容器 $C_1 \sim C_4$ 组成，工作原理分析同三倍压整流电路。输出电压 $U_o = U_{C2} + U_{C4} = 4\sqrt{2} U_2$，在负载电阻 R_L 上可得到4倍于 U_2 峰值的电压。按以上电路规律，还可以组成五倍压、六倍压甚至更多倍压的倍压整流电路。

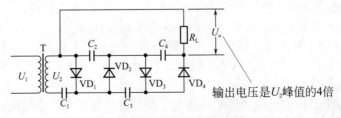

图8-29 四倍压整流电路

8.1.5 可控整流电路

可控整流电路是指输出直流电压可以控制的整流电路。晶闸管具有独特的可控单向导电特性，可以方便地构成可控整流电路。图8-30所示为全波可控整流电路，采用两只晶闸管VS_1、VS_2完成全波整流。

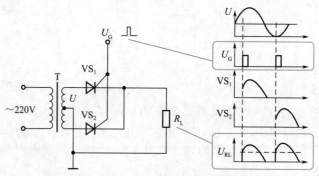

图8-30　全波可控整流电路

与二极管全波整流电路不同的是，晶闸管并不会自行导通。只有当控制极有正触发脉冲时，晶闸管VS_1、VS_2才导通进行整流，而每当交流电压过零时晶闸管关断。改变触发脉冲在交流电每半周内出现的迟早，即可改变晶闸管的导通角，从而改变了输出到负载的直流电压的大小。

图8-31所示为桥式可控整流电路，包括晶闸管VS_1、VS_2与整流二极管VD_1、VD_2构成的可控桥式整流器，单结晶体管V等构成的同步触发电路，电容C_3、C_4和电阻R_5构成的RC滤波器，RP为输出电压调节电位器。R_1C_1构成阻容吸收网络，与熔断器FU一起，为晶闸管提供过压、过流保护。

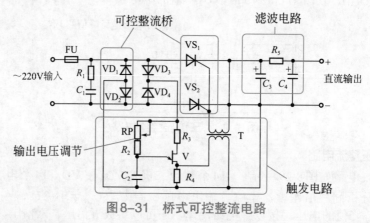

图8-31　桥式可控整流电路

（1）可控桥式整流器

单向晶闸管VS_1、VS_2与整流二极管VD_1、VD_2构成可控桥式整流器，VS_1和VS_2的控制极并接在一起，通过脉冲变压器T接触发电路，如图8-32所示。

在交流电的每个半周，晶闸管由触发电路触发导通。正半周时，电流经VS_1、负载R_L、VD_2构成回路；负半周时，电流经VS_2、负载R_L、VD_1构成回路；负载R_L得到的电压始终是上正下负，实现了桥式整流。

触发脉冲在每个半周中出现的迟早，决定了晶闸管的导通角，也就决定了输出直流电压的大小。

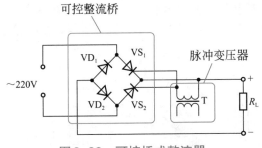

图8-32 可控桥式整流器

（2）同步触发电路

整流二极管VD_1、VD_2同时与二极管VD_3、VD_4构成另一个桥式整流器，为触发电路提供工作电源，保证了触发电路与主控电路的同步。单结晶体管V等构成触发电路，RP、R_2、C_2构成定时网络，如图8-33所示。

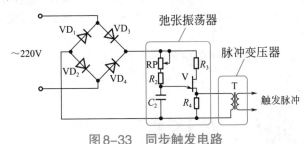

图8-33 同步触发电路

交流电每个半周开始时，电流经RP、R_2向C_2充电。当C_2上电压达到单结晶体管V的峰点电压时，单结晶体管V导通，在R_4上形成一正脉冲，并由脉冲变压器T耦合至两个晶闸管的控制极，触发晶闸管导通。

C_2的充电时间决定了触发脉冲出现的迟早。增大RP的阻值，C_2的充电电流减小、充电时间延长，触发脉冲推迟出现，晶闸管的导通角变小，输出电压降低。减小RP的阻值，C_2的充电电流增大、充电时间缩短，触发脉冲较早出现，晶闸管的导通角变大，输出电压提高。RP即为输出直流电压调节电位器。

（3）RC滤波器

RC滤波器采用两个滤波电容C_3、C_4和一个滤波电阻R_5，组成π形状电路。整流电路经过C_3初步滤波后的输出电压U_{C3}中，既有直流分量，也有交流分量。对于U_{C3}中的直流分量来说，C_4的容抗极大，几乎没有影响，输出端直流电压的大小取决于滤波电阻R_5与负载电阻R_L的比值，只要R_5不是太大，就可以保证R_L得到绝大部分的直流输出电压。

而对于U_{C3}中的交流分量来说，C_4的容抗很小，交流分量基本上都被C_4旁路到地。因此，经过RC滤波器所输出的直流电压中，交流纹波已经很小，可以满足负载对电源的要求。

8.1.6 实用整流电源

整流电源是一种使用面很广的设备，数码相机、摄像机、影碟机、打印机、无绳电话和手机等，几乎所使用和接触到的大大小小的电器都配有一个整流电源。图8-34所示为实用整流电源电路，可以提供6V、500mA的直流电源。

该整流电源采用了桥式整流和电容滤波电路。电路工作原理是，交流220V市电由电源变压器T降压、4只整流二极管VD_1～VD_4桥式整流后，再经电容器C_1滤除交流分量，向负载输出6V直流电压。在大容量滤波电容C_1上并接了一个0.1μ的小容量电容器C_2，有助于进一步滤除高频交流分量。发光二极管VD_5是电源指示灯，R是VD_5的限流电阻。

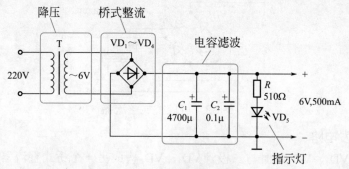

图8-34　实用整流电源

整流电源最大输出电流取决于电源变压器功率和整流二极管，适当增大变压器功率可提高输出电流，同时应保证整流二极管有足够的最大整流电流指标。改变变压器次级电压可改变输出电压，同时应保证整流二极管有足够的最大反向电压指标，还应调整发光二极管VD_5的限流电阻R，使VD_5的工作电流在10mA左右。

 知识链接 **36** 变压器

变压器是一种常用元器件，种类繁多，大小形状千差万别，在电源电路、控制电路、音频电路、中频电路和高频电路中，都有广泛的应用。图8-35所示为常见变压器。

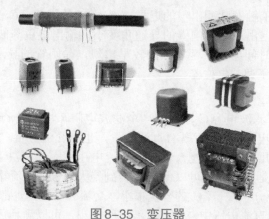

图8-35　变压器

1. 变压器的种类

根据工作频率不同，变压器可分为电源变压器、音频变压器、中频变压器和高频变压器4大类。根据结构与材料的不同，变压器又可分为铁芯变压器、固定磁芯变压器、可调磁芯变压器等。铁芯变压器适用于低频，磁芯变压器更适合工作于高频。

2. 变压器的符号

变压器的文字符号为"T"，图形符号如图8-36所示。

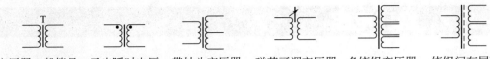

变压器一般符号　示出瞬时电压　带抽头变压器　磁芯可调变压器　多绕组变压器　绕组间有屏蔽
　　　　　　　极性的变压器　　　　　　　　　　　　　　　　　　　　　　　　　　的变压器

图8-36　变压器的符号

3. 变压器的工作原理

变压器的特点是传输交流隔离直流，并可同时实现电压变换、阻抗变换和相位变换。变压器各绕组线圈间互不相通，但交流电压可以通过磁场耦合进行传输。

变压器是利用互感应原理工作的。如图8-37所示，变压器由初级、次级两部分互不相通的线圈组成，它们之间由铁芯或磁芯作为耦合媒介。

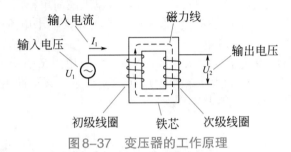

图8-37　变压器的工作原理

当在变压器初级线圈两端加上交流电压U_1时，交流电流I_1流过初级线圈使其产生交变磁场，在次级线圈两端即可获得交流电压U_2。直流电压不会产生交变磁场，次级无感应电压。所以变压器具有传输交流、隔离直流的功能。

4. 电源变压器

电源变压器是最常用的一类变压器。根据次级电压U_2与初级电压U_1的关系不同，电源变压器可分为降压变压器（$U_2 < U_1$）、升压变压器（$U_2 > U_1$）、隔离变压器（$U_2 = U_1$）和多绕组变压器等，如图8-38所示。多绕组电源变压器具有多个互为独立的次级绕组，各次级电压也不尽相同，既可以低于初级电压，也可以等于或高于初级电压。

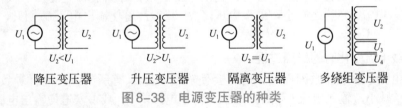

　　降压变压器　　　　升压变压器　　　隔离变压器　　　多绕组变压器

图8-38　电源变压器的种类

（1）电源变压器的参数

电源变压器的主要参数是功率、次级电压和电流。变压器功率与铁芯截面积的平方成正比，铁芯截面积越大，变压器功率越大。

次级电压是指电源变压器次级绕组的额定输出电压。有多个次级绕组的电源变压器，可以有多种次级电压。次级电流是指次级绕组所能提供的最大电流，应用时次级电流必须大于电路实际电流值。

（2）电源变压器的用途

电源变压器的主要用途是电源电压变换，并可同时提供多种电源电压，以适应不同电路的需要。

8.2 稳压电路

稳压电路的作用是稳定电源电路的输出电压。由于种种原因，交流电网的供电电压往往是不稳定的，因此整流滤波电路输出的直流电压也就会不稳定。另一方面，由于整流滤波电路必然存在内阻，当负载电流发生变化时，输出电压也会受到影响而发生变化。为了得到稳定的直流电压，必须在整流滤波电路之后采用稳压电路。

8.2.1 简单稳压电路

半导体稳压二极管在反向击穿状态下，具有虽然电流在较大范围内变化，但其两端电压却基本不变的特性。利用稳压二极管的这一特性，可以组成简单稳压电路。

简单稳压电路的特点是电路简单，但输出电压不可调、输出电流受稳压二极管的限制，仅适用于要求输出电流较小的场合。

简单稳压电路如图8-39所示，稳压二极管VD与负载电阻R_L并联，VD上电压即是输出电压U_o，R_1为限流电阻。稳压二极管工作于反向击穿状态，其反向击穿电压即是稳定电压U_Z，电流在较大范围变化时，电压基本不变。

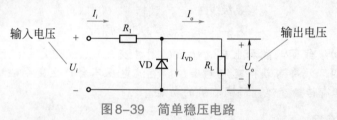

图8-39　简单稳压电路

（1）输入电压变化时的稳压过程

当输入电压U_i因某种原因而上升时，必然造成输出电压U_o有所上升。但稳压二极管具有保持稳压值恒定的特性，因此使得流过稳压二极管VD的电流I_{VD}增大，也就使得输入电流I_i增大，导致限流电阻R_1上电压降U_{R1}增大，迫使输出电压U_o回落。

当输入电压U_i因某种原因而下降时，输出电压U_o有所下降使流过稳压二极管VD的电流I_{VD}减小，输入电流I_i亦随之减小，R_1上电压降U_{R1}减小，迫使输出电压U_o回升，最终使输出电压U_o保持基本不变。

（2）负载电流变化时的稳压过程

当负载电流I_o因某种原因而增大时，会使输出电压U_o有所下降，同样导致稳压二极管VD的电流I_{VD}减小，输入电流I_i亦随之减小，R_1上电压降U_{R1}减小，迫使输出电压U_o回升。

当负载电流I_o因某种原因而减小时，电路作出相反的调控，最终使得输出电压U_o保持基本不变。

知识链接 **37** 稳压二极管

稳压二极管是一种特殊的具有稳压功能的二极管，它也是具有一个P-N结的半导体器件。与一般二极管不同的是，稳压二极管工作于反向击穿状态。

1. 稳压二极管的种类

稳压二极管有许多种类,如图8-40所示。按封装不同可分为玻璃外壳稳压二极管、塑料封装稳压二极管、金属外壳稳压二极管等。按功率不同可分为小功率(1W以下)稳压二极管和大功率稳压二极管。按特性可分为单向击穿(单极型)稳压二极管和双向击穿(双极型)稳压二极管两类。

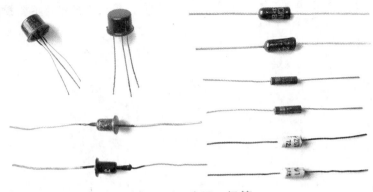

图8-40 稳压二极管

2. 稳压二极管的符号

稳压二极管的文字符号为"VD",图形符号如图8-41所示。

图8-41 稳压二极管的符号

3. 稳压二极管的引脚

稳压二极管两引脚有正、负极之分。稳压二极管的管体上一般均印有负极标志或图形符号,如图8-42所示,使用时应注意识别。由于稳压二极管工作于反向击穿状态,所以接入电路时,其负极应接电源正极,其正极应接地。

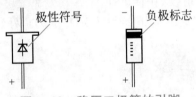

图8-42 稳压二极管的引脚

4. 稳压二极管的参数

稳压二极管的主要参数是稳定电压和最大工作电流。

① 稳定电压U_Z是指稳压二极管在起稳压作用的范围内,其两端的反向电压值。不同型号的稳压二极管具有不同的稳定电压U_Z,使用时应根据需要选取。

② 最大工作电流I_{ZM}是指稳压二极管长期正常工作时,所允许通过的最大反向电流。使用中应控制通过稳压二极管的工作电流,使其不超过最大工作电流I_{ZM},否则将烧毁稳压二极管。

5. 稳压二极管的工作原理

稳压二极管是利用P-N结反向击穿后，其端电压在一定范围内保持不变的原理工作的。在加正向电压或反向电压较小时，稳压二极管与一般二极管一样具有单向导电性。

当反向电压增大到一定程度时，反向电流剧增，二极管进入了反向击穿区，这时即使反向电流在很大范围内变化，二极管端电压仍保持基本不变，这个端电压即为稳定电压U_Z，如图8-43所示。只要反向电流不超过最大工作电流I_{ZM}，稳压二极管是不会损坏的。

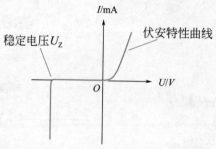

图8-43　稳压二极管特性曲线

6. 稳压二极管的用途

稳压二极管的主要用途是稳压，广泛应用在各类稳压电路中，包括并联稳压电路、串联稳压电路、带放大环节的稳压电路等。

8.2.2　简单LED稳压电路

大多数发光二极管的正向管压降为2V，因此可将发光二极管作为2V的稳压二极管或基准电压源使用。图8-44所示为采用发光二极管作为稳压管的简单并联稳压电路，可提供+2V的直流稳压输出。发光二极管同时具有电源指示灯功能。

发光二极管VD_1与负载R_L直接并联在一起，VD_1的管压降即为稳压电路输出电压U_o，R_1为限流电阻。当输入电压U_i在一定范围内变化时，由于VD_1的管压降U_{VD_1}基本恒定不变，所以输出电压$U_o = 2V$不变，达到了稳压的目的。

如果需要提高输出电压，可以如图8-45所示，在发光二极管VD_1回路中再串入一个晶体二极管VD_2，这时稳压电路的输出电压U_o等于VD_1和VD_2两个二极管正向管压降之和，即$U_o = U_{VD_1} + U_{VD_2} = 2V + U_{VD_2}$。

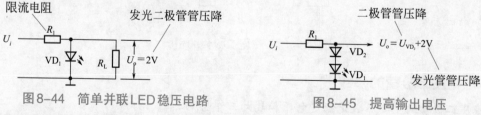

图8-44　简单并联LED稳压电路　　　图8-45　提高输出电压

VD_2可以是硅二极管（$U_o = 2V + 0.7V$），或者是锗二极管（$U_o = 2V + 0.3V$），也可以是发光二极管（$U_o = 2V + 2V$），还可以是若干个二极管的串联体（$U_o = $ 所有二极管管压降之和）。

如果VD_2采用稳压二极管，如图8-46所示，则输出电压$U_o = U_{VD_2} + 2V$（式中：U_{VD_2}为稳压二极管的稳压值）。在没有合适的稳压二极管时，可以用此方法提高稳压管的输出电压。

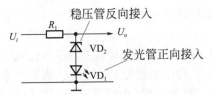

图8-46　串联稳压二极管提高输出电压

8.2.3　串联型稳压电路

串联型稳压电路如图8-47所示，晶体管VT为自动调整元件，由于调整元件串联在负载回路中，因此称为串联型稳压电路。VD为稳压二极管，为调整管VT提供稳定的基极电压。R_1为稳压二极管的限流电阻，R_L为负载电阻。U_i为输入电压。U_o为输出电压，I_c为输出电流。

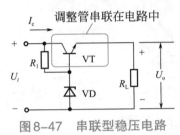

图8-47　串联型稳压电路

串联型稳压电路稳压精度较高，可以输出较大的直流电流，还可以做到输出直流电压连续可调，得到了广泛的应用。

（1）串联型稳压电路工作原理

串联型稳压电路工作原理可用图8-48说明。R为串联在负载回路中的可变电阻，R上的电压降U_R与输出电压U_o之和等于输入电压U_i。

如果输入电压U_i变大了，我们就将可变电阻R的阻值适当调大，使其电压降U_R增大，从而保持输出电压U_o不变。如果输入电压U_i变小了，就将R的阻值适当调小，使其电压降U_R减小，从而保持输出电压U_o不变。如果负载电阻R_L变化引起负载电流变化时，也将R的阻值作适当调整，使得输出电压U_o保持不变，这样就达到了稳定输出电压的目的。

当然，在实际电路中，不可能人工调节可变电阻R，而是利用晶体管的集电极-发射极间的管压降作为可变电阻R来进行自动调节，该晶体管称为调整管。

在串联型稳压电路中，调整管VT相当于一个可变电阻，起到自动调整电压的作用。如图8-49所示，由于调整管VT的基极电压是由稳压二极管VD提供的恒定电压，因此输出电压U_o的任何变化都将引起VT的基极-发射极间电压U_{be}的反向变化，从而改变了调整管VT的管压降U_{ce}，达到自动稳压的目的。

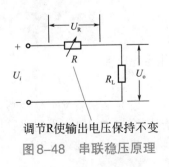

图8-48　串联稳压原理

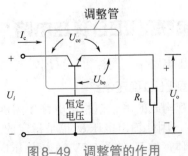

图8-49　调整管的作用

（2）带放大环节的串联型稳压电路

为了进一步提高输出电压的稳定度，在实际应用中往往采用带有放大环节的串联型稳压电路，如图8-50所示。VT_1为调整管，其基极控制信号来自VT_2集电极。VT_2等组成比较放大器，R_1为其集电极负载电阻。稳压二极管VD和R_2构成基准电压，R_3、R_4组成取样电路。

由于增加了比较放大器，所以该稳压电路的调节灵敏度更高，输出电压的稳定性更好。其基本工作原理是：取样电路将输出电压U_o按比例取出一部分，送到比较放大器与基准电压进行比较。如果两者有差值，比较放大器便将差值放大后去控制调整管，使调整管反向变化来抵消输出电压的变化。图8-51所示为带放大环节的串联型稳压电路方框图。

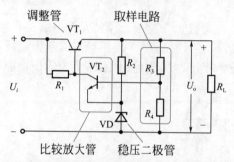

图8-50　带放大环节的串联型稳压电路　　图8-51　带放大环节的串联型稳压电路方框图

（3）输出电压可调的串联型稳压电路

改变取样电路的分压比，即可改变稳压电路输出电压的大小，因此带放大环节的串联型稳压电路可以方便地构成输出电压连续可调的稳压电路。

如图8-52所示，取样电路由电阻R_3、R_4和电位器RP组成。当调节电位器RP的动臂向下移动时，取样比减小，输出电压U_o增大；当调节电位器RP的动臂向上移动时，取样比增大，输出电压U_o减小。

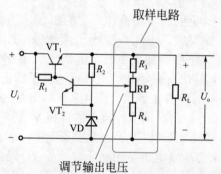

图8-52　输出电压可调的串联型稳压电路

8.2.4　串联型LED稳压电路

串联型稳压电路中，同样可以采用发光二极管作为稳压管。

（1）串联型LED稳压电路

发光二极管构成的串联型稳压电路如图8-53所示，发光二极管VD_1将调整管VT_1的基极电压稳定在2V，因此输出电压U_o也是稳定的。由于调整管VT_1基极-发射极管压降U_{be1}的存在（NPN型晶体管的U_{be}约为0.7V），该稳压电路的输出电压$U_o = 2V-0.7V$。

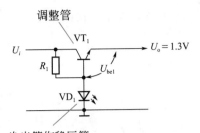

图8-53 串联型LED稳压电路

（2）带放大环节的串联型LED稳压电路

带放大环节的串联型LED稳压电路如图8-54所示，由于增加了比较放大晶体管VT_2，将误差信号放大后去控制调整管VT_1，因此它具有更好的稳压效果。

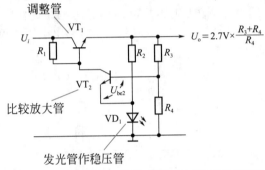

图8-54 带放大环节的串联型LED稳压电路

发光二极管VD_1构成2V基准电压，将比较放大管VT_2的发射极电压稳定在2V，VT_2的基极接取样电路。R_3与R_4组成取样电路，取样比为$\dfrac{R_4}{R_3+R_4}$。输出电压U_o的$\dfrac{R_4}{R_3+R_4}$进入VT_2基极与2V基准电压相比较，并将差值放大后作为调整管VT_1的基极控制信号，使调整管VT_1作反向变化来抵消输出电压的变化，达到稳压的目的。

带放大环节的串联型LED稳压电路的输出电压$U_o = \left(U_{VD_1}+U_{be2}\right)\times\dfrac{R_3+R_4}{R_4}=2.7\text{V}\times\dfrac{R_3+R_4}{R_4}$，可通过改变$R_3$与$R_4$的比值进行调节。

8.2.5 采用集成稳压器的稳压电路

采用集成稳压器构成稳压电路，具有电路简单、稳定度高、输出电流大、保护电路完善的特点，因此在实际电路中得到了非常广泛的应用。

（1）输出电压固定的稳压电路

输出电压为固定正电压的稳压电路如图8-55所示，集成电路IC为7800系列固定正输出集成稳压器。C_1、C_2为输入端滤波电容，C_3为输出端滤波电容。R_L为负载电阻。稳压电路的输出电压U_o由所选用的集成稳压器78××的输出电压决定，例如，IC选用7812，则电路输出电压为+12V。由于集成稳压器可靠工作时要求有一定的压差，因此输入电压U_i至少应比输出电压U_o高2.5V。

输出电压为固定负电压的稳压电路如图8-56所示，电路结构与固定正输出稳压电路相似，仅仅是集成电路IC采用了7900系列固定负输出集成稳压器。该电路输出电压U_o由所选用的集成稳压器79××的输出电压所决定。

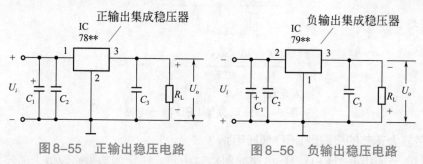

图8-55　正输出稳压电路　　　　图8-56　负输出稳压电路

同时利用配对的7800系列与7900系列集成稳压器，可以组成具有正、负对称输出电压的稳压电路。如图8-57所示，IC_1为7800系列固定正输出集成稳压器，IC_2为7900系列固定负输出集成稳压器，且IC_1与IC_2输出电压相同。该稳压电路提供的正、负对称输出的稳定电压$\pm U_o$的绝对值，等于所选用的78××和79××的输出电压，例如，选用7815和7915，则该电路的稳压输出电压为$\pm15V$。

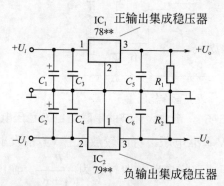

图8-57　正负对称输出稳压电路

（2）输出电压连续可调的稳压电路

采用集成稳压器也可以构成输出电压连续可调的稳压电路。图8-58所示为正电压输出可调稳压电路，集成电路IC采用三端正输出可调集成稳压器CW117。电阻R和电位器RP组成调压电路，当电位器RP的动臂向上移动时，输出电压U_o提高；当RP的动臂向下移动时，输出电压U_o下降。

图8-59所示为负电压输出可调稳压电路，集成电路IC采用三端负输出可调集成稳压器CW137。当调压电位器RP的动臂向上移动时，输出电压$-U_o$的绝对值提高；当RP的动臂向下移动时，输出电压$-U_o$的绝对值下降。

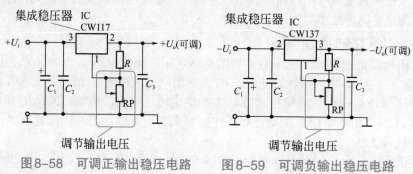

图8-58　可调正输出稳压电路　　　图8-59　可调负输出稳压电路

知识链接 集成稳压器

集成稳压器是指将不稳定的直流电压变为稳定的直流电压的集成电路,常见的集成稳压器有金属圆形封装、金属菱形封装、塑料封装、带散热板塑封、扁平式封装、单列封装和双列直插式封装等多种形式,如图8-60所示。

图8-60 集成稳压器

1. 集成稳压器的种类

集成稳压器种类较多,按输出电压的正负可分为正输出稳压器、负输出稳压器、正负对称输出稳压器。按输出电压是否可调可分为固定输出稳压器和可调输出稳压器,固定输出稳压器具有多种输出电压规格。按引脚数可分为三端稳压器和多端稳压器。按工作原理可分为线性稳压器、开关稳压器、电压变换器和电压基准源等。应用较多的是三端固定输出集成稳压器。

2. 集成稳压器的符号

集成稳压器的文字符号为"IC",图形符号如图8-61所示。

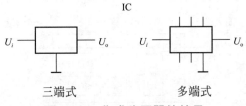

图8-61 集成稳压器的符号

3. 集成稳压器的参数

集成稳压器的参数包括极限参数和工作参数两方面,主要参数有输出电压、最大输出电流、最小输入输出压差、最大输入电压、最大耗散功率等。

① 输出电压 U_o 是指集成稳压器的额定输出电压。对于固定输出的稳压器,U_o 是一固定值;对于可调输出的稳压器,U_o 是一电压范围。

② 最大输出电流 I_{OM} 是指集成稳压器在安全工作的条件下所能提供的最大输出电流。应选用 I_{OM} 大于(至少等于)电路工作电流的稳压器,并按要求安装足够的散热板。

③ 最小输入输出压差是指集成稳压器正常工作所必须的输入端与输出端之间的最小电压差值。这是因为调整管必须承受一定的管压降,才能保证输出电压 U_o 的稳定。否则稳压器不能正常工作。

④ 最大输入电压 U_{iM} 是指在安全工作的前提下,集成稳压器所能承受的最大输入电压值。输入电压超过 U_{iM} 将会损坏集成稳压器。

⑤ 最大耗散功率P_M是指集成稳压器内部电路所能承受的最大功耗，$P_M = (U_i - U_o) \times I_o$，使用中不得超过$P_M$，以免损坏集成稳压器。

4. 串联式集成稳压器工作原理

串联式稳压器的特点是调整管与负载相串联并工作在线性区域。

图8-62所示为串联式集成稳压器内部电路原理方框图，其工作原理是：取样电路将输出电压U_o按比例取出，送入比较放大器与基准电压进行比较，差值被放大后去控制调整管，使调整管管压降作反方向变化，最终使输出电压U_o保持稳定。

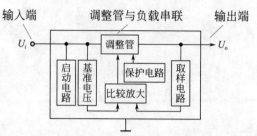

图8-62　串联式集成稳压器原理

串联式稳压器电压调整率高、负载能力强、纹波抑制能力强、电路结构简单，绝大多数集成稳压器都是串联式稳压器。

5. 并联式集成稳压器工作原理

并联式稳压器的特点是调整管与负载相并联并工作在线性区域。

图8-63所示为并联式集成稳压器内部电路原理方框图，其工作原理是：取样电路将输出电压U_o按比例取出，送入比较放大器与基准电压进行比较，差值被放大后去控制调整管，使调整管分流比例作反方向变化，最终使输出电压U_o保持稳定。

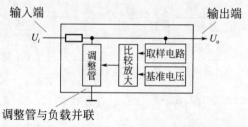

图8-63　并联式集成稳压器原理

并联式稳压器负载短路能力强，但电压、电流调整率差，通常作为电流源运用。

6. 集成稳压器的用途

集成稳压器的主要作用是稳压，还可以用作恒流源。集成稳压器具有稳压精度高、工作稳定可靠、外围电路简单、体积小、重量轻等显著特点，在各种电源电路中得到了越来越普遍的应用，应用最广泛的是串联式集成稳压器。

8.2.6　分挡式LED稳压电源

图8-64所示为一款采用发光二极管作为稳压管的分挡可调输出稳压电源电路，输出电压3V、4.5V、6V三挡可调，最大输出电流500mA，发光二极管VD_5既是稳压管，同时也是电

源指示灯。

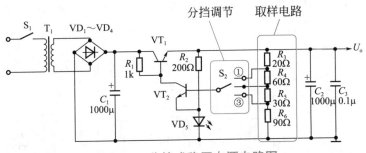

图8-64 分挡式稳压电源电路图

（1）电路工作原理

分挡式稳压电源包括变压、整流滤波、稳压和分挡调节等组成部分，S_1 为电源开关，S_2 为输出电压选择开关，如图8-65所示。

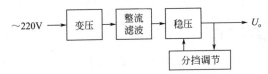

图8-65 分挡式稳压电源方框图

这是一个典型的串联型稳压电路，交流220V市电由电源变压器 T_1 降压、整流二极管 $VD_1 \sim VD_4$ 桥式整流、电容器 C_1 滤波后，得到非稳压的直流电压，再由晶体管 VT_1、VT_2 等组成的稳压电路稳压，然后输出稳压直流电压。电路具有3挡输出电压可供选择。

（2）分挡稳压原理

晶体管 VT_1 为调整管，VT_2 为比较放大管。发光二极管 VD_5 构成基准电压源，将 VT_2 的发射极电压稳定在2V。

电阻 R_3、R_4、R_5、R_6 构成取样电路，通过开关 S_2 选择不同的取样比，即可获得不同的输出电压。输出电压 $U_o = （U_{VD_5} + U_{be2}） \times \dfrac{R_3 + R_4 + R_5 + R_6}{R} = 2.7V \times \dfrac{R_3 + R_4 + R_5 + R_6}{R}$，式中 R 在不同挡位代表不同的数值。

当 S_2 位于①挡时，$R = R_4 + R_5 + R_6$，取样比为0.9，输出电压 $U_o = 3V$。
当 S_2 位于②挡时，$R = R_5 + R_6$，取样比为0.6，输出电压 $U_o = 4.5V$。
当 S_2 位于③挡时，$R = R_6$，取样比为0.45，输出电压 $U_o = 6V$。

8.3 晶体管稳压电源

晶体管稳压电源是一种常用电子设备，也是电子爱好者制作最多的课题之一。该晶体管稳压电源额定输出电压为3V，最大输出电流为600mA。

8.3.1 电路结构原理

晶体管稳压电源电路如图8-66所示，包括3个单元，从左到右依次为：①以整流二极管 $VD_1 \sim VD_4$ 为核心的整流滤波单元，包括交流降压电路、整流电路、滤波电路等。

②以晶体管$VT_1 \sim VT_4$为核心的稳压单元，包括基准电压、取样电路、比较放大器、调整元件、保护电路等。③以发光二极管VD_7为核心的指示电路单元。图8-67所示为电路原理方框图。

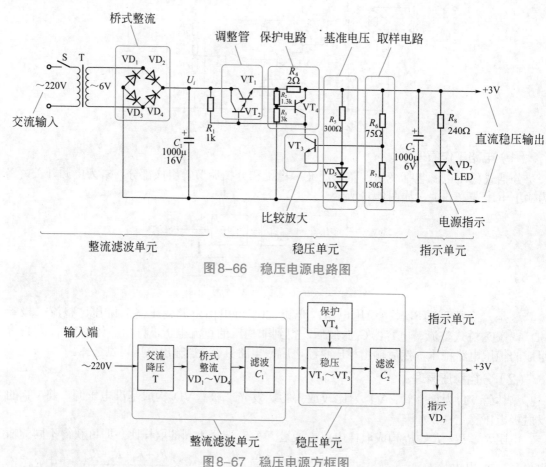

图8-66　稳压电源电路图

图8-67　稳压电源方框图

晶体管稳压电源总体工作原理是：交流220V电压经电源变压器T降压、整流二极管$VD_1 \sim VD_4$桥式整流、电容器C_1滤波后，得到不稳定的直流电压。再经由$VT_1 \sim VT_4$组成的稳压电路稳压调整后，输出稳定的3V直流电压。当输入电压或负载电流在一定范围内变化时，输出的3V直流电压稳定不变。

8.3.2　整流滤波电路

整流滤波单元电路包括交流降压电路、整流电路和滤波电路。

（1）交流降压电路

稳压电源额定输出电压为3V，因为调整管必须有一定的压降，交流输入电压选择为6V，由电源变压器T将220V交流电压降压为交流6V。稳压电源最大输出电流为600mA，考虑到一定的损耗，T采用6W的电源变压器。

（2）整流电路

整流电路采用了由$VD_1 \sim VD_4$组成的桥式整流器。虽然桥式整流器需要用4只整流二极管，但是其整流效率较高、脉动成分较少、变压器次级无需中心抽头，因此得到了广泛的应用。

（3）滤波电路

桥式整流后在负载 R_L 上得到的是脉动直流电压，其频率为100Hz（交流电源频率的两倍），峰值为 $\sqrt{2}e \approx 8.4V$，还必须经过平滑滤波后才能实际应用。

电容滤波器是一种简单实用的平滑滤波器。由于电容器 C_1 的充、放电作用，当电容器容量足够大时，充入的电荷多，放掉的电荷少，最终使整流出来的脉动电压成为直流电压 U_i，空载时 $U_i = \sqrt{2}e \approx 8.4V$。

8.3.3 稳压电路

稳压单元包括基准电压、取样电路、比较放大器、调整元件、保护电路等，图8-68为其原理方框图。

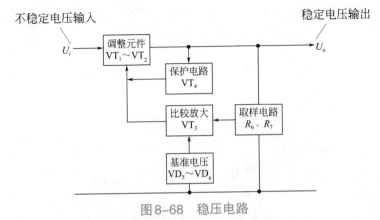

图8-68 稳压电路

稳压单元是典型的串联型稳压电路，调整元件串接在输入电压 U_i（8.4V左右）与输出电压 U_o（3V）之间。如果输出电压 U_o 由于某种原因发生变化时，调整元件就作相反的变化来抵消输出电压的变化，从而保持输出电压 U_o 的稳定。

（1）基准电压

基准电压的作用是提供稳压基准，其稳定性直接关系到整个稳压电源的稳定性。基准电压 U_{VD} 通常由稳压管电路获得，两个硅二极管 VD_5 和 VD_6 串联作为稳压管使用，可提供1.3V的稳定的基准电压。R_5 是限流电阻。

（2）取样电路

取样电路的作用是将输出电压 U_o 按比例取出一部分，作为控制调整元件的依据。取样电路由 R_6 和 R_7 组成，取样比为 $\dfrac{R_7}{R_6+R_7} = \dfrac{2}{3}$。稳压电源的输出电压 U_o 由取样比和基准电压 U_{VD} 决定，$U_o = (U_{VD}+0.7V) \times \dfrac{R_6+R_7}{R_7}$，式中，0.7V是晶体管 VT_4 的b-e结间压降。改变取样比或基准电压，即可改变稳压电源的输出电压。

（3）比较放大器

比较放大器的作用是对取样电压与基准电压的差值进行放大，然后去控制调整管的变化。比较放大器是一个由晶体管 VT_3 等构成的直流放大器，VT_3 的发射极接基准电压（1.3V），基极接取样电压（2V），集电极电压作为调整管的控制电压，如图8-69所示。

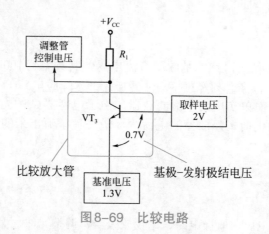

图 8-69　比较电路

（4）调整元件

调整元件是稳压单元的执行元件，一般由工作于线性放大区的功率晶体管构成，它的基极输入电流受比较放大器输出电压的控制，如图 8-70 所示。

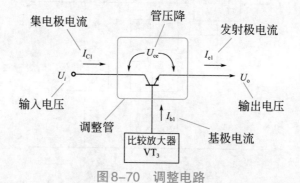

图 8-70　调整电路

本电源中调整元件采用了复合管（VT_1+VT_2），其中 VT_1 为大功率晶体管。采用复合管的好处是可以极大地提高调整管的电流放大系数，有利于改善稳压电源的稳压系数和动态内阻等指标。

（5）保护电路

为了防止输出端不慎短路或过载而造成调整管损坏，直流稳压电源通常都设计有过流自动保护电路。晶体管 VT_4 和 R_2、R_3、R_4 等组成截止式保护电路，工作过程如图 8-71 所示。

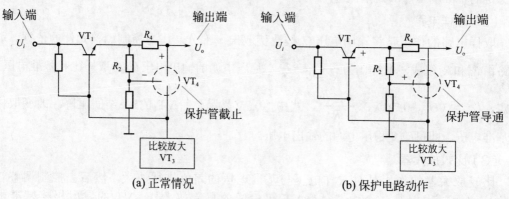

(a) 正常情况　　　　　　　　(b) 保护电路动作

图 8-71　保护电路

正常情况下，输出电流在 R_4 上产生的压降小于 R_2 上的电压（R_2 与 R_3 分压获得），使得

VT$_4$基极电位低于发射极电位，VT$_4$因反向偏置而截止，保护电路不起作用。

当输出端短路或过载时，输出电流大增，R$_4$上压降也增大，使VT$_4$得到正向偏置而导通。VT$_4$的导通使调整管基极变为反向偏置而截止，从而起到了保护作用。当短路或过载故障排除后，稳压电路自动恢复正常工作。

8.3.4 指示电路

发光二极管VD$_7$是电源指示灯，R$_8$是其限流电阻。电容器C$_2$的作用是进一步滤除输出直流电压中的交流成分。

8.4 调压与逆变电路

交流调压电路与直流逆变电路也是常有的电源电路之一，多采用大功率晶体闸流管作为主控元器件。

8.4.1 交流调压电路

双向晶闸管交流调压原理如图8-72所示，RP、R和C组成充放电回路，C上电压作为双向晶闸管VS的触发电压。调节RP可改变C的充电时间，也就改变了VS的导通角，达到交流调压的目的。

图8-73所示为通用交流调压电路，双向晶闸管VS为电压调整元件，RP为电压调整电位器，C为定时电容，VD为双向触发二极管。交流电压由电路左端输入，调压后的交流电压自电路右端输出，供负载使用。

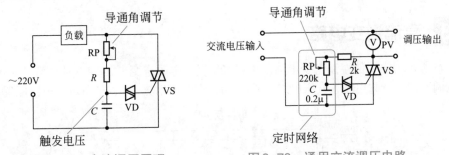

图8-72 交流调压原理　　　　图8-73 通用交流调压电路

调节电位器RP，可以改变电容C的充电电流，也就改变了C上电压达到双向二极管VD导通阈值的充电时间，即调节了双向晶闸管VS的导通角，达到调整输出电压的目的。

增大电位器RP，电容C的充电电流减小、电压上升变慢，C上电压需要较长时间才能达到双向二极管VD的导通阈值产生触发脉冲。换句话说，就是在交流电的每个半周中，触发脉冲在时间上被延后，导致双向晶闸管VS的导通角变小，输出电压的平均值降低。

减小电位器RP，电容C的充电电流增大、充电速率变快，在交流电的每个半周中，触发脉冲在时间上被提前，导致双向晶闸管VS的导通角变大，输出电压的平均值提高。这种交流调压电路的特点是降压调节，即输出电压不可能高于输入电压。

8.4.2 自动交流调压电路

图8-74所示为自动交流调压电路，它的特点是输入的交流电压在一定范围波动时，调整后的输出电压能够保持不变。

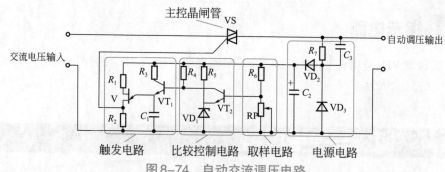

图8-74 自动交流调压电路

自动调压原理是，双向晶闸管VS的控制极采用单结晶体管触发电路，并由晶体管VT_1控制定时电容C_1的充电电流。晶体管VT_2等构成比较电路，将输出电压的波动放大后去改变VT_1的导通程度，进而改变触发脉冲产生的时间，调节晶闸管VS的导通角，达到自动调压、保持输出电压稳定的效果。

晶体管VT_2的发射极接稳压二极管VD_1，其基极接R_6、RP构成的输出电压取样电路。当电路输入端的交流电压升高时，调压后的输出电压也趋于升高，经取样电阻R_6加至VT_2基极，由于VT_2的发射极电位被稳压二极管VD_1稳定在固定值，所以VT_2集电极电位下降，使VT_1的发射极电流（即C_1的充电电流）下降，单结晶体管V产生的触发脉冲被延迟，也就是减小了晶闸管VS的导通角，迫使输出电压回落，最终使输出电压保持稳定。

当电路输入端的交流电压降低时的自动调压情况相似，只是调整方向相反而已。调节电位器RP可改变自动调压输出的电压值。

8.4.3 直流逆变电路

图8-75所示为实用的直流逆变电路，可将12V直流电源逆变为220V交流电源。直流逆变电路由脉宽调制器、开关电路、升压电路、取样电路等部分组成，图8-76所示为电路原理方框图。

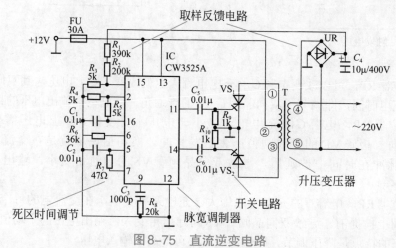

图8-75 直流逆变电路

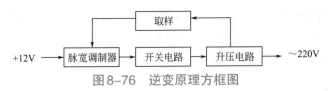

图8-76　逆变原理方框图

该电路是一个数字式准正弦波DC/AC逆变器，具有以下特点：①采用脉宽调制式开关电源电路，可关断晶闸管作为功率开关器件，转换效率高达90%以上，自身功耗小。②输出交流电压220V，并且具有稳压功能。③输出功率300W，可以扩容至1000W以上。④采用2kHz准正弦波形，无需工频变压器，体积小重量轻。

（1）脉宽调制器

IC为脉宽调制型（PWM）开关电源集成电路CW3525A，其内部集成有基准电源、振荡器、误差放大器、脉宽比较器、触发器、锁存器等，输出级电路为图腾柱形式，具有200mA的驱动能力。

CW3525A内部振荡器的工作频率由其第6、第5脚外接定时电阻R_6和定时电容C_2决定，本电路中振荡频率约为4kHz，通过内部触发器和门电路分配后，从其第11脚和第14脚轮流输出驱动脉冲，经微分电路触发可关断晶闸管VS_1、VS_2轮流导通。

（2）微分触发电路

因为可关断晶闸管的特点是正脉冲触发导通、负脉冲触发截止，因此脉宽调制器IC输出的驱动脉冲，必须经由微分电路转换为正、负触发脉冲，再去触发可关断晶闸管。

电容C_5、电阻R_9构成可关断晶闸管VS_1的控制极微分电路，电容C_6、电阻R_{10}构成可关断晶闸管VS_2的控制极微分电路。下面以C_5、R_9微分电路为例来说明它的工作原理。

当脉宽调制器IC的第11脚刚输出驱动脉冲U_1时，由于电容C_5两端电压不能突变，驱动脉冲U_1电压全部加在电阻R_9上；C_5迅速充满电后，R_9上电压降为"0"；结果是驱动脉冲U_1上升沿在R_9上形成一正脉冲，触发可关断晶闸管VS_1导通。

当脉宽调制器IC的第11脚输出的驱动脉冲U_1结束时，同样由于电容C_5两端电压不能突变，C_5右端变为$-U_1$并全部加在电阻R_9上；C_5迅速放完电后，R_9上电压恢复为"0"；结果是驱动脉冲U_1下降沿在R_9上形成一负脉冲，触发可关断晶闸管VS_1关断。

同理，脉宽调制器IC的第14脚输出的驱动脉冲U_2，在C_6、R_{10}的微分作用下，其上升沿在R_{10}上形成一正脉冲，触发可关断晶闸管VS_2导通；其下降沿在R_{10}上形成一负脉冲，触发可关断晶闸管VS_2关断。

（3）开关升压电路

当VS_1导通时（此时VS_2截止），+12V电源通过变压器T初级上半部分（②端→①端）经VS_1到地。当VS_2导通时（此时VS_1截止），+12V电源通过变压器T初级下半部分（②端→③端）经VS_2到地。通过变压器T的合成和升压，在T的次级即可获得220V的交流电压，其频率约为2kHz。

由于变压器线圈对高频成分的阻碍，次级波形已不是方波，可称之为准正弦波。采用较高频率的准正弦波形，有利于提高效率和革除工频变压器，也能使大多数电器正常工作。

IC的第5脚与第7脚之间所接电阻R_7用以调节死区时间，本电路中死区时间约为2μs。设置死区时间可以保证VS_1与VS_2不会出现同时导通的情况，提高了电路的安全性与可靠性。

（4）取样电路

整流全桥UR与C_4、C_1～R_3等组成取样反馈电路。输出端的220V交流电压经整流桥堆

UR全波整流、电容C_4滤波、电阻R_1、R_2与R_3分压后,从第1脚送入脉宽调制器IC内部的误差放大器和比较器进行处理,进而自动控制第11脚与第14脚的输出脉宽(即脉宽调制),达到稳定输出电压的目的。

8.5 电源变换电路

电源变换电路主要是指将一种直流电压变换为另一种直流电压的电路,包括直流倍压电路、直流升压电路、电源极性变换电路、双电源产生电路等。

8.5.1 直流倍压电路

倍压电路可以将输入的直流电压倍压后输出,输出电压是输入电压的2倍。图8-77所示为555时基电路构成的直流倍压电路,输入电压5V,输出电压10V。

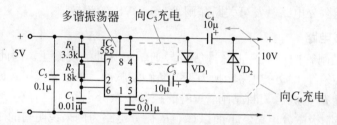

图8-77 直流倍压电路

电路工作原理是,555时基电路IC构成多谐振荡器,振荡频率约3.6kHz,将+5V电源电压转变为方波脉冲,从IC第3脚输出。

当IC第3脚输出为"0"时,+5V电源电压经二极管VD_1使C_3充满电,C_3上电压为5V,左负右正。

当IC第3脚输出为"+5V"时,C_3左端电压由"0"上升为"+5V"。由于电容器两端电压不能突变,C_3右端电压由"+5V"上升为"+10V",并经二极管VD_2向C_4充电,C_4上电压左端为+5V、右端为+10V,实现了倍压输出。

8.5.2 直流升压电路

图8-78所示为直流升压电路,可以将直流电源电压按照需要任意升压后输出。电路中使用了两个555时基电路,分别构成多谐振荡器和反相器。

直流升压原理如图8-79方框图所示,555时基电路IC_1构成对称式多谐振荡器,将+5V直流工作电压转换为"1"与"0"完全对称的、幅值5V的振荡脉冲,振荡频率约4kHz。555时基电路IC_2构成施密特触发器,起到反相器作用,将IC_1第3脚输出的振荡脉冲反相后输出。这样,两个555时基电路IC_1与IC_2便组成了桥式推挽振荡电路。

T为升压变压器,T的初级线圈接在两个555时基电路IC_1与IC_2输出端(第3脚)之间,由桥式推挽振荡电路驱动。T的次级电压经VD_3～VD_6桥式整流、C_4滤波后输出,输出电压的大小取决于变压器T的变压比,即取决于初级线圈与次级线圈之间的匝数比。

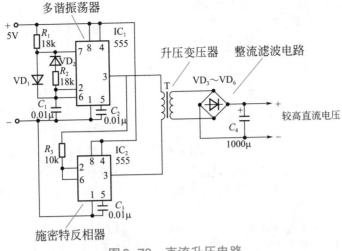

图8-78 直流升压电路

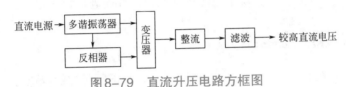

图8-79 直流升压电路方框图

8.5.3 万用表电子高压电池

万用表 "R×10kΩ" 等高阻电阻挡需要使用9V高压电池，如用直流升压电路将1.5V电池升压为9V供高阻电阻挡使用，则可减少万用表使用电池的种类，提高万用表使用的经济性。

图8-80所示为万用表电子高压电池电路，电路输入电压+1.5V（取自万用表内1.5V电池），输出电压+9V。音乐IC作为振荡源，在1.5V工作电压下起振产生音乐信号，经晶体管 VT_1 放大、变压器T升压后输出，再由二极管 VD_1 整流，C_1、R_1、C_2 滤波，并由稳压二极管 VD_2 稳压为 +9V 后输出。

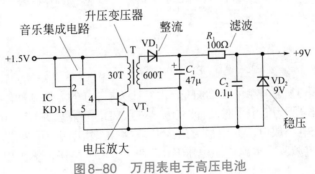

图8-80 万用表电子高压电池

8.5.4 电源极性变换电路

电源极性变换电路可以将正电源变为负电源，也可称为负电源产生电路。图8-81所示为555时基电路构成的电源极性变换电路，能够将 $+V_{CC}$ 工作电源变换为 $-V_{CC}$ 输出。

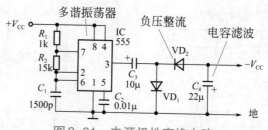

图 8-81　电源极性变换电路

　　555时基电路IC构成多谐振荡器，振荡频率约30kHz，峰峰值为V_{CC}的脉冲电压由第3脚输出，即IC第3脚的输出电压U_o在"$+V_{CC}$"与"0"之间变化。

　　当$U_o = +V_{CC}$时，经二极管VD_1使C_3充电，C_3上电压为左正右负，即C_3左侧电压为"$+V_{CC}$"、右侧电压为"0"。

　　当$U_o = 0$时，C_3左侧电压变为"0"，因为电容器两端电压不能突变，其右侧电压即变为"$-V_{CC}$"。地线端电压（0V）经二极管VD_2使C_4充电，C_4上电压为下正上负，即C_4下端电压为"0"、上端电压为"$-V_{CC}$"，实现了电源极性变换，并向外提供负电源。

8.5.5　双电源产生电路

　　双电源产生电路能够在单电源供电的情况下，产生正负对称的双电源，在需要正负对称双电源供电的场合，可以省去一组负电源，有利于简化电路、提高效率。

　　双电源产生电路如图8-82所示，555时基电路IC构成对称式多谐振荡器，它的特点是定时电阻R_1和定时电容C_2接在IC输出端（第3脚）与地之间。当IC输出端为高电平时经R_1向C_2充电，当IC输出端为低电平时C_2经R_1放电，可见充、放电回路完全相同，所以输出脉冲的高电平脉宽与低电平脉宽完全相等。

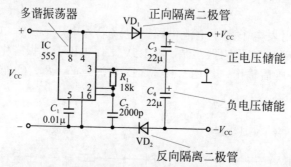

图 8-82　双电源产生电路

　　555时基电路IC第3脚输出频率为20kHz、占空比为1∶1的方波脉冲。当IC第3脚为高电平时，C_4被充电；当IC第3脚为低电平时，C_3被充电。VD_1、VD_2是隔离二极管，由于VD_1、VD_2的存在，C_3、C_4在电路中只充电不放电，充电最大值为V_{CC}。将IC输出端（第3脚）接地，在C_3、C_4上就得到了$\pm V_{CC}$的双电源。本电路电源电压V_{CC}可在5～15V范围，输出电流可达数十毫安。

8.6　充电电路

　　充电电路是电源电路中的重要一类，我们日常生活中常用的手机、电动车等，几乎离不开充电器。随着技术的发展和进步，充电器也越来越智能和环保。

8.6.1　手机智能充电器

手机智能充电器允许输入交流电压110～240V／50或60Hz，可以对各种手机锂电池进行充电（配以不同的电池固定座和接点），充电过程智能控制并有相应的LED指示。

手机智能充电器电路如图8-83所示，包括开关电源和充电控制两部分。开关电源摈弃了笨重的电源变压器，减小了充电器的体积和重量，提高了电源效率。充电电路采用脉宽调制控制，可以对电池进行先大电流后涓流的智能快速充电，并由发光二极管予以指示。VD_9 为电源指示灯，VD_{10} 为充电指示灯。图8-84所示为手机智能充电器方框图。

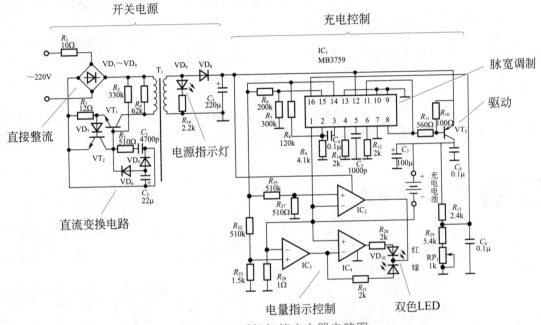

图8-83　手机智能充电器电路图

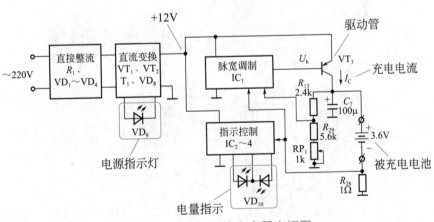

图8-84　手机智能充电器方框图

（1）开关电源电路

电路左半部分为开关电源电路。整流二极管 VD_1 ～ VD_4 将交流220V市电直接整流为310V直流电压，经开关管 VT_1、脉冲变压器 T_1、整流二极管 VD_8 等组成的直流变换电路后，输出+12V直流电压供给后续的充电电路。

（2）充电控制电路

电路右半部分为充电控制电路，包括脉宽调制控制电路和充电指示控制电路。脉宽调制控制电路采用PWM集成电路MB3759（IC_1），指示控制电路由集成运算放大器LM324（$IC_2 \sim IC_4$）构成。

充电电路工作原理是，充电器接通电源后，电源指示灯VD_9点亮，+12V电压通过晶体管VT_3对被充电池进行充电。

刚开始充电时，被充电池两端电压较低，经R_{13}与R_{29}和RP_1分压后使IC_1的输出脉宽较宽，VT_3导通时间较长，对电池的充电电流较大（$180 \sim 200mA$），充电指示灯VD_{10}（双色LED）发红光。

随着充电时间的推移，被充电池两端电压逐步升高，IC_1输出脉宽逐步变窄，VT_3导通时间逐步缩短，充电电流逐步减小。

当被充电池电量充到50%时，发光二极管VD_{10}发橙色光。当被充电池电量充到75%后，发光二极管VD_{10}发绿色光，进入充电电流$<50mA$的涓流充电状态，直至充满。R_{28}是IC_2的取样电阻，另外如果电池出现短路，R_{28}上过高的取样电压还会使IC_1关断，保护VT_3不被损坏。

电位器RP_1用于调节充电电流从大电流转为涓流的时机，一般选择被充电池电量达到75%时转入涓流充电状态。调整方法是，当C_7正端电压为4.2V时，调节RP_1使R_{13}、R_{29}连接处为3.1V即可。

8.6.2 太阳能充电器

应用太阳能电池板制作一个太阳能充电器，至少具有三大好处。一是可以在野外或途中等无交流电源环境或停电情况下，为自己的用电器具应急充电。二是可以节约用电，节省充电费用。三是以实际行动节能减排，为保护环境作贡献。

太阳能充电器电路如图8-85所示，它具有以下功能和特点：①在光照下直接为4节镍氢

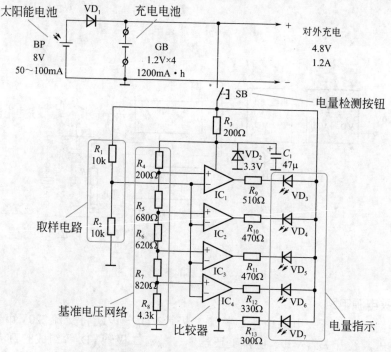

图8-85　太阳能充电器电路图

电池充电。②在光照下直接为手机等电器充电。③具有电能贮存功能，在光照下贮存电能后，能够在无光照情况下为手机等电器充电。④采用发光二极管指示充电状态。

充电器电路由太阳能电池板、充电电路、镍氢电池组、电压指示电路等部分组成。由于太阳能电池板输出电压和电流均取决于光照强度，不稳定且输出电流较小。设置镍氢电池组的作用是作为"蓄水池"，既可稳定输出电压、提高输出电流，又可在无光照情况下提供应急充电。同时作为镍氢电池的充电仓，可为4节1.2V镍氢电池充电。图8-86所示为太阳能充电器原理方框图。

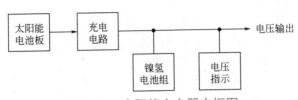

图8-86 太阳能充电器方框图

（1）充电电路

整流二极管VD_1构成最简充电电路。太阳能电池板BP在光照下产生的电能，经VD_1向镍氢电池组GB充电。由于太阳能电池板BP所能提供电流较小（50～100mA），属于涓流充电，因此可以将充电控制与保护电路略去，简化了电路，降低制作成本，而丝毫不影响充电器功能。

电池组GB由4节镍氢可充电池组成，充满时端电压约4.8V。当太阳能电池板BP的输出电压高于电池组GB电压与VD_1管压降之和时，VD_1导通，向电池组GB充电。当太阳能电池板BP的输出电压低于电池组GB电压与VD_1管压降之和时，VD_1截止，停止向电池组GB充电。

（2）电压指示电路

电压指示电路为检测镍氢电池组GB电量所设，需要时按下"电量"按钮，5个发光二极管则按＜70%、70%、80%、90%、100%五级指示出电池组电量，点亮的发光二极管越多则电量越足。

电压指示电路由集成电路IC_1～IC_4、发光二极管VD_3～VD_7等构成。IC_1～IC_4分别构成100%、90%、80%、70%电压比较器，分别由VD_3～VD_6予以指示，＜70%电压由VD_7指示。

R_3、VD_2等构成3.3V稳压电路，以提高比较器基准电压的稳定度。R_4～R_8构成串联分压器，将3.3V稳定电压分压后形成4个递增的电压，分别送至4个电压比较器的"IN+"端作为基准电压。R_1、R_2为取样电阻，取样比为2/3，取样电压同时送至4个电压比较器的"IN–"端。R_9～R_{13}为发光二极管限流电阻。SB为"电量"检测按钮。IC_1～IC_4为集成电压比较器LM139，集电极开路输出形式，如图8-87所示。

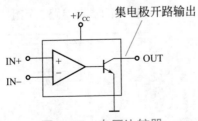

图8-87 电压比较器

按下"电量"检测按钮SB后，当取样点（R_1与R_2的分压点）电压未达到IC_4基准电压时，仅VD_7点亮，指示电量＜70%。当取样点电压≥IC_4基准电压时，IC_4输出管导通，使VD_6点亮

（VD$_7$仍亮），指示电量≥70%。当取样点电压≥IC$_3$基准电压时，VD$_5$点亮（VD$_6$、VD$_7$仍亮），指示电量≥80%。当取样点电压≥IC$_2$基准电压时，VD$_4$、VD$_5$、VD$_6$、VD$_7$点亮，指示电量≥90%。当取样点电压≥IC$_1$基准电压时，VD$_3$ ～ VD$_7$均点亮，指示电量达到100%。

（3）太阳能电池板

电路图中，BP为开路电压8V、短路电流50 ～ 100mA的太阳能电池板组件，也可将若干开路电压较低（例如2V或4V）的太阳能电池板组件串联使用。

（4）为镍氢电池充电

打开太阳能充电器盒盖，在电池仓内放入4节待充电的AA（5号）镍氢电池，将充电器盒盖内的太阳能电池板置于阳光下，即开始充电。如需检测充电状况，可随时按下"电量"按钮SB，5个发光二极管即显示出当前电池电量。

（5）为手机充电

该太阳能充电器可对外提供4.8V的充电电压，可以满足手机充电需要。将太阳能充电器输出线的手机充电插头插入手机的充电插口，打开太阳能充电器盒盖将太阳能电池板置于阳光下，即开始充电。在无光照情况下仍可利用内置镍氢电池组的电能为手机充电，这时可合上太阳能充电器盒盖。充电状况可看手机屏幕上的显示。该太阳能充电器也可为充电电压为5V的大多数移动数码设备充电。

8.6.3　电动车充电器

电动车充电器电路如图8-88所示，能够为电动自行车、电动残疾人车的蓄电池充电，充电电流可调节，以便适应不同电压、不同容量的蓄电池充电。

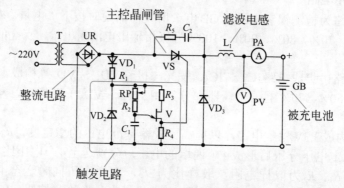

图8-88　电动车充电器电路图

电动车充电器电路包括电源变压器T和整流桥堆UR构成的降压整流电路、单向晶闸管VS等构成的主控电路、单结晶体管V等构成的触发电路3个组成部分，如图8-89方框图所示。

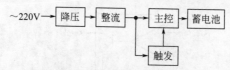

图8-89　电动车充电器方框图

电路工作原理是，交流220V市电经电源变压器T降压、整流桥堆UR全波整流后，成为脉动直流电压，在单向晶闸管VS的控制下向蓄电池GB充电。通过改变触发脉冲的时间，即可改变晶闸管的导通角，从而控制充电电压和充电电流的大小。

（1）主控电路

单向晶闸管VS构成主控电路。整流桥堆UR全波整流输出的脉动直流电压加在晶闸管VS阳极，在每个半周内，只要有触发脉冲加至晶闸管VS的控制极，晶闸管VS即导通；而在每个半周结束电压过零时，晶闸管VS截止。

晶闸管VS的导通角受触发脉冲到来迟早的控制。在每个半周内，触发脉冲到来越早晶闸管VS的导通角越大，通过晶闸管VS的平均充电电压和充电电流就越大。触发脉冲到来越迟晶闸管VS的导通角越小，通过晶闸管VS的平均充电电压和充电电流就越小。

晶闸管VS输出的脉动直流电压，经电感L滤波后，向被充蓄电池GB充电。R_5、C_2构成阻容吸收网络，并接在晶闸管VS两端起过压保护作用。VD_3为续流二极管，在晶闸管VS截止期间，为电感L产生的自感电动势提供通路，以防晶闸管VS失控或损坏。PA为电流表，用以监测充电电流。PV为电压表，用以监测被充蓄电池GB的端电压。

（2）触发电路

单结晶体管V等构成晶闸管触发电路，RP、R_2和C_1构成定时网络，决定触发脉冲产生的时间。整流桥堆UR全波整流输出的脉动直流电压，经二极管VD_1隔离、电阻R_1降压、稳压二极管VD_2稳压后，为单结晶体管V提供合适的工作电压。

在每个半周开始时，脉动直流电压经RP、R_2向C_1充电。当C_1上电压达到单结晶体管V的峰点电压时，单结晶体管V导通，C_1经V和R_4迅速放电，在R_4上形成一个触发脉冲，去触发晶闸管VS导通。

C_1的充电时间受RP和R_2制约。当RP阻值增大时，C_1充电时间延长，单结晶体管V导通产生触发脉冲的时间延后，使晶闸管VS导通角减小。当RP阻值减小时，C_1充电时间缩短，单结晶体管V导通产生触发脉冲的时间提前，使晶闸管VS导通角增大。RP即为充电电流调节电位器。

8.6.4　多用途充电器

图8-90所示为555时基电路构成的多用途充电器电路，可以为4节镍氢电池或镍镉电池、4V或6V铅酸蓄电池充电。充电器电路由整流滤波、稳压、充电控制、电压设定、充电指示等部分组成，图8-91所示为充电器原理方框图。

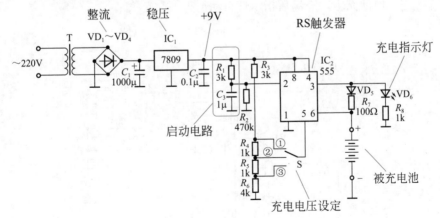

图8-90　多用途充电器电路图

充电器工作原理是，交流220V市电经电源变压器T降压、二极管VD_1～VD_4桥式整流、电容器C_1滤波、集成稳压器IC_1稳压后，成为+9V直流电压，作为充电控制电路的工作电压和充电电压，对被充电池进行充电，充电指示灯VD_6点亮。电充满后，充电控制电路关断充电电压，充电指示灯VD_6熄灭。

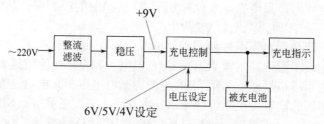

图8-91　多用途充电器方框图

（1）充电控制电路

555时基电路IC_2工作于RS型双稳态触发器状态，构成充电检测与控制电路。

R_1、C_3构成启动电路，刚接通电源时，由于C_3来不及充电，"0"电压加至IC_2的第2脚使双稳态触发器置"1"，其输出端（第3脚）为+9V，经VD_5、R_7向被充电池充电，同时使发光二极管VD_6发光，指示正在充电。

随着充电时间的推移，被充电池的端电压不断上升，并送入IC_2的第6脚进行检测比较。当端电压上升到被充电池的标称电压值时（即被充电池基本充满时），通过第6脚触发双稳态触发器置"0"，其输出端（第3脚）变为0V，充电停止，发光二极管VD_6熄灭。

（2）充电电压设定

555时基电路IC_2的控制端（第5脚）通过开关S接入不同电压，也就是为检测电路设定了不同的比较电压，当IC_2第6脚的电压达到第5脚的比较电压时，双稳态触发器即刻翻转。

S是充电电压设定开关。当S指向①挡时，设定电压为6V，适用于为4节镍镉电池、6V铅酸蓄电池充电。当S指向②挡时，设定电压为5V，适用于为4节镍氢电池充电。当S指向③挡时，设定电压为4V，适用于为4V铅酸蓄电池充电。

8.6.5　恒流充电器

恒流充电器电路如图8-92所示，采用三端固定正输出集成稳压器7805作为恒流源，可以为两节镍氢充电电池充电，充满后指示灯自动熄灭。

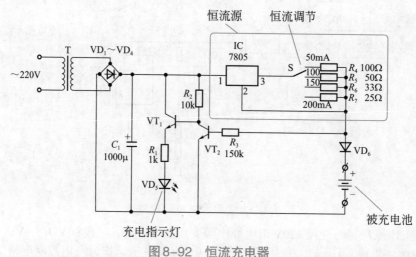

图8-92　恒流充电器

恒流充电器电路由整流电源、恒流源、充电指示电路等部分组成。集成稳压器7805与R_4、R_5、R_6、R_7分别构成50mA、100mA、150mA、200mA恒流源，由开关S进行选择，以适应不同容量电池充电电流的需要。两节1.2V镍氢充电电池串联接入电路进行充电，二极管VD_6的作用是防止被充电池电流倒灌。

晶体管VT_1、VT_2、发光二极管VD_5等组成充电指示电路。充电开始时，因为被充电池电压很低，VD_6正极电位也较低，不足以使VT_2导通，VT_2截止，VT_1导通，发光二极管VD_5点亮指示正在充电。随着充电的进行，VD_6正极电位逐步上升。当被充电池充满电时，VT_2导通，VT_1截止，发光二极管VD_5熄灭指示充电结束。

变压器T、整流二极管$VD_1 \sim VD_4$、滤波电容C_1等组成整流电源电路，为充电电路提供约12V的直流电源。

使用时一般用10h率电流充电。例如，对于500mA·h左右的镍氢充电电池，将S置于50mA挡进行充电；对于1000mA·h左右的镍氢充电电池，将S置于100mA挡进行充电；对于1500mA·h左右的镍氢充电电池，将S置于150mA挡进行充电；对于2000mA·h左右的镍氢充电电池，将S置于200mA挡进行充电。

8.7　开关稳压电源

开关稳压电源革除了笨重的工频电源变压器，主控功率管工作于开关状态，因此具有效率高、自身功耗低、适应电源电压范围宽、体积小、重量轻等显著特点。特别是采用开关电源专用集成电路设计的开关稳压电源，各项技术指标大幅度优化、保护电路完善、工作可靠性显著提高。

8.7.1　电路工作原理

12V20W开关稳压电源电路如图8-93所示，采用TOP系列开关电源集成电路为核心设计，具有优良的技术指标：输入工频交流电压范围85～265V，输出直流电压12V，最大输出电流2.5A，电压调整率≤0.7%，负载调整率≤1.1%，效率＞80%，具有完善的过流、过热保护功能。

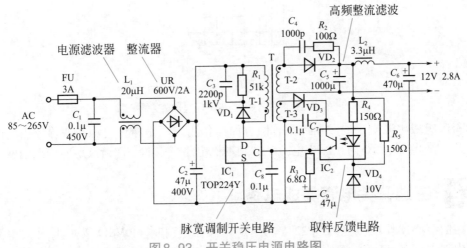

图8-93　开关稳压电源电路图

开关稳压电源电路由以下部分组成：①电容器C_1和电感器L_1组成的电源噪声滤波器，用于净化电源和抑制高频噪声。②全波整流桥堆UR和滤波电容器C_2组成的工频整流滤波电路，将交流市电转换为高压直流电。③开关电源集成电路IC_1、高频变压器T等组成的高频振荡和脉宽调制电路，产生脉宽受控的高频脉冲电压。④整流二极管VD_2、滤波电容器C_5、C_6、滤波电感器L_2等组成的高频整流滤波电路，将高频脉冲电压变换为直流电压输出。⑤光耦合器IC_2、稳压二极管VD_4等组成的取样反馈电路，将输出直流电压取样后反馈至高频振荡电路进行脉宽调制。图8-94所示为电路原理方框图。

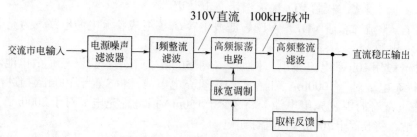

图8-94   开关稳压电源方框图

电路简要工作过程如下：交流市电接入AC端后，依次经过C_1、L_1电源噪声滤波器、整流桥堆UR全波整流、电容器C_2滤波后，得到直流高压（当交流市电＝220V时，直流高压≈310V），作为高频振荡和脉宽调制电路的工作电源。

直流高压经高频变压器T的初级线圈T_{-1}加至集成电路IC_1的D端，IC_1（TOP224Y）内部含有100kHz高频振荡器和脉宽调制电路PWM，在IC_1的控制下，通过T_{-1}的电流为高频脉冲电流，耦合至高频变压器次级线圈T_{-2}，再经高频整流二极管VD_2整流，C_5、L_2、C_6滤波后，输出+12V直流电压。

T_{-3}为高频变压器的反馈线圈，用以产生控制电流去改变高频脉冲的占空比。当占空比较大时输出直流电压较高，当占空比较小时输出直流电压较低，如图8-95所示。通过调整高频脉冲的占空比，达到稳定输出电压的目的。

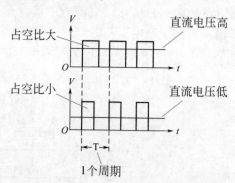

图8-95   占空比与输出电压的关系

C_1和L_1组成电源噪声滤波器，具有两方面的作用。一是净化电源，滤除经由电源线进入的外界高频干扰。二是防止污染电源，抑制本机电路产生的高次谐波逆向输入电网。

8.7.2   三端开关电源集成电路

电路的核心器件IC_1采用TOP224Y，这是一种脉宽调制（PWM）型单片开关电源集成电路，内部含有100kHz振荡器、脉宽调制器、控制电路、高压场效应功率开关管、保护电路等，图 8-96 所示为 TOP224Y 内部电路原理方框图。

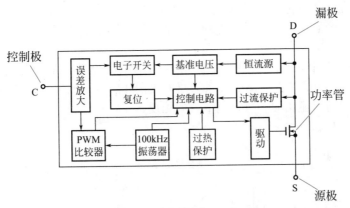

图 8-96　TOP224Y 内部电路原理

TOP224Y 具有以下特点：①只有三个引出脚：源极 S、漏极 D 和控制极 C，集成度高，使用方便。②由加在 C 极上的控制电流 I_c 来调节脉冲波形的占空比，调节范围 0.7% ～ 70%，I_c 越大，占空比越小。③输入交流电压的范围极宽，输入 85 ～ 265V、47 ～ 440Hz 的交流电均可正常工作。④采用 100kHz 的开关频率，有利于减小体积，提高效率。⑤具有过流、过热保护、调节失控自动关断和自动重启动等功能，工作稳定可靠。

8.7.3　脉宽调制电路

脉宽调制电路由 TOP224Y（IC_1）、高频变压器（T）、光耦合器（IC_2）等组成，是开关稳压电源的核心电路，功能是变压和稳压。

脉宽调制原理如图 8-97 所示，由输入交流市电直接整流获得的 +310V 直流高压，经高频变压器初级线圈 T_1、IC_1 的 D-S 端构成回路。由于 IC_1 的 D-S 间的功率开关管按 100kHz 的频率开关，因此通过 T_1 的电流为 100kHz 脉冲电流，并在次级线圈 T_2 上产生高频脉冲电压，经整流滤波后输出。

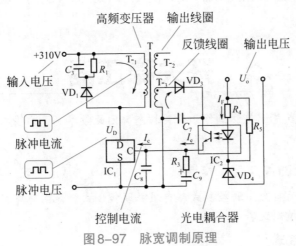

图 8-97　脉宽调制原理

T_3 为高频变压器的反馈线圈，其感应电压由 VD_3 整流后作为 IC_1 的控制电压，经光耦合器（IC_2）中接收管 c-e 极加至 IC_1 的控制极 C 端，为 IC_1 提供控制电流 I_c。

脉宽调制稳压过程如下：如果因为输入电压升高或负载减轻导致输出电压 U_o 上升，

一方面T-₃上的反馈电压随之上升，使经VD₃整流后通过光耦接收管的电流I_c增大，即IC₁控制极C端的控制电流I_c上升；另一方面，输出电压U_o上升也使光耦发射管的工作电流I_F上升，发光强度增加，致使接收管导通性增加，I_c增大，同样也使控制电流I_c上升。

I_c上升使得IC₁的脉冲占空比下降，迫使输出电压U_o回落，最终保持输出电压U_o的稳定。控制电流I_c与高频脉冲占空比的关系如图8-98曲线所示。如果某种原因导致输出电压U_o下降时的稳压过程与前述相似，只是调节方向相反。

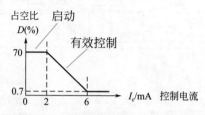

图8-98　控制电流与占空比的关系

VD₁为钳位二极管，R_1、C_3组成吸收电路，用于箝位并吸收高频变压器关断时漏感产生的尖峰电压，对IC₁起到保护作用。C_8、C_9是控制电压旁路滤波电容，C_9同时与R_3组成控制环路补偿电路，决定电路自动重启动时间。R_4是光耦发射管的限流电阻，R_5为稳压二极管VD₄提供足够的工作电流。

8.7.4　高频整流滤波电路

高频变压器次级线圈T-₂上的100kHz高频脉冲电压，经整流滤波后成为+12V直流电压输出。为降低整流管损耗、提高高频脉冲电压整流效率，整流二极管VD₂采用肖特基二极管MBR1060。

C_4、R_2组成RC吸收网络，并联在VD₂两端，能够消除高频自激振荡，减小射频干扰。C_5、L_2和C_6组成Π型LC滤波器，能较好地滤除高频脉冲成分，输出纯净的直流电压。如需要其他输出电压值，改变高频变压器T初、次级的圈数比和VD₄的稳压值即可。

知识链接 开关稳压器

开关稳压器的特点是调整管工作于开关状态，因此效率高、自身功耗低，得到了越来越多的应用。

1. 开关稳压器的种类与工作原理

开关稳压器可分为自激串联控制式、自激并联控制式、他激脉宽控制式、他激频率控制式、他激脉宽和频率控制式等。

（1）自激串联控制式

自激串联控制式稳压电路原理如图8-99所示，开关管与负载串联，开关管输出的脉动电压经滤波器滤波为直流电压输出。电压比较器根据输出电压的变化调节开关管的导通、截止比例，使输出电压U_o保持稳定。

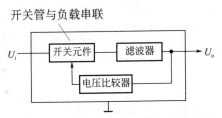

图8-99 自激串联控制式稳压器原理

（2）自激并联控制式

自激并联控制式稳压电路原理如图8-100所示，开关管与负载并联，对输出电压作开关式分流调整。电压比较器根据输出电压的变化调节开关管的导通、截止比例，使输出电压U_o保持稳定。

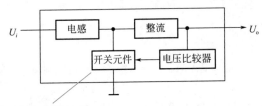

图8-100 自激并联控制式稳压器原理

（3）他激脉宽控制式

他激脉宽控制式稳压电路原理如图8-101所示，开关管与负载串联，开关管输出的脉动电压经滤波器滤波为直流电压输出。在脉宽控制式稳压电路中，开关管的开关频率不变，取样信号通过脉宽控制器调节开关管的占空比，从而达到调节输出电压、使输出电压U_o保持稳定的目的。

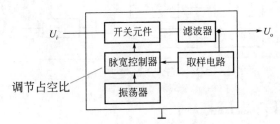

图8-101 他激脉宽控制式稳压电路原理

（4）他激频率控制式

他激频率控制式稳压电路原理如图8-102所示，开关管的导通时间固定，取样信号通过频率控制器调节开关管的开关频率，即改变截止时间，以达到调节输出电压、使输出电压U_o保持稳定的目的。

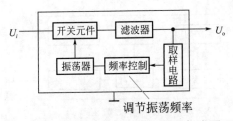

图8-102 他激频率控制式稳压电路原理

（5）他激脉宽频率控制式

他激脉宽频率控制式稳压电路原理如图8-103所示，取样信号通过脉宽控制器和振荡器，同时调节开关管的占空比和频率，即同时调节开关管的导通时间和截止时间来稳定输出电压，使输出电压U_o保持稳定。

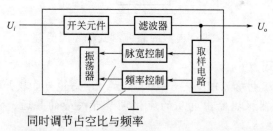

图8-103　他激脉宽频率控制式稳压电路原理

2. 脉宽调制型开关稳压器

脉宽调制型开关稳压器简称PWM，它是通过调节输出脉冲电压的宽度（占空比），来稳定输出电压的。

CW3524是一种脉宽调制型开关稳压器，内部电路由基准电压源、振荡器、误差放大器、比较器、脉宽调制器、触发器、输出电路等模拟和数字单元组成，如图8-104所示。CW3524通过调节输出脉冲的宽度来实现稳压，脉宽占空比可调范围为0～45%，并具有过荷保护功能。

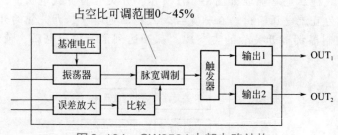

图8-104　CW3524内部电路结构

3. 频率调制型开关稳压器

频率调制型开关稳压器简称PFM，它是通过调节输出脉冲电压的频率，来稳定输出电压的。

TL497是一种频率调制型开关稳压器，内部电路由基准电压源、电压比较器、振荡器、限流器、开关管和输出电路等组成，如图8-105所示。TL497输出脉冲导通时间固定，而通过调节输出脉冲的频率来实现稳压，具有限流保护和缓启动功能。TL497输出脉冲导通时间可通过外接电容C_T进行调节。

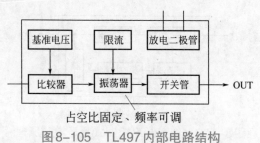

图8-105　TL497内部电路结构

4. 脉宽和频率调制型开关稳压器

CW78S40是一种脉宽和频率同时调制的通用型开关稳压器，内部电路由基准电压源、比较放大器、运算放大器、占空比和周期可控振荡器、输出电路和保护电路等组成，如图8-106所示。CW78S40通过同时调节输出脉冲的宽度和频率来实现稳压，输出电压可调范围为1.3 ～ 40V，输出电流为1.5A。

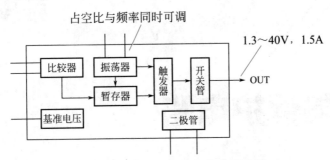

图8-106　CW78S40内部电路结构

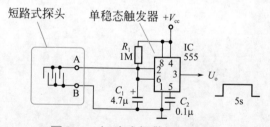

第 **9** 章

报警与保护电路

报警电路与保护电路是一类常用的安全管理控制电路，包括报警探测电路、报警音源电路、报警器电路和各类保护电路，在日常生活、安全生产、设备保护等许多方面得到普遍应用。

9.1 报警探测电路

报警探测电路即通常所说的报警探头，它能够自动监测某一物理量的变化，并在该变化超出设定值时输出报警信号。

9.1.1 短路式报警探测电路

图9-1所示为短路式报警探测电路，由555时基电路IC构成单稳态触发器，输出脉宽约5s。

图9-1 短路式报警探测电路

平时，单稳态触发器IC处于稳态，输出端$U_o = 0$，无报警信号输出。

当A、B两点间所接探头被瞬间短路时，单稳态触发器IC被触发进入暂态，输出端$U_o = 1$（高电平），持续约5s后，IC自动回复稳态。如探头被持续短路，则IC持续输出高电平。这个输出端的高电平就是报警信号，控制后续报警音源电路发出报警声。

该电路配以不同形式的探头可制作成不同用途的报警器。例如：①用小块电路板制成图9-2（a）所示形状探头，可作下雨报警、婴儿尿湿报警等。②按图9-2（b）所示制作带风叶的探头，可作大风报警、水平物倾斜报警、地震报警等。③用双股绝缘导线制成图9-2（c）

所示形状作为探头，可作水塔或洗衣机的水位报警等。

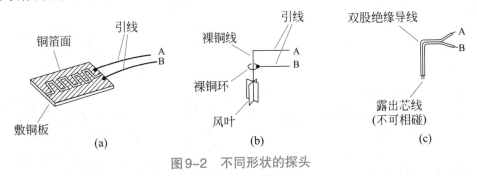

图9-2　不同形状的探头

9.1.2 断线式报警探测电路

图9-3所示为采用CMOS或非门构成的断线式防盗报警探测电路。或非门D_1、D_2构成RS触发器，具有置"1"输入端S、置"0"输入端R。防盗线实际上是一根极细的漆包线，用它将需要防盗的区域围起来，或缠绕在需要防盗的物品上。

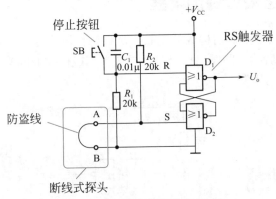

图9-3　断线式报警探测电路

正常状态下，防盗线将S端接地，R端经R_1接地，电路输出端$U_o = 0$。当有盗贼闯入或偷盗物品而碰断防盗线时，S端在上拉电阻R_2的作用下变为高电平，使电路置"1"，U_o变为高电平，触发后续电路发出报警信号。由RS触发器特性可知，此时即使盗贼重新接好防盗线也不可能使报警声停止，直至停止按钮SB被按下时，报警声才会停止。

9.1.3 温度报警探测电路

图9-4所示为采用运算放大器构成的高温报警探测电路，由负温度系数热敏电阻RT作为温度传感器。当被测温度高于设定值时，送出报警控制信号。

集成运放IC构成电压比较器，其正输入端接基准电压，基准电压由R_2、RP分压取得。IC的负输入端接热敏电阻RT，RT阻值与温度成反比，温度越高，阻值越小，RT上压降也越低。随着温度的上升，RT上压降（即IC负输入端电位）不断下降，当降至基准电压值以下时，比较器输出端U_o由"0"变为高电平，触发后续报警电路报警。调节RP可改变基准电压值，亦即改变了温度设定值。R_3、R_4的作用是使电压比较器具有一定的滞后性，工作更为稳定。

如将热敏电阻RT与R_1互换位置，如图9-5所示，则可构成低温报警探测电路，当被测温度低于设定值时报警。

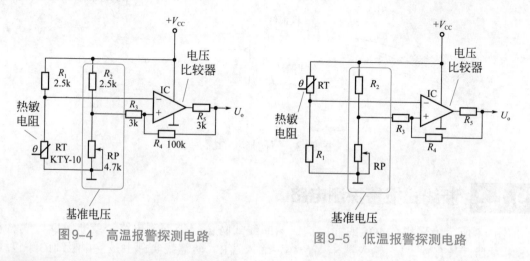

图9-4 高温报警探测电路　　　　　图9-5 低温报警探测电路

9.1.4 光照不足报警探测电路

图9-6所示为采用CMOS非门构成的光照不足报警探测电路，当光照不足时，该电路即输出一控制信号，触发后续电路发出报警声，提醒看书或做作业的学生开灯或转移到光照充足的地方，以免造成视力下降。

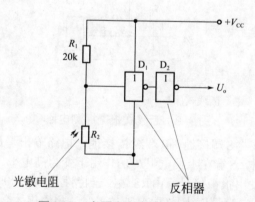

图9-6 光照不足报警探测电路

R_2为光敏电阻，其阻值与光照强弱成反比，即光照越强，阻值越小。光照充足时，R_2阻值很小，R_2上压降很低，D_1输出为"1"，D_2输出为"0"，无控制电压输出。

当光照不足时，R_2上电压降增大至D_1输入阈值以上，D_1输出变为"0"，D_2输出变为"1"，输出控制电压触发后续电路报警。

9.2 报警音源电路

报警音源电路的功能是产生报警声音信号，在报警探测电路的触发下工作，是报警器的重要组成部分。根据不同报警器的需要，报警音源电路应能产生多种报警声响。

9.2.1 连续音报警音源电路

图9-7所示为可发出连续长音的报警音源电路。IC$_1$采用555时基电路构成可控多谐振荡器，振荡频率约为800Hz，555时基电路的第3脚输出端负载电流可达200mA，因此可直接驱动扬声器发声。

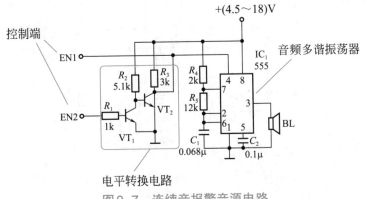

图9-7 连续音报警音源电路

电路工作原理是，555时基电路的复位端$\overline{MR}$（第4脚）作为控制电路振荡与否的控制端使用，当$\overline{MR}=0$时，电路停振，扬声器无声。当$\overline{MR}=1$时，电路起振，扬声器发出报警声。

报警探测电路发出的控制信号接至控制端EN$_1$或EN$_2$，当EN$_1$或EN$_2$为高电平时，电路发出报警声响。当控制信号电平与本电路电源电压相等时，控制信号直接接至EN$_1$端。当控制信号电平与本电路电源电压不等、特别是较低时，控制信号应接至EN$_2$端，经由晶体管VT$_1$、VT$_2$等组成的电平转换电路，才能保证可靠触发报警音源电路工作。

9.2.2 断续音报警音源电路

有些非防盗用的报警器（例如下雨、停电、高温、光照不足报警器等），需要使用音量较小、悦耳动听的报警音源。图9-8所示就是适用于这些方面的断续音报警音源电路，电路被触发后，该电路发出"嘀嘀嘀"、"嘀嘀嘀"……的清脆提示音。

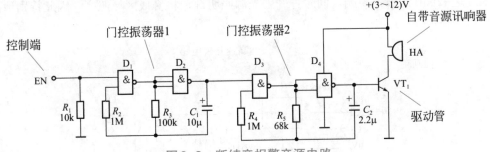

图9-8 断续音报警音源电路

电路中采用了CMOS与非门，D$_1$与D$_2$、D$_3$与D$_4$分别组成两个门控多谐振荡器，前者振荡周期为2s，后者振荡周期为330ms，且后者受前者输出端（D$_2$第4脚）的控制，前者又受控制端EN电位控制。

当EN端无控制电压时，电路停振，无声。当EN端有正控制电压时，电路起振，两个多谐振荡器共同作用的结果，使D$_4$输出端（第10脚）输出每三个正脉冲为一组的断续方波，经VT₁驱动自带音源讯响器HA发声。

9.2.3 声光报警源电路

图9-9所示为可以发出响亮的警报声和醒目的闪烁光的声光报警源电路，电路中使用了555时基电路和声效集成电路。

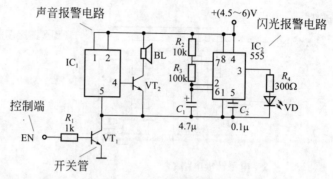

图9-9 声光报警源电路

IC₁为警报声效集成电路，其触发端（第2脚）直接接至电源正极，使得该电路通电即工作，输出信号经由晶体管VT₂驱动扬声器BL发出警报声。IC₂为555时基电路，与外围元件一起构成多谐振荡器，驱动发光二极管VD₂闪光。

晶体管VT₁为控制开关管，控制着IC₁和IC₂的电源负端（接地端）。VT₁的基极作为整个电路的控制端EN，由报警探头控制。

当控制端EN无控制信号时，开关管VT₁截止，整个电路不工作。当控制端EN接到报警探头送来的高电平控制信号时，开关管VT₁导通，接通了IC₁和IC₂的电源负端使其工作，发出声、光报警。

9.2.4 强音强光报警源电路

图9-10所示为可发出超响度报警声和强烈光源的报警源电路，该电路一旦被触发，即可发出响度达120dB的报警声响，同时打开强光源照明灯，将警戒区域照亮，因此特别适用于作防盗报警器。

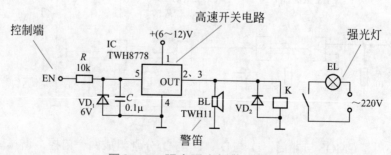

图9-10 强音强光报警源电路

IC采用高速电子开关TWH8778，控制灵敏度高、反应速度快，内部设有过压、过热、过流保护等功能。当控制端EN有不小于1.6V的控制电压时，TWH8778内部电路导通，使接在输入端（第1脚）的电源电压从输出端（第2和第3脚，已在电路内部并联）输出，使超响度报警器BL发声，同时使继电器K吸合，接通照明灯EL的电源。

因TWH8778第5脚控制电压极限为6V，故接入VD₁作箝位用。BL为TWH11型超响度报警器，工作电压6～12V，电流200mA，响度120dB。

9.2.5　警笛声报警音源电路

图9-11所示为能够发出警笛声响的报警音源电路，采用KD9561模拟声响集成电路，该电路可发出四种模拟声响，由选声端SEL_1和SEL_2控制。SEL_1和SEL_2处在不同的状态组合，KD9561则发出不同的模拟声响，图9-11所示接法可发出警笛声，由第3脚输出，经晶体管VT_1放大后驱动扬声器发出报警声响。

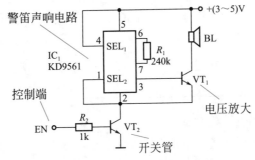

图9-11　警笛声报警音源电路

R_1为外接振荡电阻，微调R_1阻值可在小范围内改变音调。VT_2为电子开关，作报警控制用，当控制端EN有高电平控制信号时，VT_2导通，电路工作，发出报警声。当EN端无控制信号时，VT_2截止，电路无声。控制信号可由各种报警探测电路提供。选用不同的报警探测电路，则可组成不同用途的报警器。

9.2.6　音乐声光报警源电路

图9-12所示为可以发出悦耳的音乐声和醒目的闪烁光的声光报警源电路。IC_1为音乐集成电路，其第4脚输出信号经晶体管VT放大后驱动扬声器。IC_2为NE555时基电路，与外围元件一起构成多谐振荡器，驱动发光二极管VD_2闪光。

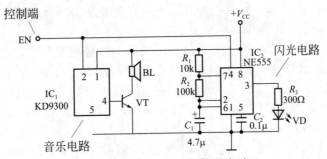

图9-12　音乐声光报警源电路

IC_1的触发端（第2脚）与IC_2的允许端（第4脚）一起连接至控制端EN。当EN端无控制信号时，IC_1和IC_2均不工作。当EN端接有高电平控制信号时，IC_1和IC_2工作，发出声、光报警信号。若将IC_1换成语音集成电路，则可发出语音报警信号。

9.3 报警器

报警器电路多种多样，包括环境异常报警器、防盗报警器、过欠压报警器、特殊情况提醒器等。报警器的特点是一旦触发将持续报警，直至有人到场处理为止，确保发生的警情得到及时处置。

9.3.1 振动报警器

振动报警器的功能是在受到各种振动时发出持续一定时间的报警声。振动报警器电路如图9-13所示，采用压电陶瓷蜂鸣片B作为振动传感器，集成运放IC_1构成电压放大器，集成运放IC_2与C_3、R_5等构成延时电路，时基电路IC_2、IC_3分别构成超低频振荡器和音频振荡器，图9-14所示为原理方框图。

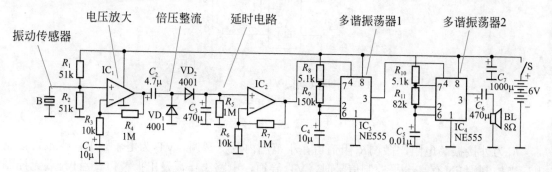

图9-13　振动报警器电路图

图9-14　振动报警器方框图

电路工作原理如下：当振动等机械力作用于压电陶瓷蜂鸣片B时，由于压电效应，压电蜂鸣片B输出电压信号，从第3脚进入IC_1进行电压放大。集成运放IC_1为单电源运用，R_1、R_2将其"+"输入端（第3脚）偏置在$1/2V_{CC}$处，放大倍数100倍，可通过改变R_4予以调节，放大后的信号电压由第1脚输出。

C_2、VD_1、VD_2等组成倍压整流电路，将放大后的信号电压整流为直流电压，使C_3迅速充满电。由于集成运放IC_2的输入阻抗很高，C_3主要经R_5缓慢放电，可延时数分钟，在此期间，IC_2输出端（第7脚）为高电平，使超低频振荡器IC_3起振，输出周期为2s的方波。

时基电路IC_4组成音频振荡器，振荡频率约800Hz，经C_6驱动扬声器发声。IC_4的复位端（第4脚）受IC_3输出的方波控制，振荡1s，间歇1s。

综上所述，当有振动发生时，振动报警器即发出间隔1s、响1s的报警声，持续$5\sim8min$。

振动报警器可有多种用途。将压电陶瓷蜂鸣片B固定在墙壁上，可作地震报警器。将压电陶瓷蜂鸣片B固定在门窗上或贵重物品上，可作防盗报警器。将压电陶瓷蜂鸣片B固定在大门上，还可作振动触发式电子门铃。

知识链接 40 压电蜂鸣器

压电蜂鸣器是一种利用压电效应原理工作的电声转换器件，应用在一些特定的场合，外形如图9-15所示。

图9-15 压电蜂鸣器

1. 压电蜂鸣器的符号

压电蜂鸣器的文字符号是"HA"，图形符号如图9-16所示。

图9-16 压电蜂鸣器的符号

2. 压电蜂鸣器的工作原理

压电蜂鸣器结构如图9-17所示，由压电陶瓷片和助声腔盖组成。压电陶瓷片的结构是在金属基板上做有一压电陶瓷层，压电陶瓷层上镀有一镀银层。当通过金属基板和镀银层对压电陶瓷层施加音频电压时，由于压电效应的作用，压电陶瓷片随音频信号产生机械变形振动而发出声音来。助声腔盖与压电陶瓷片之间形成一共鸣腔，使压电蜂鸣器发出的声音响亮。

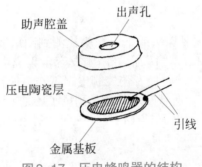

图9-17 压电蜂鸣器的结构

3. 压电蜂鸣器的用途

压电蜂鸣器的主要用途是发出保真度要求不高的声音。压电蜂鸣器虽然频响范围较窄、低频响应较差，但具有厚度很薄、重量很轻、所需驱动功率极小的特点，特别适用于便携式超薄型的仪器仪表、计算器和电子玩具等电子产品。

9.3.2 风雨报警器

当天气突然刮大风或下雨时，风雨报警器会立即发出大风或下雨报警，提醒你收回晾晒在室外的衣被等。

风雨报警器电路如图9-18所示，电路中采用了一块音乐集成电路（IC）作为报警音源，与非门D_1、晶体管VT_1等组成音调控制电路，与非门D_2构成触发电路，刮风或下雨的信息分别由大风探头或下雨探头检测。图9-19所示为电路工作原理方框图。

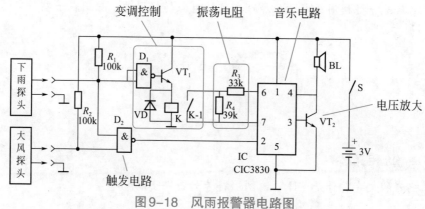

图9-18　风雨报警器电路图

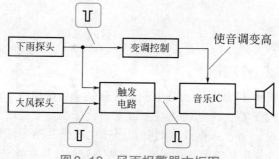

图9-19　风雨报警器方框图

（1）报警原理

当刮大风或者下雨时，大风探头或下雨探头检测到刮风或下雨的信息后，分别输出一"0"信号，经触发电路D_2转换成"1"信号，触发音乐集成电路发出音乐报警声。当下雨时，下雨探头输出的"0"信号同时使音调控制电路工作，使音乐集成电路发出的音乐报警声节奏变快、音调变高，使你一听就知道外面是刮风了还是下雨了。

大风探头如图9-20所示，风叶悬挂在铜丝环中间，刮风时吹动风叶使悬挂件与铜丝环接触发出触发信号。

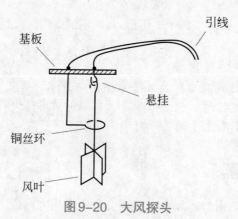

图9-20　大风探头

下雨探头如图9-21所示，铜箔呈叉指状，下雨时雨水使其短路形成触发信号。

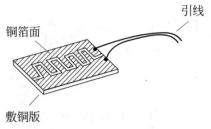

图9-21 下雨探头

（2）音调控制原理

音乐集成电路（IC）的第6、第7脚之间需外接振荡电阻R，改变R的阻值可改变振荡频率，即改变了音乐信号的节奏和音调。

电路中R由R_3和R_4组成。当继电器接点K_1未吸合时，$R = R_3 + R_4$，音乐节奏较慢。当继电器接点K_1吸合后，$R = R_3$，R变小，音乐节奏变快。

不论是刮风时还是下雨时，探头检测到的"0"信号都能使与非门D_2输出"1"触发信号。所不同的是，下雨信号同时经非门D_1反相后，使VT_1导通，继电器K吸合。而刮风信号并不能使继电器K吸合，从而使下雨报警和刮风报警的音乐报警声节奏不同，音调有明显区别。

9.3.3 冰箱关门提醒器

电冰箱如果忘了关门，不仅会多耗电，而且时间长了还会造成冰箱里储存的食物变质。冰箱关门提醒器会在电冰箱门被打开时发出"请随手关门！"的语音提示，提醒你及时关上冰箱门。只要电冰箱门未关好，冰箱关门提醒器就会不停地重复提醒"请随手关门！"，直至电冰箱门被关好为止。

（1）电路工作原理

图9-22所示为冰箱关门提醒器电路图，包括开关集成电路IC_1和光敏二极管VD等构成的光控开关电路，语音集成电路IC_2、晶体管VT和扬声器BL构成的语音提醒电路。

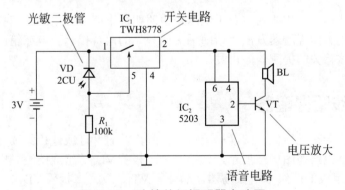

图9-22 冰箱关门提醒器电路图

图9-23所示为电路原理方框图，在电源和语音电路IC_2之间，串接有一光控开关IC_1。当有可见光照射到光敏二极管VD时，光控开关IC_1导通，语音电路IC_2工作，发出提醒语音。无光照时，光控开关关断，语音电路不工作。

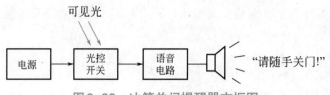

图9-23　冰箱关门提醒器方框图

（2）光控开关电路

光控开关电路的核心是高速开关集成电路TWH8778（IC_1），内部设有过压、过流、过热等保护电路，具有开启电压低、开关速度快、通用性强、外围电路简单的特点。

光控开关原理如图9-24所示。无光时，光敏二极管VD截止，A点电位为"0"，电子开关IC_1因其控制极无控制电压而截止，其输出端$U_o = 0$。

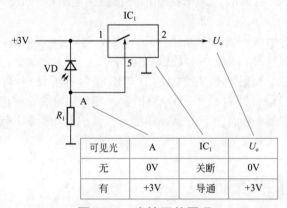

可见光	A	IC_1	U_o
无	0V	关断	0V
有	+3V	导通	+3V

图9-24　光控开关原理

当有可见光照射到光敏二极管VD时，VD导通，A点电位为+3V，加至IC_1的控制极使其导通，+3V电源通过电子开关IC_1至语音电路。R_1是光敏二极管VD的负载电阻，改变R_1可调节光控灵敏度。

（3）语音提醒电路

IC_2为语音集成电路5203，其内部储存了一句"请随手关门！"的语音，触发一次播放一遍。本电路中，将其触发端直接接到电源正极，只要接通电源便反复播放"请随手关门！"的语音。

使用时，将冰箱关门提醒器放置于电冰箱内照明灯下即可。电冰箱门打开时，冰箱内的照明灯亮，使冰箱关门提醒器发出"请随手关门！"的语音提示。电冰箱门关上后，冰箱内的照明灯熄灭，冰箱关门提醒器停止发声。

9.3.4　光线暗提醒器

光线暗提醒器会在光线低于阅读标准时，提醒你及时开灯或停止阅读与书写，以保护视力。光线暗提醒器电路如图9-25所示，包括光敏二极管VD_1等组成的测光电路，施密特与非门D_1、D_3等分别组成的两级多谐振荡器，晶体管VT_1、发光二极管VD_2等组成的发光电路，晶体管VT_2和自带音源讯响器HA等组成的发声电路。

电路工作原理是，当光线较强时，VD_1趋于导通输出为低电平，使D_1、D_3停振，无声无光。

当光线昏暗时，VD_1趋于截止输出为高电平，D_1起振，输出脉宽1s、间隔1s的方波，经

D_2倒相后使VD_2闪烁发光，同时控制D_3间歇起振，振荡频率约3Hz，振荡间隔约1s，使电磁讯响器HA间歇性断续发声，声、光同时提醒你光照不足。

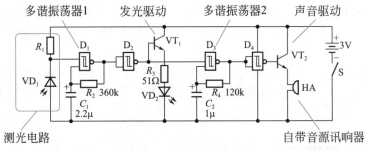

图9-25　光线暗提醒器

9.3.5 市电过欠压报警器

图9-26所示为监测220V市电的过压欠压报警器电路，当电网电压大于240V或小于180V时，电路发出声光报警。

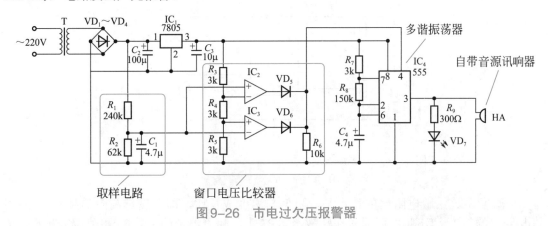

图9-26　市电过欠压报警器

（1）电压取样电路

电压取样电路包括220：9电源变压器、整流桥、分压取样电阻R_1和R_2等。220V市电经变压器T降压、二极管$VD_1 \sim VD_4$桥式整流、电容C_2滤波后，得到$\sqrt{2} \times 9V$的直流电压，再经取样电阻R_1、R_2分压后，R_2上所得电压即为取样电压。取样电压同时送至IC_2和IC_3进行比较。

相对应220V交流电，取样电压为2.61V。如果220V交流电压上下波动，取样电压也随之按比例变化。如果电源变压器T的变压比不是220：9，则需重新调整R_1与R_2的比值。

（2）电压比较电路

集成运放IC_2和IC_3等构成窗口电压比较电路，以判断电网电压是否在允许的180～240V范围内。如果电网电压大于240V或小于180V时，则启动后续报警电路报警。

窗口电压比较电路工作原理是，集成运放IC_2为上门限电压比较器，其负输入端接2.86V基准电压。如果取样电压大于2.86V（相应地电网电压大于240V），IC_2则输出高电平控制信号。

IC_3为下门限电压比较器，其正输入端接2.14V基准电压。如果取样电压小于2.14V（相应地电网电压小于180V），IC_3则输出高电平控制信号。两电压比较器的输出端经由VD_5、

VD_6、R_6构成的或门输出。

（3）声光报警电路

555时基电路IC_4等构成门控多谐振荡器，输出信号为0.5s+0.5s的方波。在输出信号为高电平时，发光二极管VD_7发光，同时自带音源讯响器HA发声。在输出信号为"0"时，声光均停止。

IC_4的复位端$\overline{MR}$（第4脚）受电压比较电路的控制。只有当220V电网电压发生过压或欠压，比较电路输出高电平控制信号时，IC_4才起振，发出声光报警。电网电压恢复正常范围后，声光报警自动停止。

9.3.6 高温报警器

图9-27所示为高温报警器电路，555时基电路IC构成电压比较器，温度传感器采用负温度系数热敏电阻RT。

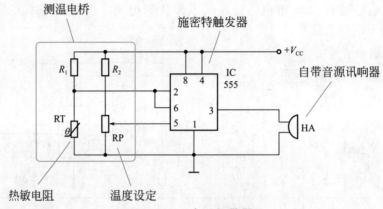

图9-27 高温报警器

负温度系数热敏电阻器的特点是，阻值与温度成反比，即温度越高阻值越小。555时基电路IC的第2、第6脚并联后接在热敏电阻RT上。随着温度的上升RT阻值越来越小，IC第2、第6脚的输入电压也越来越低，当输入电压小于555时基电路IC的阈值时，其输出端（第3脚）变为高电平，驱动自带音源讯响器HA发出报警声。

555时基电路IC的控制端（第5脚）接电位器RP，可以调节电路翻转的阈值，也就是调节了高温报警的温度设定值。

9.3.7 低温报警器

图9-28所示为低温报警器电路，与高温报警器电路相比，只是电路中的热敏电阻RT与电阻R_1的位置互换。

低温报警器电路工作原理是，随着温度的下降热敏电阻RT的阻值越来越大，导致R_1上电压越来越小。由于R_1上电压就是555时基电路IC的输入电压，所以IC输入端（第2、第6脚）的输入电压也越来越低，当输入电压小于555时基电路IC的阈值时，其输出端（第3脚）变为高电平，驱动自带音源讯响器HA发出报警声。

电位器RP用来调节555时基电路IC的控制端（第5脚）电压，即调节电路的翻转阈值，达到调节低温报警的温度设定值的目的。

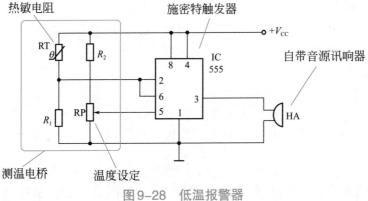

图 9-28　低温报警器

9.3.8　太阳能警示灯

现代都市中电视塔、观光塔、摩天大楼等超高层建筑越来越多，为了防止夜间发生航空意外，超高层建筑都要安装警示灯。太阳能警示灯能够自动在夜间发出闪光警示，而且无需连接电源线，既节能环保，又便于安装。

图 9-29 所示为太阳能警示灯电路图，包括太阳能电池、蓄电池、闪光信号源、光控电路、电子开关等组成部分，图 9-30 所示为原理方框图。

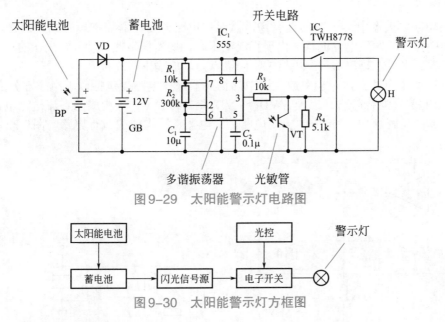

图 9-29　太阳能警示灯电路图

图 9-30　太阳能警示灯方框图

（1）太阳能电池与蓄电池

白天，太阳能电池 BP 在太阳光照下产生电能，经二极管 VD 向蓄电池 GB 充电。夜间，蓄电池储存的电能供整个电路工作。由于蓄电池的存在，即使若干天阴雨，电路也能维持正常工作。

（2）闪光信号源

555 时基电路 IC_1 构成多谐振荡器，提供 2s+2s 的闪光信号源，去控制电子开关 IC_2 的通断，使警示灯按照"亮 2s、灭 2s、亮 2s、灭 2s……"的模式闪烁发光。

（3）电子开关

电子开关IC₂采用了高速开关集成电路TWH8778，具有触发灵敏度高、开关速度快、驱动能力强的特点，而且内部设有过压、过流和过热保护电路，工作稳定可靠。

（4）工作原理

分析太阳能警示灯的工作原理。白天，光敏晶体管VT受光照导通，将电子开关IC₂的控制极（第5脚）短路到地，IC₂因无触发信号而关断，警示灯H不亮。

夜间，光敏晶体管VT截止，555时基电路IC₁产生的闪光信号加至电子开关IC₂的控制极，触发IC₂周期性地开通与关断，警示灯闪烁发光。

该警示灯电路还可用作航标灯，使航标灯实现无需电源、无人管理的完全自动化。如需警示灯一天24h都闪光，例如道路上的警示黄灯，将电路图中的光敏晶体管VT取消即可。

9.4 保护电路

保护电路的作用是当电路或设备发生危险故障时，切断电源或电路，以保障电路设备和人身安全。保护电路必须反应灵敏、动作速度快、故障稳定可靠。

9.4.1 扬声器保护电路

音频功率放大器中，一般都具有扬声器保护电路。扬声器保护电路的作用是，当OCL功放输出中点一旦发生电位偏移、出现直流电压时，切断扬声器与功放输出端的连接，防止损坏扬声器。平时，扬声器由继电器的常闭触点与功放输出端连接。

图9-31所示为某立体声功率放大器中的扬声器保护电路，包括以下组成部分：电阻R_{10}和R_{20}构成的信号混合电路，二极管$VD_1 \sim VD_4$和晶体管VT_1等构成的直流检测电路，晶体管VT_2和单向晶闸管VS等构成的驱动电路，继电器K等构成的执行电路。图9-32所示为原理方框图。

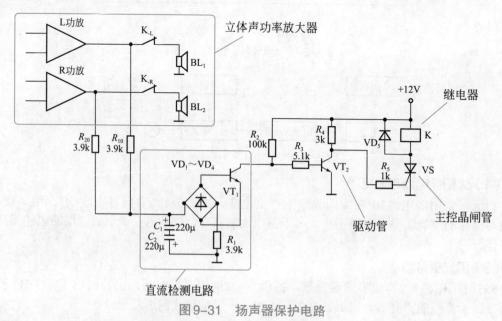

图9-31　扬声器保护电路

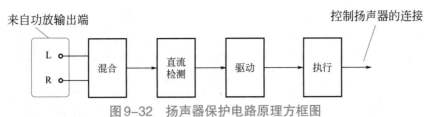

图9-32　扬声器保护电路原理方框图

（1）直流检测电路

二极管 $VD_1 \sim VD_4$ 构成桥式直流检测电路。左、右声道功放输出端分别通过 R_{10}、R_{20} 混合后加至桥式检测电路，R_{10}、R_{20} 同时与 C_1、C_2（两只电解电容器反向串联构成无极性电容器）组成低通滤波器，滤除交流成分。在OCL功放工作正常时，其输出端只有交流信号而无明显的直流分量，保护电路不启动。

当某声道输出端出现直流电压时，如果该直流电压为正，则经 R_{10}（或 R_{20}）、VD_1、VT_1 的b-e结、VD_4、R_1 到地，使 VT_1 导通；如果该直流电压为负，则地电平经 R_1、VD_2、VT_1 的b-e结、VD_3、R_{10}（或 R_{20}）到功放输出端，同样也使 VT_1 导通。

（2）驱动执行电路

VT_1 导通后，将 VT_2 的基极电压旁路，VT_2 截止其集电极输出高电平，经 R_5 触发单向晶闸管 VS 导通，继电器 K 吸合，常闭触点 K_{-L}、K_{-R} 断开，使扬声器与功放输出端脱离，从而保护了扬声器。VD_5 是保护二极管，用以防止继电器线圈断电时产生的反向电动势击穿晶闸管 VS。

9.4.2 漏电保护器

漏电保护器是用户配电板中必不可少的设备，对于保障安全用电十分重要。当户内电线或电器发生漏电，或者有人不慎触电时，漏电保护器会迅速动作切断电源，以保安全。

图9-33所示为漏电保护器电路，包括4个组成部分：①电流互感器 TA 构成的漏电检测电路；②555时基电路 IC、晶体闸流管 VS 等构成的比较控制电路；③电磁断路器 Q_1 构成的执行保护电路；④按钮开关 SB 和电阻 R_1 构成的试验电路。

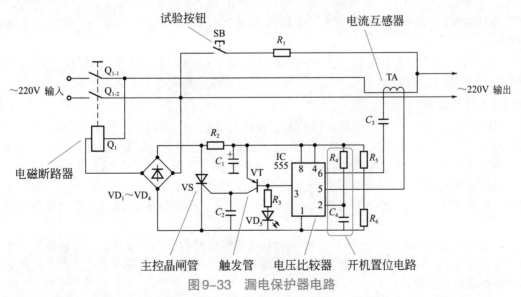

图9-33　漏电保护器电路

（1）漏电保护原理

漏电保护器电路工作原理是，交流220V市电经过电磁断路器Q_1接点和电流互感器TA后输出至负载。正常情况下，电源相线和零线的瞬时电流大小相等、方向相反，它们在电流互感器TA铁芯中所产生的磁通互相抵消，TA的感应线圈上没有感应电压。

当漏电或触电发生时，相线和零线的瞬时电流大小不再相等，它们在电流互感器TA铁芯中所产生的磁通不能完全抵消，感应线圈上便产生一感应电压，输入到555时基电路IC进行比较处理，IC的第3脚输出低电平使触发晶体管TV导通，触发晶闸管VS导通，电磁断路器Q_1得电动作，其接点瞬间断开而切断了220V市电，保证了线路和人身安全。

电磁断路器Q_1的结构为手动接通、电磁驱动切断的脱扣开关，一旦动作便处于"断"状态，故障排除后需要手动合上。

（2）漏电检测电路

电流互感器TA的结构如图9-34所示，交流220V电源的相线和零线穿过高导磁率的环形铁芯，环形铁芯上的感应线圈有1500～2000圈，因此可以检测出mA级的漏电电流。

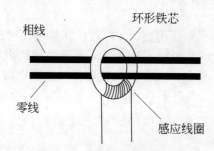

图9-34　电流互感器结构

（3）比较控制电路

555时基电路IC构成比较器，电流互感器TA上的感应电压送入IC的第5、第6脚之间进行比较。未发生漏电TA无感应电压时，IC第3脚输出为高电平，触发晶体管VT（PNP管）截止，同时发光二极管VD5亮，指示电路供电正常。

一旦发生漏电，TA产生的感应电压使比较器IC置"0"，IC第3脚输出变为低电平，使触发晶体管VT、晶闸管VS均导通，电磁断路器Q_1动作切断市电电源，同时发光二极管VD_5熄灭。

R_4与C_4构成开机置位电路。在开机的瞬间，由于电容C_4上电压不能突变，"0"电平加至555时基电路IC的第2脚，使IC置"1"，IC第3脚输出为高电平（正常状态）。

（4）试验电路

SB为试验按钮，用于检测漏电保护器的保护功能是否正常可靠。按下SB后，相线与零线之间通过限流电阻R_1形成一电流，该电流回路的相线部分穿过了电流互感器TA的环形铁芯，而零线部分没有穿过环形铁芯，这就人为地造成了环形铁芯中相线与零线电流的不平衡，模拟了漏电或触电的情况，使得电磁断路器Q_1动作。

二极管VD_1～VD_4构成桥式整流电路，并通过R_2、C_1降压滤波后，为整个电路提供工作电源。

需要特别说明的是，漏电保护器是基于漏电或触电时相线与零线电流不平衡的原理工作的，所以对于以下情况：①相线与零线之间漏电；②触电发生在相线与零线之间，此类漏电保护器不起保护作用。

知识链接 **41** 电流互感器

互感器是一种能够按比例变换交流电压或交流电流的特殊变压器，主要应用在电力电工领域的测量和保护系统中。

1. 互感器的种类

互感器种类较多，形状各异，外形如图9-35所示，分为电压互感器和电流互感器两大类。另有一种组合互感器，实际上是将电压互感器和电流互感器有机组合在一起构成的。

图9-35　互感器

互感器按用途可分为测量用互感器和保护用互感器，按相数可分为单相互感器和三相互感器，按绕组可分为双绕组互感器和多绕组互感器。

2. 互感器的符号

电压互感器的文字符号为"TV"，电流互感器的文字符号为"TA"，它们的图形符号如图9-36所示。

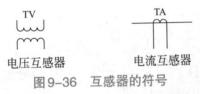

图9-36　互感器的符号

3. 互感器的工作原理

互感器的基本结构和工作原理与一般变压器相同，也是利用电磁感应原理工作的。如图9-37所示，高电压或大电流电路系统（一次系统）与测量控制系统（二次系统）之间通过互感器联系，互感器的初级绕组接入一次系统，次级绕组接入二次系统，一次系统的电压或电流通过初级绕组产生交变磁场，在次级绕组生成感应电压或电流。由于互感器的特殊设计，使得一次系统的电压、电流信息能够准确地传递到二次系统。

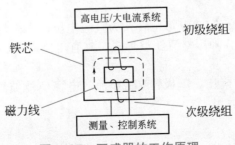

图9-37　互感器的工作原理

4. 电流互感器的特点

电流互感器的特点是能够准确地按比例变换交流电流。

电流互感器也是由铁芯和初、次级绕组构成，工作原理与一般变压器相同，只是其初级绕组串联在被测电路中，且匝数很少；次级绕组接电流表、继电器电流线圈等低阻抗负载，近似短路。初级绕组电流（即被测电流）和次级绕组电流取决于被测线路的负载，与电流互感器次级所接负载无关。因此用电流互感器来间接测量大电流，既能获得准确的测量精度，又可扩大测量仪表的量程。

5. 电流互感器的用途

电流互感器的主要用途是传递交流电流信息。测量用电流互感器是传递电流信息给测量指示电路和仪表，保护用电流互感器是传递电流信息给保护控制电路和装置。

电流互感器在工作状态下，次级绕组不允许开路，否则次级电压将会极大升高而危及人身及设备安全。因此在使用中，电流互感器次级回路中不允许接熔断器。

9.4.3 电冰箱保护器

电冰箱保护器具有延时保护功能。当停电后又立即来电时，能够自动延时数分钟再接通电冰箱电源，防止电冰箱压缩机在高负荷下启动，从而保护压缩机免遭损坏。

图9-38所示为电冰箱保护器电路图，电路包括电容C_1、二极管VD_1和VD_2等构成的整流电路，电容C_3、电阻R_3、二极管VD_3等构成的延时电路，非门D_1、D_2等构成的整形电路，双向晶闸管VS等构成的控制电路。图9-39所示为电冰箱保护器原理方框图。

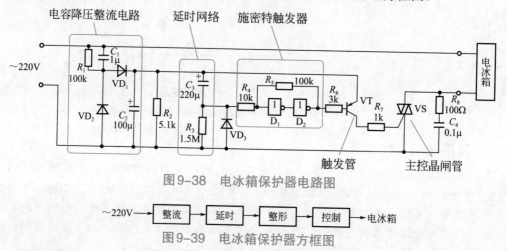

图9-38 电冰箱保护器电路图

图9-39 电冰箱保护器方框图

（1）整流电路

整流电路的功能是将交流220V市电转换为直流电压，作为延时、整形和控制电路的工作电源。整流电路采用电容降压整流滤波形式，具有电路简单、体积较小、成本低廉的特点。

220V交流电经电容C_1降压、二极管VD_1整流、电容C_2滤波后，成为直流电压。VD_2为续流二极管。R_1是C_1的泄放电阻。

（2）延时整形电路

延时电路是保护器的核心，由电容C_3和电阻R_3等构成，它的功能是停电后再来电时，自动延时数分钟才使后续电路工作。非门D_1、D_2和电阻R_4、R_5构成施密特触发器，将延时电路的缓慢电压变化整形为边沿陡峭的控制信号。

接通电源后，整流电路输出的直流电压开始经R_3向C_3充电。由于电容两端电压不能突变，一开始R_3上端电位为高电平，施密特触发器的D_2输出端也为高电平。

随着C_3充电的进行，R_3上端电位逐渐下降。当R_3上端电位下降到施密特触发器的转换阈值时，施密特触发器翻转，D_2输出端变为低电平。由于R_3阻值较大，C_3的充电过程可达数分钟。

停电时，整流电路输出的直流电压也消失，C_3经R_2（阻值较小）、VD_3迅速放电，为下次延时做好准备。

（3）控制电路

控制电路的主体是双向晶闸管VS，晶体管VT构成晶闸管触发电路。刚接通电源时，D_2输出端为高电平，PNP型晶体管VT截止，双向晶闸管VS控制极无触发电路而截止，切断了电冰箱的电源。

延时数分钟后，D_2输出端变为低电平，PNP型晶体管VT导通，触发双向晶闸管VS导通，接通了电冰箱的电源使其正常工作。R_8、C_4构成阻容吸收网络，并接在晶闸管VS两端，起保护作用。

9.4.4 电压安全监测电路

电压安全监测电路能够监测交流220V电网电压是否正常，当电网电压过高或过低时，发光示警。

（1）过压与欠压监测电路

图9-40所示为过压与欠压监测电路，当交流220V电网电压大于240V或小于180V时，分别由不同颜色的LED发光示警。电路包括电压取样、电压比较、驱动指示等组成部分。

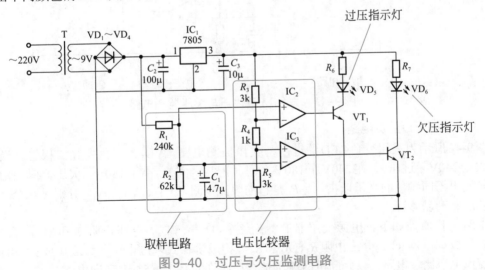

图9-40 过压与欠压监测电路

电压取样电路包括220 : 9电源变压器、整流桥、分压取样电阻R_1和R_2等。220V市电经变压器T降压、二极管$VD_1 \sim VD_4$桥式整流、电容C_2滤波后，得到$\sqrt{2} \times 9V$的直流电压，再经取样电阻R_1、R_2分压后，R_2上所得电压即为取样电压。取样电压同时送至IC_2和IC_3进行比较。

相对应220V交流电，取样电压为2.61V。如果220V交流电压上下波动，取样电压也随之按比例变化。如果电源变压器T的变压比不是220：9，则需重新调整R_1与R_2的比值。

集成运放IC_2和IC_3等构成窗口电压比较电路，以判断电网电压是否在允许的180～240V范围内。集成稳压器IC_1和分压电阻R_3、R_4、R_5为比较电路提供基准电压。

IC_2为上门限电压比较器，其负输入端接2.86V基准电压。如果取样电压大于2.86V（相应的电网电压大于240V），IC_2便输出高电平控制信号。

IC_3为下门限电压比较器，其正输入端接2.14V基准电压。如果取样电压小于2.14V（相应的电网电压小于180V），IC_3便输出高电平控制信号。

驱动晶体管VT_1、VT_2、发光二极管VD_5（红色）和VD_6（绿色）等构成驱动指示电路。当电压比较器IC_2输出高电平时，VT_1导通驱动VD_5发出红光，指示电网电压已超过240V。当电压比较器IC_3输出高电平时，VT_2导通驱动VD_6发出绿光，指示电网电压已低于180V。R_6和R_7分别是VD_5和VD_6的限流电阻。

（2）双色LED监测电路

图9-41所示为采用双色LED的过压与欠压监测电路，VD_5为双色发光二极管。当电网电压超过240V时，电压比较器IC_2输出高电平，驱动晶体管VT_1导通，电流通过双色发光二极管VD_5的上侧管芯，VD_5发出红光。当电网电压低于180V时，电压比较器IC_3输出高电平，驱动晶体管VT_2导通，电流通过VD_5的下侧管芯，VD_5发出绿光。

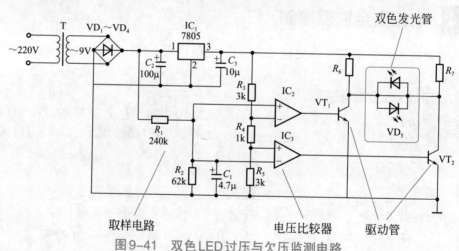

图9-41　双色LED过压与欠压监测电路

（3）变色LED监测电路

图9-42所示为采用变色LED的过压与欠压监测电路，VD_5为三色发光二极管。当电网电压大于240V（过压）、在240V至180V之间（正常区间）、小于180V（欠压）时，由发光二极管发出不同颜色的光予以指示。R_6是它的限流电阻，VT_1、VT_2、VT_3分别是三个不同颜色管芯的驱动晶体管。

电路工作原理如下。电源变压器T、整流桥VD_1～VD_4、分压电阻R_1和R_2等构成取样电路。集成稳压器IC_1、分压电阻R_3、R_4和R_5等构成阶梯式基准电压。集成运放IC_2和IC_3等构成窗口电压比较电路，以判断电网电压是否在允许的180～240V范围内。

当电网电压超过240V时，电压比较器IC_2输出高电平使驱动晶体管VT_1导通，三色LED中的VD_a管芯（红色）发光，指示电源电压过压。

当电网电压低于180V时，电压比较器IC_3输出高电平使驱动晶体管VT_2导通，三色LED中的VD_c管芯（蓝色）发光，指示电源电压欠压。

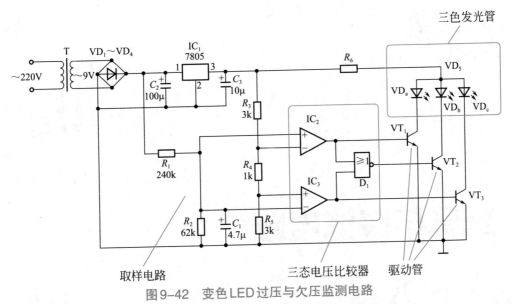

取样电路 　　三态电压比较器 　驱动管

图9-42 变色LED过压与欠压监测电路

当电网电压在180～240V之间时，两个电压比较器IC$_2$、IC$_3$输出均为低电平，经或非门D$_1$输出高电平，使驱动晶体管VT$_2$导通，三色LED中的VD$_b$管芯（绿色）发光，指示电源电压正常。

第**10**章

玩具与装饰电路

当前趣味玩具、智力游戏、家庭装饰等领域越来越多地运用电子技术，这既提高了玩具的档次和装饰的层次，也拓展了电子技术的应用范围，玩具与装饰电路已成为电子电路的一个重要方面。

➤ 10.1 趣味玩具电路

趣味玩具电路采用电子技术，使传统玩具升级换代。特别是发光二极管在各种玩具电路中应用相当广泛，五彩斑斓且变幻莫测的光色提升了玩具的趣味性和视觉效果。

10.1.1 闪光陀螺

闪光陀螺是一种十分有趣的电子玩具，它在静止的时候不发光，更看不到光环。但是，当你一旦把这个陀螺旋转起来以后，它便会交替发出红、绿两种颜色的两个光环，内外轮流闪光，非常有趣和好看。

（1）电路工作原理

闪光陀螺的电路是一个典型的自激多谐振荡器，如图10-1所示，由两个晶体管VT_1、VT_2以及电阻、电容等组成。两个发光二极管VD_1、VD_2分别接在两个晶体管的集电极回路里，当某个晶体管导通时，该侧的发光二极管便被点亮。电源开关S被接通后，电路起振，两个晶体管VT_1、VT_2轮流导通，两个发光二极管VD_1、VD_2便交替闪亮，大约每秒钟各闪亮一次。

电源开关S是一个离心开关，固定在电路板的一侧边缘。在静止状态时，离心开关S处于断开状态，如图10-2（a）所示，整个电路不工作。

当陀螺被旋转起来以后，陀螺里的电路板也随之绕中心点快速旋转，位于电路板边缘的离心开关S的动臂在离心力的作用下向外弯曲，与定接点接触，使S闭合，如图10-2（b）所示，接通电源使电路起振。

（2）闪光控制电路

闪光陀螺电路中，晶体管VT_1和VT_2交叉耦合构成多谐振荡器。C_1、C_2为两个晶体管的

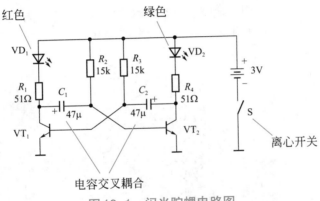

图10-1 闪光陀螺电路图

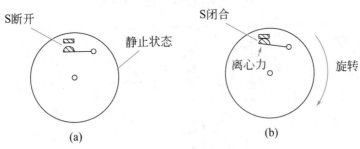

图10-2 离心开关

集电极-基极间的耦合电容。R_1、R_4分别是两晶体管的集电极电阻，R_2、R_3分别是两晶体管的基极偏置电阻。

两个发光二极管VD_1和VD_2分别串接在两个晶体管VT_1和VT_2的集电极回路里，当VT_1导通VT_2截止时，发光二极管VD_1点亮而VD_2不亮。当VT_1截止VT_2导通时，发光二极管VD_1不亮而VD_2点亮。其综合效果是两个发光二极管轮流闪亮。如果VD_1采用红色发光二极管，VD_2采用绿色发光二极管，那么效果则是红、绿交替闪光。

当你旋转这个陀螺时，离心开关S在离心力的作用下闭合接通电源，电路起振，发光二极管VD_1、VD_2交替闪光。由于陀螺自身在飞速旋转，所以VD_1、VD_2分别形成光环，其综合视觉效果是红、绿两个光环交替闪亮，如图10-3所示。

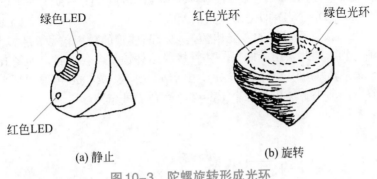

图10-3 陀螺旋转形成光环

10.1.2 音乐闪光外星人

这是一个逗人喜爱而又馋嘴的外星人，如图10-4所示。当你给他的嘴里喂上一块"棒棒糖"时，他就会开心地唱歌，调皮地眨着双眼。将这样的一个音乐闪光外星人，作为礼物送给小朋友们，将会备受欢迎。音乐闪光外星人电路如图10-5所示，包括闪光电路和音乐电路两部分。

图10-4　音乐闪光外星人

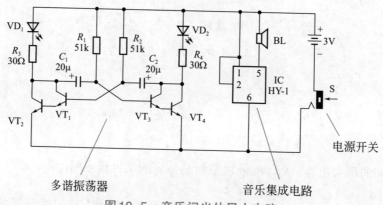

图10-5　音乐闪光外星人电路

（1）闪光电路

闪光电路是晶体管VT_1、VT_2、VT_3、VT_4等构成的多谐振荡器，它只有两个暂稳态：或者VT_1VT_2导通、VT_3VT_4截止，或者VT_1VT_2截止、VT_3VT_4导通。这两个状态周期性地自动翻转。

多谐振荡器的左、右两边晶体管的集电极，分别输出互为反相的矩形波。在晶体管VT_2与VT_4的集电极回路中分别串入发光二极管VD_1与VD_2，则VD_1与VD_2在多谐振荡器的控制下，轮流交替闪亮。VD_1与VD_2即是外星人的两眼。

为了保证发光二极管有足够的发光电流，要求晶体管的放大倍数β足够大（$\beta > 1000$），单只晶体管很难达到，因此采用了两只晶体管接成达林顿复合管形式，如图10-6所示。达林顿复合管的放大倍数$\beta = \beta_1\beta_2$，且工作稳定。由于β足够大，R_1、R_2可取得稍大，避免了使用大容量电解电容器，缩小了体积，减小了漏电，提高了可靠性。

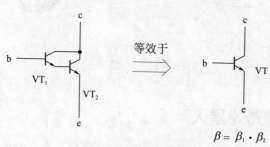

$$\beta = \beta_1 \cdot \beta_2$$

图10-6　达林顿复合管

（2）音乐电路

音乐电路采用HY-1型音乐集成电路，内部存储有一首乐曲，其最大特点是自身含有功率放大器，可以直接驱动扬声器，也无需其他外围元件。电路中将其触发端（第2脚）直接接电源正极，只要电源接通，它便会反复不停地播放乐曲。

（3）特殊的电源开关

为适应音乐闪光外星人这个电子玩具的特点，电路中采用了特殊的电源开关。电源开关S使用了一个2.5mm的双芯耳机插座，如图10-7所示。双芯耳机插座共有3个接线端，最下面一个接线端悬空不用，上面两个接线端之间形成开关。当将一金属杆插入双芯耳机插座中时，上面两个接线端之间接通。在金属杆一端固定上彩色塑料圆片，这就是配合双芯耳机插座作开关用的"棒棒糖"了。

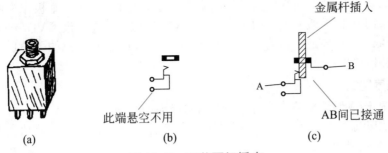

图10-7 双芯耳机插座

音乐闪光外星人的外壳是用市售的外星人玩具改造而成。在外星人玩具的塑料面部双眼处固定发光二极管VD_1与VD_2，在其左嘴角处固定作电源开关用的双芯耳机插座。将"棒棒糖"的金属杆插入嘴角的双芯耳机插座中（接通电源开关），这个调皮又馋嘴的外星人便会灵动地眨着双眼，欢快地唱歌，很逗人喜爱。

10.1.3 磁控婚礼娃娃

磁控婚礼娃娃由一对男女娃娃组成，当把两个娃娃靠在一起时，便会奏起"婚礼进行曲"，同时彩灯闪烁。在朋友喜结良缘之时，送上这样的礼品将会增加喜庆的气氛。

磁控婚礼娃娃电路如图10-8所示。图中左半部分为音乐电路，由集成电路IC_1、扬声器BL等组成。右半部分为彩灯电路，由晶体管VT_2、发光二极管$VD_1 \sim VD_4$等组成。S是磁控开关，控制整个电路的电源。图10-9所示为电路原理方框图。

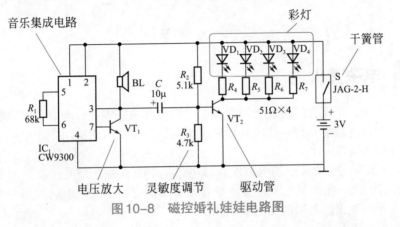

图10-8 磁控婚礼娃娃电路图

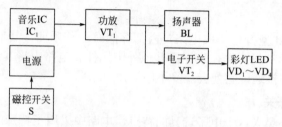

图 10-9　磁控婚礼娃娃方框图

（1）电路工作原理

当电源接通后，电路即开始工作，IC_1产生的音乐信号经晶体管VT_1作功率放大后，驱动扬声器 BL 发声。

同时，VT_1集电极输出的音乐信号经电容 C 耦合至电子开关VT_2基极作为控制信号，当控制信号电平高于VT_2导通阈值（约 0.7V）时，VT_2导通，发光二极管$VD_1 \sim VD_4$发光。当控制信号电平低于VT_2导通阈值时，VT_2截止，$VD_1 \sim VD_4$熄灭。总的效果是使$VD_1 \sim VD_4$随着音乐声作相应的闪亮。

（2）灵敏度控制

电阻R_2、R_3构成偏置电路，为开关管VT_2基极提供适当的正偏电压，与经 C 耦合过来的音频信号电压相叠加，以提高VT_2的触发灵敏度。触发灵敏度高低与R_3阻值大小成正比，调节R_3即可调节触发灵敏度。

（3）磁控原理

电路中采用干簧管作为电源开关 S，这是实现磁控的关键。当永久磁铁靠近干簧管时，干簧管接点接通。当永久磁铁移开后，干簧管接点断开。

实际制作中，电路部分及干簧管安装在一个娃娃体内，永久磁铁安装于另一个娃娃体内。当将两个娃娃靠在一起时（即永久磁铁靠近干簧管），干簧管接点吸合接通电源，电路工作声光并茂。当把两个娃娃分开后（即永久磁铁离开干簧管），干簧管接点断开切断电源，电路停止工作声光全无，如图 10-10 所示

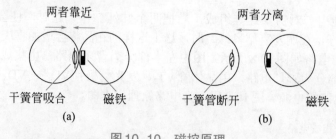

图 10-10　磁控原理

10.1.4　电子萤火虫

夏夜的萤火虫，不仅会闪闪发光，而且当它们成群地聚集在一起时，其发射磷光的频率会互相影响，并最终趋于一致，使闪光频率完全同步。电子萤火虫用电子电路来模拟自然界萤火虫的这种行为特性，十分有趣。

图 10-11 所示为电子萤火虫的电路图。该电路是一个具有红外光控功能的自激多谐振荡器，由 555 时基电路、红外发光二极管、红外光敏晶体管等组成。电路虽然并不复杂，但完全可以模拟真正萤火虫的群聚闪光同步现象。

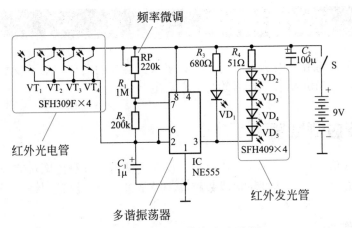

图10-11 电子萤火虫电路图

VD$_1$是大型绿色发光二极管，用于模拟萤火虫发绿光。VD$_2$～ VD$_5$是红外发光二极管，向其他"萤火虫"发出光同步信号。VT$_1$～ VT$_4$是红外光敏晶体管，用于接收其他"萤火虫"发出的光同步信号。

（1）光控振荡电路

555时基电路构成多谐振荡器，振荡周期由RP、R_1、R_2、C_1决定，输出为脉宽不对称的方波。输出端（第3脚）为"0"时，发光二极管和红外发光管发光。调节RP，可改变输出"1"信号的脉宽，从而改变振荡频率。

在定时电容C_1正端与电源之间接入红外光电管，便成为红外光控振荡电路。如图10-12所示，在C_1充电的过程中（此时本"萤火虫"未发光），如有其他"萤火虫"发出的红外光照射到红外光电管上，则光电管导通，使C_1加速充电至阈值，电路提前翻转，输出变为"0"，发光管发光，使闪光趋于同步。

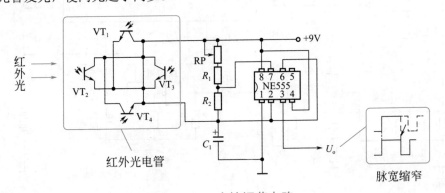

图10-12 光控振荡电路

（2）结构特点

实际制作中，红外光敏管4只并联并朝向4个方向，以便接收前后左右"萤火虫"的红外光。红外发光二极管4只串联也朝向4个方向，以便向前后左右的"萤火虫"发射红外光。

观察电子萤火虫之间的光相互作用，应在环境光线比较昏暗的情况下进行。将若干电子萤火虫排列成矩阵，使它们的红外发光二极管与红外光电管互相对准，其间距应使它们能彼此接收到光同步信号。刚打开电源开关时，它们的闪光此起彼伏、杂乱无章。但是别急，耐心观察，你就会看到它们的闪光逐渐趋同，最后完全同步一致了。

10.2　智力游戏电路

智力游戏可以锻炼和开发人的智力，是许多人都喜爱的活动。电子技术使智力游戏更精彩、更有挑战性。本节介绍若干优秀的智力游戏电路。

10.2.1　反应测试器

人们对事物或信号的反应速度有快有慢。反应测试器可以测出您对信号的反应速度，并将反应能力分为九段，反应速度越快段数越高。经常进行反应测试训练，可以逐步提高您的反应速度。

（1）电路工作原理

图10-13所示为反应测试器电路图。由开机延迟电路、测试信号灯、时钟振荡器、减法计数器、驱动电路、显示光柱、测试按钮和控制电路等部分组成。S_1为测试按钮，S_2为电源开关。图10-14所示为原理方框图。

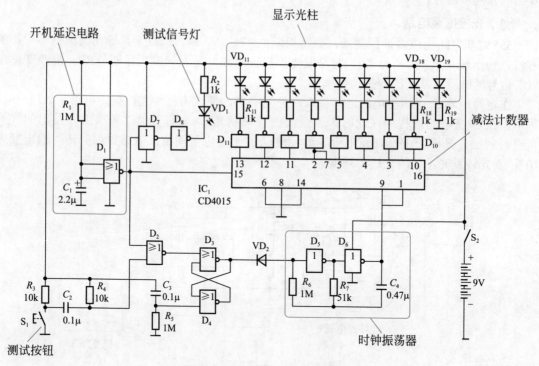

图10-13　反应测试器电路图

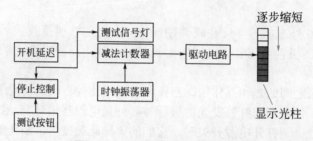

图10-14　反应测试器方框图

反应测试器工作原理是，开机时延迟数秒后，测试信号灯亮，同时减法计数器在时钟脉冲作用下开始递减，由发光二极管 $VD_{11} \sim VD_{19}$ 组成的LED光柱逐步缩短。当被测试人按下测试按钮时，时钟振荡器停振，减法计数器处于保持状态，LED光柱显示出结果。

（2）开机延迟电路

开机延迟电路由 D_1、R_1、C_1 等组成，如图10-15所示。刚开机时，D_1 输出为"1"，使减法计数器 IC_1 的8位寄存单元在时钟脉冲CP作用下迅速全为"1"。

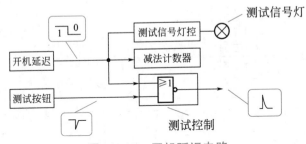

图10-15 开机延迟电路

$3 \sim 4s$ 后，D_1 输出变为"0"，同时使：①测试信号灯 VD_1 亮；②减法计数器 IC_1 的输入数据变为"0"；③或非门 D_2 开启。D_2 的作用是使测试按钮 S_1 只有在测试信号灯 VD_1 亮后才起作用，提前按下无效。

（3）时钟振荡器

时钟振荡器由 D_5、D_6 等组成，产生周期约50ms的时钟脉冲CP。该时钟振荡器受 D_3、D_4 组成的RS触发器的控制，而RS触发器的输出状态（Q 端）又受到测试按钮控制信号和开机置位信号的控制。

刚开机时，C_3、R_5 组成的置位电路将RS触发器置位，使 $Q = 1$，时钟振荡器起振，输出脉冲方波。当测试按钮被按下时，D_2 输出控制信号将RS触发器置零，使 $Q = 0$，时钟振荡器停振，输出为"0"。

（4）减法计数器

减法计数器实际上是一个8位移位寄存器，由 IC_1 构成。IC_1 采用双4位静态移位寄存器CD4015，其内部含有两组独立的4位串入-并出移存器，两组移存器级联使用，组成8位右移寄存器。

开机延迟电路的输出信号（先是"1"，数秒钟后变为"0"）作为其串行输入数据，在时钟脉冲CP的作用下迅速右移。当CP中止时，数据停止右移并处于保持状态。移存器的8位寄存单元的输出端通过驱动电路 $D_{11} \sim D_{18}$ 驱动发光二极管显示出来。

10.2.2 智取明珠电子棋

智取明珠电子棋是一种智力型电子游戏，游戏时由甲、乙两人竞争，看谁足智多谋，最后夺得"明珠"。

（1）电路工作原理

智取明珠电子棋电路如图10-16所示，由60位移位寄存器、状态指示电路、清零电路、提示音电路、闪光振荡器、控制电路和获胜指示电路等组成。控制电路包括甲、乙两个控制按钮（S_2、S_3），由参加游戏的两人轮流按动。提示音电路产生按下按钮时的提示声响。闪光振荡器为第60位指示灯和获胜指示灯提供闪光信号源。图10-17所示为电路原理方框图。

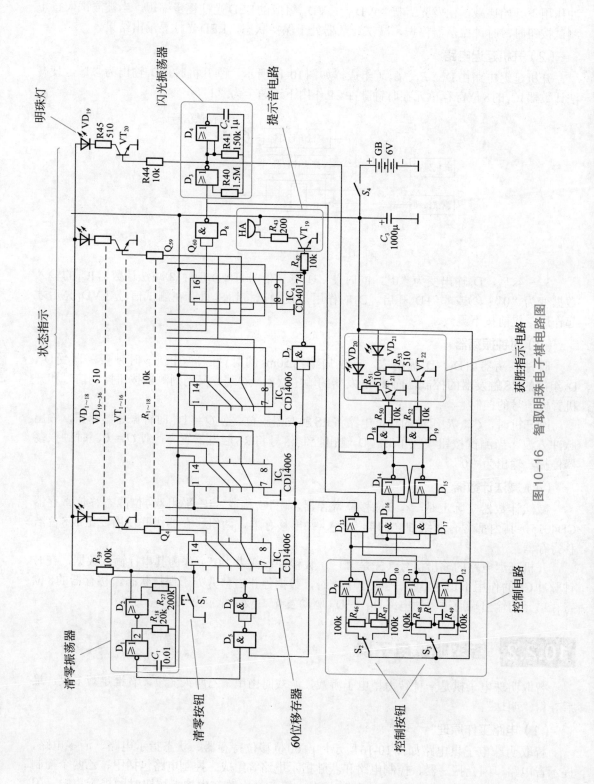

图10-16 智取明珠电子棋电路图

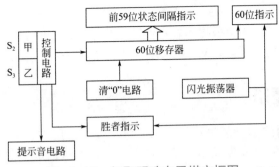

图10-17 智取明珠电子棋方框图

电路的核心是由$IC_1 \sim IC_4$构成的60位移位寄存器，每隔4～5位以及最后的8位，共接有19个发光二极管（$VD_1 \sim VD_{19}$）作为状态指示灯。IC_1的第1脚为数据输入端，由R_{39}为其提供"1"信号，在时钟脉冲CP（由按钮S_2或S_3产生）的作用下向右移位，经60个CP后，在IC_4的第15脚输出"1"信号，使VD_{19}（"明珠"）闪亮。或非门D_9、D_{10}和D_{11}、D_{12}分别构成S_2和S_3的消抖电路。或非门D_1、D_2构成2.3kHz的清零振荡器。或非门D_3、D_4构成3Hz的闪光振荡器。

（2）60位移位寄存器

60位移位寄存器由3块CD14006（$IC_1 \sim IC_3$）和一块CD40174（IC_4）级联组成。CD14006是18位静态移位寄存器，共分4段，每段4或5位，分别在第4、8、9、13、17、18位设置有输出端。

CD14006中的数据是在时钟脉冲CP的下降沿作用下传输的。多片CD14006级联使用时，低一级的第18位输出作为高一级的数据输入。

CD40174是D型触发器电路，内部包含有6个独立的D型触发器，每个D型触发器都有各自的输入端和输出端。6个D型触发器共用一个时钟端，在时钟脉冲CP的上升沿作用下工作。本机中将6个D型触发器连接成6位移位寄存器使用。

（3）控制电路

控制电路由或非门$D_9 \sim D_{13}$和与非门D_5、D_6等组成，S_2和S_3是甲、乙两个控制按钮，由参加游戏的两人轮流按动。

或非门D_9、D_{10}和D_{11}、D_{12}分别构成两个RS触发器，作为S_2和S_3的消抖电路，可以完全消除控制按钮的机械抖动，使得按钮每按一下，仅输出一个脉冲。

D_{13}将甲、乙双方的控制信号综合后，作为时钟脉冲CP通过与非门D_5和D_6，去触发60位移位寄存器移位。

（4）清零电路

或非门D_1、D_2构成2.3kHz的清零振荡器，这是一个门控多谐振荡器，振荡与否受清零按钮S_1控制。平时，电源$+V_{CC}$经R_{39}加至D_2门控端，振荡器停振，不产生清零动作。

当按下清零按钮S_1时，门控端被接地，振荡器起振，产生2.3kHz的清零脉冲，经与非门D_5和D_6使60位移位寄存器迅速清零。

（5）指示与提示电路

60位移位寄存器中，间隔性地共接有19个发光二极管（$VD_1 \sim VD_{19}$）作为状态指示灯，对游戏者作一定的提示，而又不是指示每一位移位寄存单元的状态，增加了游戏的难度和趣味性。$VT_1 \sim VT_{18}$以及VT_{20}是驱动晶体管，$R_{19} \sim R_{36}$以及R_{45}是发光二极管的限流电阻。

或非门D_3、D_4构成3Hz的闪光振荡器，为明珠（VD_{19}）和获胜指示灯（VD_{20}、VD_{21}）

提供闪光信号源。

晶体管VT_{19}和讯响器HA组成提示音电路，产生按下按钮时的提示声响。HA采用3V自带音源讯响器。当有按钮按下时，VT_{19}导通，讯响器HA发声。

10.2.3　电子硬币

抛硬币是人们常用的一种随机决策方法。电子硬币采用红、绿两种颜色来模拟硬币的正、反两面，适用于所有需要抛硬币的场合，并且使用方法也是将电子硬币轻轻一抛而观其结果，同时带给您另一番情趣。

（1）电路工作原理

电子硬币电路如图10-18所示，由时钟脉冲电路、随机控制电路、驱动显示电路三大部分组成，图10-19所示为电子硬币方框图。

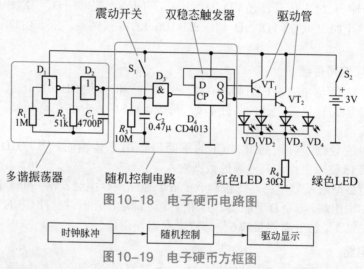

图10-18　电子硬币电路图

| 时钟脉冲 | → | 随机控制 | → | 驱动显示 |

图10-19　电子硬币方框图

电路工作原理是，接通一下S_1，随机控制电路中的C_2即充满电，与非门D_3打开，时钟脉冲电路产生的1.9kHz时钟脉冲，使双稳态触发器D_4不断翻转。D_4的两个输出端Q和$\overline{Q}$分别控制驱动晶体管VT_1和VT_2，使它们轮流导通，红、绿两组发光二极管轮流发光。

随着C_2的放电，一定时间后与非门D_3关闭，双稳态触发器D_4随机地停止在某一状态，显示电路随机地显示出红光或绿光。

（2）时钟脉冲电路

非门D_1、D_2等构成自激多谐振荡器，为整个电路提供时钟脉冲。C_1、R_2为定时元件，决定振荡器的振荡频率。R_1具有稳定振荡频率的作用。时钟脉冲频率约为1.9kHz。取较高的振荡频率，是为了使电子硬币具有更高的随机性。

（3）随机控制电路

与非门D_3和D型触发器D_4等构成随机控制电路，使后续的显示电路能够实现随机显示。随机控制原理如图10-20所示，D_4接成双稳态触发器，CP端每输入一个时钟脉冲其输出状态便翻转一次，两个输出端Q和$\overline{Q}$互为反相。时钟脉冲由D_3控制。S_1是常开式振动开关，受到震动时瞬间接通。

S_1瞬间接通时，使C_2充满电，与非门D_3打开，时钟脉冲通过D_3触发D_4翻转。

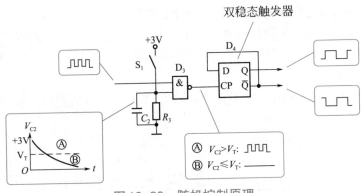

图 10-20 随机控制原理

S₁瞬间接通后即断开，随着C_2经R_3放电，数秒钟后，当C_2上电压降至D₃阈值电压以下时，D₃关断，D₄因无时钟脉冲而随机地停止于某一状态（$Q=1$或$\overline{Q}=1$），并通过VT₁或VT₂驱动发光二极管发出红色或绿色的光。

使用时，打开电源开关，将电子硬币拿起来轻轻一掷，这时电子硬币呈现出类似于橙色的颜色（相当于抛出的硬币在空中翻滚）。数秒钟后，电子硬币稳定地、随机地呈现出红色或绿色（相当于抛出的硬币落地后随机地呈现出一面）。

10.3 装饰电路

电子装饰电路可以使服装饰品、壁挂镜框、家庭摆设增色增辉，为室内外环境创造出现代气息，烘托出美轮美奂的空间。

10.3.1 闪光胸饰

在普通的胸针饰品后面增加一个微型LED频闪电路，便制成了一个闪光胸饰。闪光胸饰会每秒钟发出一次短促而明亮的闪光。佩带这样的闪光胸饰出席晚会或舞会，将会给你带来意想不到的好效果。

（1）电路工作原理

闪光胸饰电路如图10-21所示，电路很简单，一共只有4个元器件：集成电路LM3909（IC）、高亮度发光二极管（VD）、100μF超小型电解电容器（C）以及1.5V纽扣电池（GB）。

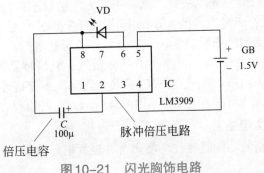

图 10-21 闪光胸饰电路

电路的核心是集成电路LM3909。由于发光二极管的管压降为1.8～2V，1.5V电源电压不可能直接点亮发光二极管。而LM3909集成电路内部含有脉冲倍压电路，能将1.5V电源电压提升2倍达到3V，所以LM3909集成电路可以在1.5V电源电压下使发光二极管发光。

（2）脉冲倍压原理

集成电路LM3909是利用电容器C的充、放电功能来实现脉冲倍压的，电路工作原理如图10-22所示。

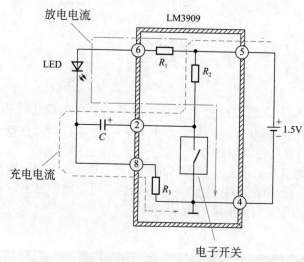

图10-22　脉冲倍压原理

当接通电源后，1.5V电池正极电流经R_2、C、R_3至负极，给电容器C充电，C上电压为左负右正。当电容器C充满电后，LM3909内部的电子开关导通，使C正端接地，致使C负端电位比地端还低1.5V，从而使发光二极管得到2倍于电源的电压（3V）而发光。R_1是发光二极管的限流电阻。

（3）大电流脉冲驱动LED

集成电路LM3909的显著特点是能够对发光二极管提供占空比小于0.5%的倍压大电流脉冲，脉冲电流可达100mA，使发光二极管发出相当明亮的短促闪光。由于电流脉冲的占空比极小，因此电路的平均电流很小，仅约为0.32mA，一枚1.5V小型纽扣电池可以连续闪光50～80h。

10.3.2　幻影镜框

幻影镜框四周布有一圈发光二极管，这一圈发光二极管不但会按一定的规律流动发光，而且流动的速度还会随着环境声音的大小而变化。幻影镜框一改普通镜框呆板、沉闷的形象，给人一种动态的、变幻的新鲜感觉，一定会为你的居室增辉。

幻影镜框电路如图10-23所示。电路由3部分组成：驻极体话筒BM和非门D_1、D_2、D_3等组成的声音接收与放大电路，集成电路IC_1和晶体管VT_1～VT_4等组成的控制与驱动电路，40个发光二极管组成的流水灯显示电路。图10-24所示为电路原理方框图。

（1）声音接收与放大电路

声音接收与放大电路的功能是接收环境声音并进行电压放大，作为声控信号去改变控制电路的速率。

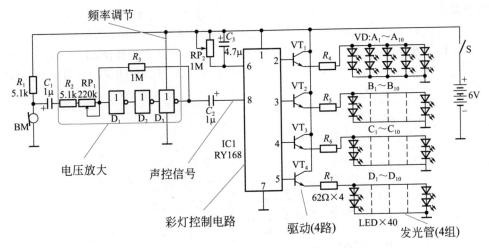

图10-23 幻影镜框电路图

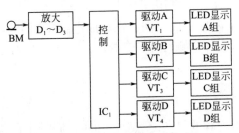

图10-24 幻影镜框方框图

三级CMOS非门D_1、D_2、D_3串联组成电压放大器，R_3为负反馈偏置电阻，R_2和PR_1为输入电阻。放大器的放大倍数取决于反馈电阻与输入电阻的比值，即放大倍数$A = R_3 / (R_2 + RP_1)$，调节RP_1就可以改变放大倍数，本电路中放大倍数可调范围为4.4～200倍。C_1、C_2为耦合电容。

电路工作过程是，环境中的声音信号由驻极体话筒BM拾取并转换为电信号，通过C_1送入电压放大器放大后，再经C_2耦合至IC_1的第8脚，即可实现声控。

（2）控制与驱动电路

控制与驱动电路的功能是按照一定的规律控制和驱动发光二极管作动态显示。控制电路的核心IC_1采用彩灯控制专用集成电路RY168，其内部包括压控振荡器、时序分配器、输出电路以及整流放大电路等。

压控振荡器产生时钟脉冲，经由时序分配器分配给A、B、C、D四个输出电路，作为控制信号输出。时序分配器的分配规律是，四个输出端中两两依次为高电平，即输出端ABCD在时钟脉冲的作用下，按照"1100"→"0110"→"0011"→"1001"→"1100"……的规律循环变化。

压控振荡器的振荡频率一方面受外接振荡电阻RP_2和振荡电容C_3的控制，调节RP_2即可改变振荡频率；另一方面受声控信号的控制，声音信号经整流放大后去控制压控振荡器，使其振荡频率随声音的大小而变化。控制了压控振荡器的振荡频率，也就控制了彩灯的流水速度。VT_1～VT_4分别构成4个射极跟随器，用于提高IC_1的电流驱动能力

（3）流水灯显示电路

流水灯显示电路由40个发光二极管组成，其功能是将4路控制信号转换为流动的可见光显示出来。

40个发光二极管分为A、B、C、D四组（每组10个），分别由VT$_1$、VT$_2$、VT$_3$、VT$_4$驱动。为了取得良好的视觉效果，A、B、C、D四组发光二极管应互相间隔安排，图10-25所示为间隔安排的接线示意图。这时，点亮的发光二极管按以下规律流动："A1B1…A2B2…A3B3…"→"B1C1…B2C2…B3C3…"→"C1D1…C2D2…C3D3…"→"D1A1…D2A2…D3A3…"→"A1B1…A2B2…A3B3…"→……。

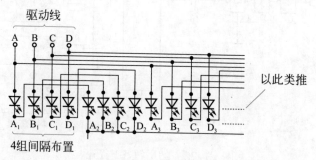

图10-25 LED接线图

40个发光二极管沿镜框四周围成一圈，在集成电路IC1的控制下，两两相间地被点亮，并且被点亮的发光二极管成对地沿顺时针方向移动，形成成对光点流水移动的艺术效果。

10.3.3 声光圣诞树

这棵声光圣诞树会发出悦耳的"圣诞歌"乐曲声，同时伴有红、绿、黄等颜色的彩灯闪亮。制作一棵声光圣诞树，必将为您的圣诞之夜增添欢快的节日气氛。

图10-26所示为声光圣诞树电路。电路中采用了音乐集成电路和非门电路，分别构成乐曲电路和闪光电路。

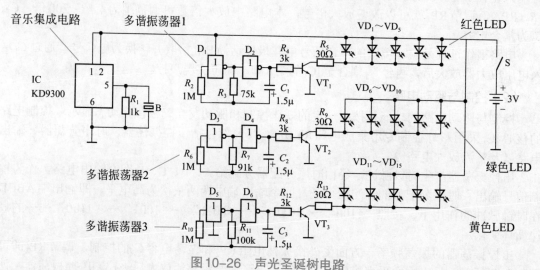

图10-26 声光圣诞树电路

（1）乐曲电路

音乐集成电路IC$_1$和压电蜂鸣器B等构成乐曲电路。IC$_1$为KD9300音乐集成电路，内储"圣诞歌"，既可单次触发，也可连续触发。KD9300外围电路极简单，可直接驱动压电蜂鸣器。

（2）闪光电路

非门D$_1$～D$_6$、晶体管VT$_1$～VT$_3$、发光二极管VD$_1$～VD$_{15}$等构成闪光电路。每两个非

门构成一个多谐振荡器，分别产生3～4Hz的脉冲方波，并通过晶体管驱动一组（5个）发光二极管发出频率为3～4Hz的闪光。由于各个多谐振荡器的定时电阻R_t取值不同，所以3个多谐振荡器的振荡频率不同，3组发光二极管（每组5个，各组颜色不同）的闪光频率亦不同，形成群星闪烁的视觉效果。

（3）圣诞树结构

将音乐和闪光电路与圣诞树结合，便组成了声光圣诞树。圣诞树可以是盆栽小松树，也可以是仿真小松树，还可以用硬纸板画好剪成小松树。

① 用盆栽小松树来做声光圣诞树时，将装入外壳中的声光电路机芯挂到小松树的树干上，再将3串发光二极管张挂在小松树上即可，如图10-27所示，应注意要将机芯隐藏在树叶中。

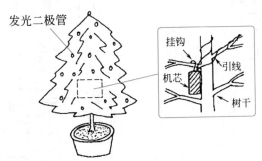

图10-27　盆栽小松树做声光圣诞树

② 用塑料仿真小松树来做声光圣诞树时，如图10-28所示，将声光电路机芯放置于小松树下面的花盆中，将3组（3种颜色的）的发光二极管交叉错落地粘挂在小松树上，其引线隐蔽地绕树干而下进入花盆与机芯连接。

③ 也可在硬纸板上画一棵小松树并剪下来，如图10-29所示，在纸板松树上开15个小圆孔，将发光二极管从小圆孔中由背面向前穿出，并用玻璃胶将发光二极管与纸板松树背面粘牢。声光电路机芯安放在纸板花盆背后，一个纸板声光圣诞树便完成了。

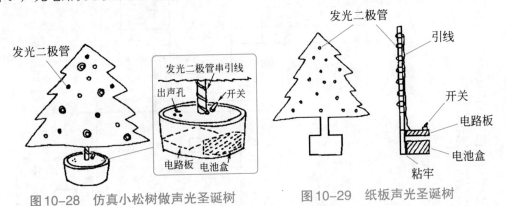

图10-28　仿真小松树做声光圣诞树　　　图10-29　纸板声光圣诞树

10.4　彩灯控制器

彩灯控制器能够使彩灯按照一定的形式和规律闪亮，起到烘托节日氛围、吸引公众注意力的作用。该彩灯控制器主要元器件均采用数字电路，驱动部分采用交流固态继电器，因此具有电路简洁、工作可靠、控制形式多样、使用安全方便的特点。

10.4.1 电路结构原理

图10-30所示为彩灯控制器电路图，包括双向移位寄存器、预置数控制电路、时钟振荡器、移动方向控制电路、驱动执行电路、电源电路等组成部分。图10-31所示为电路原理方框图。

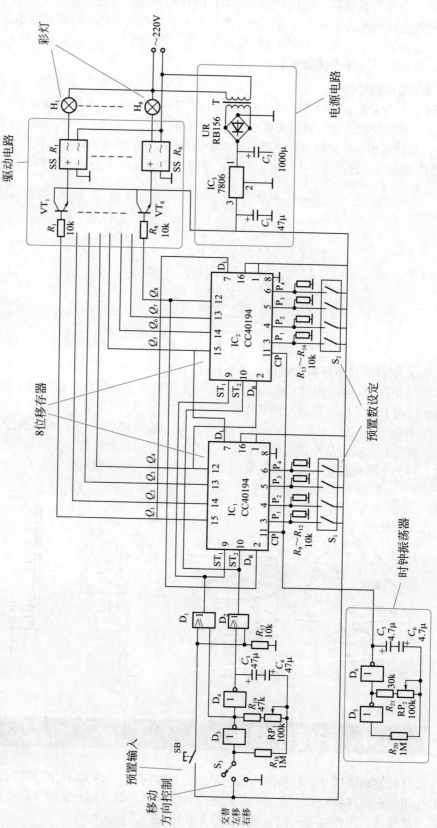

图10-30 彩灯控制电路图

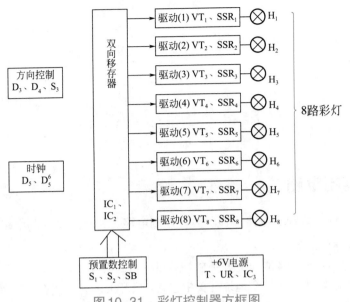

图 10-31 彩灯控制器方框图

（1）彩灯控制器的主要功能是：①可以控制8路彩灯或彩灯串。②既可以向左（逆时针）移动，也可以向右（顺时针）移动，还可以左右交替移动。③起始状态可以预置。④移动速度和左右交替速度均可调节。

（2）电路工作原理是，IC_1 和 IC_2 级联组成8位双向移位寄存器，在 D_5、D_6 产生的时钟脉冲CP的作用下作循环移位运动。双向移存器的8个输出端 $Q_1 \sim Q_8$ 分别经缓冲晶体管 $VT_1 \sim VT_8$ 控制8个交流固态继电器 $SSR_1 \sim SSR_8$。

当某 Q 端为"1"时，与该 Q 端对应的SSR接通相应的彩灯H的220V市电电源，使其点亮。当某 Q 端为"0"时，对应的SSR切断相应彩灯H的电源而使其熄灭。由于 $Q_1 \sim Q_8$ 的状态在CP作用下不停地移位，所以点亮的彩灯便在 $H_1 \sim H_8$ 中循环流动起来。

彩灯的初始状态由 S_1 和 S_2 预置，预置好后按一下SB将预置数输入，其输出端 $Q_1 \sim Q_8$ 的状态（也就是彩灯 $H_1 \sim H_8$ 点亮的情况）即等于预置数，而后在CP的作用下移动。彩灯移动的方向由 S_3 控制，可以选择"左移"、"右移"或"左右交替"。

10.4.2 双向移位寄存器

8位双向移位寄存器由 IC_1 和 IC_2 级联组成。IC_1、IC_2 均采用4位双向通用移位寄存器CC40194，其功能较强，既可以左移，也可以右移；既可以串行输入，也可以并行输入；既可以串行输出，也可以并行输出。

CC40194具有4个输出端 $Q_1 \sim Q_4$，具有4个并行数据输入端 $P_1 \sim P_4$、一个左移串行数据输入端 D_L 和一个右移串行数据输入端 D_R，还具有2个状态控制端 ST_1 和 ST_2。

当两状态控制端 ST_1、$ST_2 =$ "01"时，移存器左移。当 ST_1、$ST_2 =$ "10"时，移存器右移。当 ST_1、$ST_2 =$ "11"时，预置数并行输入移存器。

将两片CC40194级联即可组成8位双向移位寄存器。

（1）右移时，数据按 $Q_1 \rightarrow Q_2 \rightarrow Q_3 \rightarrow Q_4 \rightarrow Q_5 \rightarrow Q_6 \rightarrow Q_7 \rightarrow Q_8$ 的方向移动，Q_8 的信号又经右移串行数据输入端 D_R 输入到 Q_1，形成循环。

（2）左移时，数据按 $Q_8 \rightarrow Q_7 \rightarrow Q_6 \rightarrow Q_5 \rightarrow Q_4 \rightarrow Q_3 \rightarrow Q_2 \rightarrow Q_1$ 的方向移动，Q_1 的信号又经左移串行数据输入端 D_L 输入到 Q_8，形成循环。图10-32为循环移位示意图。

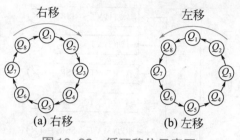

图 10-32　循环移位示意图

10.4.3　控制电路

控制电路包括预置数控制电路、移动方向控制电路、移动速度控制电路等。

（1）预置数控制电路

预置数控制电路由两个4位地址开关S_1、S_2和按钮开关SB等组成，用于设置移存器的初始状态，即彩灯的起始状态。每个地址开关中包含4只开关，开关闭合时为"1"，开关断开时为"0"。

移存器的两个状态控制端ST_1、ST_2分别由或门D_1、D_2控制。当按下预置数按钮开关SB时，"1"电平（+6V）加至D_1、D_2输入端，D_1、D_2输出均为"1"，使ST_1、ST_2＝"11"，设置好的预置数并行进入移存器。

当松开SB时，ST_1、$ST_2\neq$"11"，移存器便在CP作用下使预置状态移动。

（2）移动方向控制电路

移存器移动方向由ST_1、ST_2的状态决定。为了实现左右交替移动，电路中设计了一个由非门D_3、D_4等组成的超低频多谐振荡器，并由选择开关S_3控制。

当S_3将D_3输入端接地时，多谐振荡器停振，使ST_1、ST_2为"10"，移存器右移。

当S_3将D_3输入端接+6V时，多谐振荡器仍停振，但不同的是ST_1、ST_2为"01"，移存器左移。

当S_3悬空时，多谐振荡器起振，使ST_1、ST_2在"01"和"10"之间来回变化，移存器便左移与右移交替进行。电位器RP_1用于调节振荡周期、改变左右移动的交替时间，交替时间可在2.5～7.5s范围内选择。C_3、C_4为两电解电容器反向串联，等效为一个无极性电容器。

（3）移动速度控制电路

双向移存器在时钟脉冲CP作用下工作，时钟频率的高低决定了移存器的移动速度。时钟脉冲由非门D_5、D_6组成的多谐振荡器产生，调节RP_2可使振荡周期在150～670ms（即振荡频率为6.5～1.5Hz）范围变化。RP_2阻值越大，振荡周期越长，移存器移动速度越慢。

10.4.4　交流固态继电器驱动电路

驱动电路采用8路交流固态继电器SSR，分别控制8路彩灯或彩灯串。交流固态继电器内部采用光耦合器传递控制信号、双向晶闸管作为控制元件，如图10-33所示。

采用交流固态继电器驱动彩灯，使得控制电路与交流220V市电完全隔离，十分安全。彩灯控制器接交流220V市电的两接线端不必区分相线与零线，使用方便。

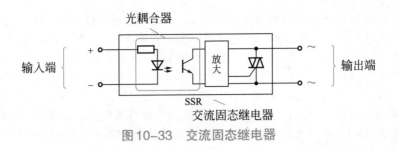

图10-33　交流固态继电器

 知识链接 42 **时序逻辑电路看图技巧**

时序逻辑电路包括各种移位寄存器、计数器等。时序逻辑电路一般由组合逻辑电路和存储电路两部分组成，如图10-34所示，存储电路的核心单元是触发器，它将电路的输出状态存储下来并反馈到电路的输入端，因此时序逻辑电路具有记忆功能。

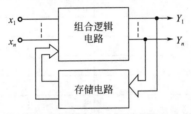

图10-34　时序逻辑电路

时序逻辑电路的特点是，任一时刻输出信号的状态不仅与当时的输入信号的状态有关，而且还与原来的电路状态有关，即与前一时刻的输入信号的状态有关。分析时序逻辑电路一定要抓住与时间有关这个关键。

1. 运用状态转换表进行分析

状态转换表是时序逻辑电路的真值表，它按时间顺序列出了每一时刻的输入状态和输出状态。需要特别注意的是，这里所说的输入状态包含该时刻输入信号的状态和前一时刻输出信号的状态。通过状态转换表可以清晰地看出时序逻辑电路的工作过程。

举例说明。图10-35所示为二-十进制计数器电路，由4个D触发器串联组成。每个D触发器的反相输出端$\overline{Q}$与本身的数据输入端D相连接，构成双稳态触发器。

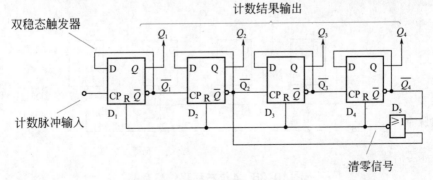

图10-35　二-十进制计数器

（1）计数脉冲从第一个双稳态触发器D_1的CP端输入，每一级的$\overline{Q}$端接入下一级的CP端，因此，每输入1个（2^0）计数脉冲，D_1就翻转一次；每输入2个（2^1）计数脉冲，D_2就翻转一次；每输入4个（2^2）计数脉冲，D_3就翻转一次；每输入8个（2^3）计数脉冲，D_4就翻转一次。

（2）或非门D_5的作用是，当输入第10个计数脉冲时输出一清零信号，使4个D触发器全部为"0"，即返回起始状态，实现了十进制计数。

（3）计数结果由Q_4、Q_3、Q_2、Q_1输出。将以上分析结果列表，就是二-十进制计数器状态转换表，见表10-1。从状态转换表中可以非常清楚地看出二-十进制计数器的工作过程。

表10-1　二-十进制计数器状态转换表

输入时序	输出状态
	$Q_4\,Q_3\,Q_2\,Q_1$
0	0 0 0 0
1	0 0 0 1
2	0 0 1 0
3	0 0 1 1
4	0 1 0 0
5	0 1 0 1
6	0 1 1 0
7	0 1 1 1
8	1 0 0 0
9	1 0 0 1
10	1 0 1 0

2. 运用时序波形图进行分析

时序波形图是以时钟脉冲为基准，将每一个输入端和每一个输出端的状态，以随时间而变化的波形的形式一一对应地画在一起。通过时序波形图能够直观地看出时序逻辑电路的工作过程。

举例说明。图10-36所示为4位右移移位寄存器电路，移存单元为4个D触发器，串行输入数据D_0在时钟脉冲CP上升沿的触发下向右移位，Q_4、Q_3、Q_2、Q_1为并行输出端，Q_4同时为串行输出端。

（1）每一个时钟脉冲CP上升沿到来时，串行输入数据D_0进入D_1，D_1数据进入D_2，D_2数据进入D_3，D_3数据进入D_4，D_4数据移出寄存器。图10-37所示为该移位寄存器的时序波形图。

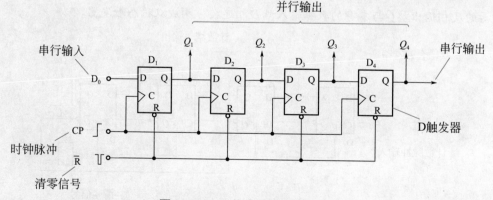

图10-36　4位右移移位寄存器

（2）移位寄存器工作过程如下：设初始状态为"0000"，从时序波形图可见，当第1个CP脉冲上升沿到来时，D_0的"1"进入触发器D_1，$Q_1=1$。当第2个CP脉冲上升沿到来时，Q_1的"1"进入触发器D_2，$Q_2=1$。以此类推，经过4个CP脉冲后，D_0的"1"到达D_4，$Q_4=1$。

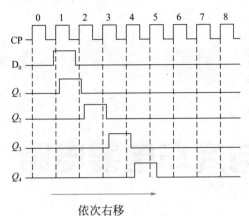

依次右移

图10-37 移位寄存器的时序波形图

（3）如果该移位寄存器有初始数据，那么经过4个CP脉冲周期后，其初始数据串行移出了寄存器，D_0的4位串行输入数据进入了寄存器。数据移位流程如图10-38所示。

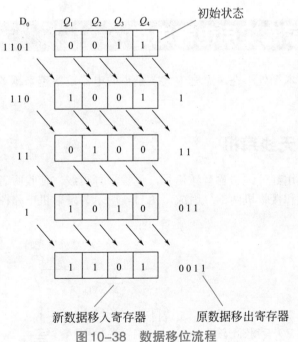

图10-38 数据移位流程

第11章

小家电与汽车电器电路

各种小家电与汽车电器电路是电子电路的重要方面，也是我们日常生活中接触最多的电子电路。本章通过若干家庭实用电器电路与汽车电器电路的分析，帮助大家掌握小家电与汽车电器电路的识图方法和技巧。

11.1　家庭实用电器电路

现代社会电子技术无处不在，家庭中大大小小的电器设备越来越多，新颖实用的小家电层出不穷。

11.1.1　红外无线耳机

红外无线耳机利用红外线传输音频信号，免除了耳机线，使收听者尽可以随意活动。红外无线耳机由发射机和接收机两部分组成，图11-1所示为发射机电路图，图11-2所示为接收机电路图。

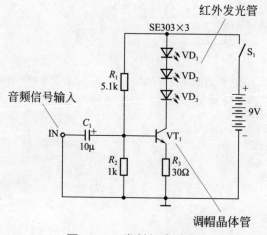

图11-1　发射机电路图

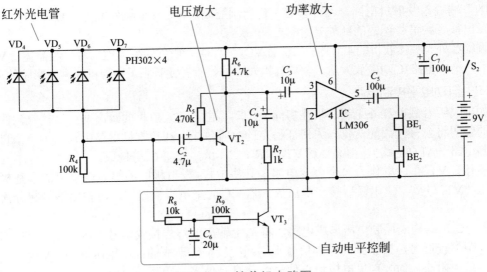

图11-2　接收机电路图

发射机电路包括晶体管VT_1构成的幅度调制电路、红外发光二极管$VD_1 \sim VD_3$构成的红外发射电路等，如图11-3方框图所示。

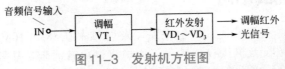

图11-3　发射机方框图

接收机电路包括红外光电二极管$VD_4 \sim VD_7$构成的红外接收电路、晶体管VT_2构成的电压放大电路、集成电路IC构成的音频功放电路、晶体管VT_3构成的自动电平控制电路等，如图11-4方框图所示。

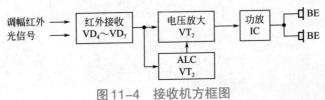

图11-4　接收机方框图

（1）电路工作原理

红外无线耳机工作原理如图11-5所示。从电视机或家庭影院耳机插孔取出的音频信号，

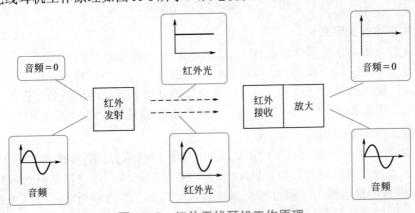

图11-5　红外无线耳机工作原理

由"IN"端输入发射机电路，经晶体管VT_1调制控制后，使3个红外发光二极管$VD_1 \sim VD_3$向外发出被音频信号调幅的红外光。

调幅红外光被接收机的4个光敏二极管$VD_4 \sim VD_7$接收并转变为电信号，经晶体管VT_2电压放大、集成电路IC功率放大后，驱动耳机发声，收听者便听到了电视机或家庭影院的声音。

（2）自动电平控制电路

如果收听者戴着红外无线耳机在房间里走动，由于与发射机的距离变化，接收到的红外信号的强弱将会有较大的变化。为保证稳定的收听效果，在接收机电路中设计了一个自动电平控制电路（ALC电路），由晶体管VT_3和R_7、R_8、R_9、C_4、C_6等构成。

晶体管VT_3在这里作为一个可变电阻，其集电极-发射极间的等效电阻取决于基极的控制电压。VT_3与R_7、C_4串联后接在电压放大器VT_2的集电极输出端，对输出信号起分流衰减作用。

R_8、C_6、R_9构成控制电压形成电路，将R_4上输出的红外接收信号电压转换为VT_3的控制电压。距离较近时，接收到的红外信号平均强度较强，形成的控制电压就高，VT_3导通程度大、等效电阻小，对VT_2集电极输出信号旁路衰减就多。距离较远时，控制电压低，VT_3导通程度小、等效电阻大，衰减就少，从而自动调节输出电平保持稳定。

11.1.2 调频无线话筒

调频无线话筒采用双管推挽式发射电路，发射频率在88 ~ 108MHz的调频广播波段，可以方便地用普通调频收音机接收，具有工作稳定、声音清晰、功耗较小、经久耐用的特点。图11-6所示为调频无线话筒电路，包括音频电路和高频电路两部分。

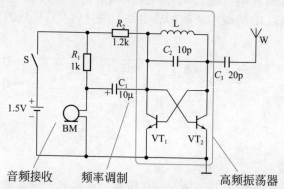

图11-6 调频无线话筒电路

（1）音频接收放大电路

音频接收放大电路由驻极体话筒BM、负载电阻R_1、耦合电容C_1等组成，其功能是拾取声音转换为电信号并进行音频放大。驻极体话筒内部包含有一个场效应管作放大用，因此拾音灵敏度较高，输出音频信号较大。声音信号引起的驻极体话筒内部场效应管漏极电流的变化，通过负载电阻R_1得到相应的电压信号，经耦合电容C_1输出至高频振荡电路。

（2）高频振荡调制电路

高频振荡调制电路由晶体管VT_1和VT_2、电阻R_2、电感L、电容C_2和C_3等组成，其功能是产生高频载波并进行调制发射。L与C_2构成LC谐振回路，该回路具有选频作用。两个晶体管VT_1、VT_2的集电极与基极互相交叉连接，并与L、C_2选频回路组成高频振荡器。经C_1耦合过来的音频信号加在VT_1集电极（也就是VT_2基极），对高频振荡信号进行频率调制，调制后的调频信号经C_3耦合至天线辐射出去。发射频率取决于LC谐振回路，调节L或C_2的大小即可改变发射频率。

11.1.3 电子催眠器

电子催眠器工作时会发出"滴、滴、滴"的模拟滴水声。专心地听着这滴水的声音，或者跟着这滴水声音数数，可以帮助失眠的朋友很快入睡。

图11-7所示为电子催眠器电路图，其中晶体管VT_1、VT_2均作为电子开关运用。电子催眠器启动后，每1.4s发出一声"滴"的滴水声，持续约1h后自动关机，这时您早已进入了甜蜜的梦乡。

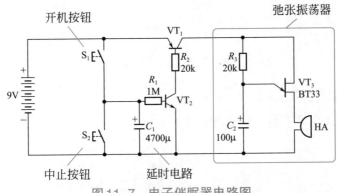

图11-7 电子催眠器电路图

（1）电路结构

电子催眠器电路由两大部分组成。电路图右半部分（VT_3、HA等）是振荡电路，产生模拟滴水声音。电路图左半部分（VT_1、VT_2、S_1、S_2等）是定时电路，产生开机、延迟关机和中止信号，定时电路控制着振荡电路的电源。图11-8所示为电子催眠器原理方框图。

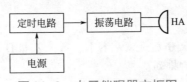

图11-8 电子催眠器方框图

（2）振荡电路工作原理

振荡电路是一个由单结晶体管VT_3等组成的弛张振荡器。单结晶体管具有负阻特性，用其组成振荡器具有电路简单、易起振、输出脉冲电流大的特点。电阻R_3与电容C_2是定时元件，电磁讯响器HA是单结晶体管VT_3的负载。

单结晶体管VT_3的第一基极b_1输出宽度约为1.2ms、脉冲间隔约为1.4s的窄脉冲，驱动讯响器HA发声，音响效果如滴水声。

 知识链接 **单结晶体管**

单结晶体管又称为双基极二极管，是一种具有一个P-N结和两个欧姆电极的负阻半导体器件。

1. 单结晶体管的种类

单结晶体管可分为N型基极单结晶体管和P型基极单结晶体管两大类，具有陶瓷封装和金属壳封装等形式。图11-9所示为常见单结晶体管。

图11-9　单结晶体管

2. 单结晶体管的符号

单结晶体管的文字符号为"V"，图形符号如图11-10所示。

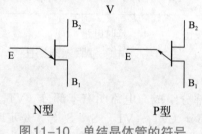

图11-10　单结晶体管的符号

3. 单结晶体管的管脚

单结晶体管共有三个管脚，分别是发射极E、第一基极B_1和第二基极B_2 。图11-11所示为两种典型单结晶体管的管脚排列。

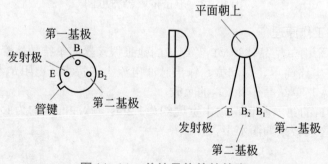

图11-11　单结晶体管的管脚

4. 单结晶体管的参数

单结晶体管的主要参数有分压比、峰点电压与电流、谷点电压与电流、调制电流、耗散功率等。

（1）分压比η是指单结晶体管发射极E至第一基极B_1间的电压（不包括P-N结管压降）占两基极间电压的比例。η是单结晶体管很重要的参数，一般在0.3～0.9之间，是由管子内部结构所决定的常数。

（2）峰点电压U_P是指单结晶体管刚开始导通时的发射极E与第一基极B_1间的电压，其所对应的发射极电流叫做峰点电流I_P，如图11-12所示。

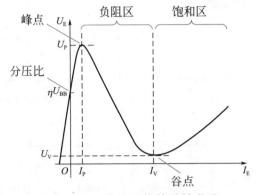

图11-12　单结晶体管特性曲线

（3）谷点电压U_V是指单结晶体管由负阻区开始进入饱和区时的发射极E与第一基极B_1间的电压，其所对应的发射极电流叫做谷点电流I_V，如图11-12所示。

（4）调制电流I_{B2}是指发射极处于饱和状态时，从单结晶体管第二基极B_2流过的电流。

（5）耗散功率P_{B2M}是指单结晶体管第二基极的最大耗散功率。这是一项极限参数，使用中单结晶体管实际功耗应小于P_{B2M}并留有一定余量，以防损坏。

5.　单结晶体管工作原理

单结晶体管最重要的特点是具有负阻特性，如图11-12特性曲线中负阻区所示。

单结晶体管的基本工作原理如图11-13所示（以N基极单结晶体管为例）。当发射极电压U_E大于峰点电压U_P时，P-N结处于正向偏置，单结晶体管导通。随着发射极电流I_E的增加，大量空穴从发射极注入硅晶体，导致发射极与第一基极间的电阻急剧减小，其间的电位也就减小，呈现出负阻特性。

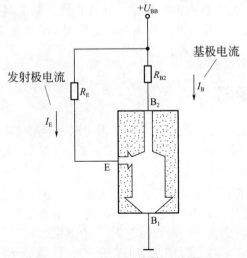

图11-13　单结晶体管工作原理

6. 单结晶体管的用途

单结晶体管的主要用途是组成脉冲产生电路，包括弛张振荡器、波形发生器等，并可使电路结构大为简化，还可用作延时电路和触发电路等。

11.1.4　充电式催眠器

充电式催眠器电路如图11-14所示，电路由三部分组成：①由二极管VD和R_1构成的充电电路，其作用是为储能电源充电。②由电容器C_1构成的储能电源，为振荡电路提供工作电源。③由晶体三极管VT、R_2、C_2以及扬声器BL等构成的弛张振荡器，产生催眠声响。

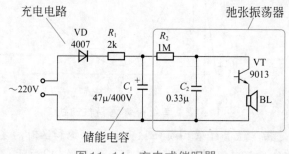

图 11-14　充电式催眠器

充电式催眠器是利用晶体三极管的负阻特性设计的，电路工作原理如下。

接通市电电源后，220V交流电由二极管VD直接整流为直流脉动电压，通过R_1向C_1充电。由于R_1阻值较小，C_1上电压很快被充至直流脉动电压的峰值310V左右。C_1所储存的电能作为振荡电路的工作电源，使R_2、C_2与VT等构成的弛张振荡器起振，每一次VT击穿导通后，C_2的放电电流就使扬声器发出"嘀"的一声声响。

断开220V市电电源后，C_1所储存的电能继续为振荡电路提供工作电源，维持弛张振荡器振荡。但随着C_1所储存电能的逐渐减少，弛张振荡器的频率也逐渐降低，扬声器发出"嘀"声的时间间隔相应地越来越长，总的效果是该催眠器发出了"嘀"、"嘀"、"嘀"……的由密集到稀疏的滴水声。当C_1所储存电能基本耗尽时，催眠器发出的滴水声也就停止了。

适当调节R_2、C_2的大小可以改变滴水声的节奏，以达到最适合自己的催眠音响效果。催眠器断开220V市电电源后的工作时间与C_1的大小成正比，本催眠器的工作时间约为15min，可通过改变C_1来增加或减少工作时间。使用时，将催眠器充电插头插入220V市电电源插座数秒钟后拔下，即可放在枕边听着滴水声安睡了。

11.1.5　雷电测距器

打雷时你也许会想：这雷电离我们有多远？雷电测距器就可以立即回答这样的问题。雷电测距器采用两位LED数码管显示，能够直观地告诉我们雷电的距离。

（1）电路工作原理

打雷时，我们总是先看到闪电，然后才听到雷声，这是因为打雷时产生的光和声的传播速度不一样。光波的速度是每秒30万公里，而声波的速度约是每秒340米（15℃空气中）。距离越远，从看到闪电到听到雷声的时间差越大。雷电测距器就是根据这个原理工作的。

图11-15所示为雷电测距器电路图，由时钟脉冲、计数显示、控制等部分组成，具体是：①与非门D_1、D_2组成的自激多谐振荡器，产生周期为295ms的时钟脉冲，作为测距计

数的信号源。②CMOS-LED组合电路IC$_1$、IC$_2$级联组成的两位（1位整数位，1位小数位）计数显示电路，直观显示测距结果。③与非门D$_3$、D$_4$构成的RS触发器，与微分电路C$_2$、R$_3$，测距按钮开关S$_2$等组成控制部分，控制整个测距器的工作过程。图11-16所示为雷电测距器原理方框图。

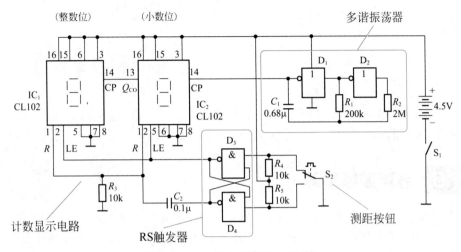

图11-15　雷电测距器电路图

电路工作原理是，时钟脉冲的周期为295ms，声波在295ms中正好传输了100m。记录下从看到闪电到听到雷声这段时间里时钟脉冲的个数，再乘以100m，即是雷电的距离。控制部分在测距按钮开关的控制下，产生清零脉冲和送数/锁存脉冲，控制着计数显示电路正确计数并显示测距结果。电路各部分工作波形如图11-17所示。

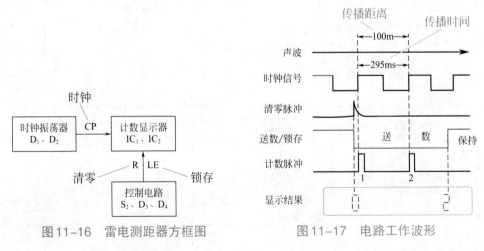

图11-16　雷电测距器方框图　　　图11-17　电路工作波形

（2）CMOS-LED组合电路

IC$_1$和IC$_2$选用CMOS-LED组合电路CL102，由CMOS数字电路与LED数码管组合在一起封装而成，减少了显示装置的连线，提高了可靠性。

CL102内部电路如图11-18所示，包括十进制计数器、锁存器、译码驱动器和7段LED数码管。时钟脉冲由CP端送入计数器计数，计数结果经锁存器送入译码驱动器译码后，驱动7段LED数码管显示。当LE＝1时，锁存器处于锁存状态，将此时的计数结果锁存并稳定地显示出来。

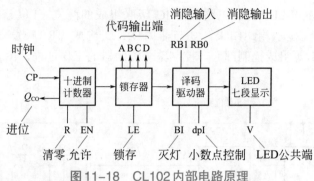

图11-18 CL102内部电路原理

使用时手持雷电测距器,当看到闪电时迅速按下测距按钮(按住不放),当听到雷声时迅速放开测距按钮,这时LED数码管便会显示出雷电的距离。

11.1.6 超声波探测器

超声波探测器既不发光也不发声,可以在黑暗环境中探测出前方一定范围内的障碍物。超声波探测器工作原理类似于蝙蝠,其发射装置向前方发射看不见听不到的超声波束。超声波束遇到障碍物时会被反射回来,由接收装置接收后处理成为音响信号。这样,通过听觉便"看见"了一定距离内的障碍物。根据音响信号的大小,还可以判断出障碍物的远近。

(1)电路结构与工作原理

图11-19所示为超声波探测器电路图,由发射电路和接收电路两部分组成。发射电路包括时基电路IC_1等构成的音频振荡器,时基电路IC_2等构成的超音频振荡器。接收电路包括非门D_1、D_2、D_3等构成的超音频放大器,C_3、VD_1、VD_2等构成的倍压检波器,非门D_4、D_5、D_6等构成的音频放大器,晶体管VT构成的射极跟随器。

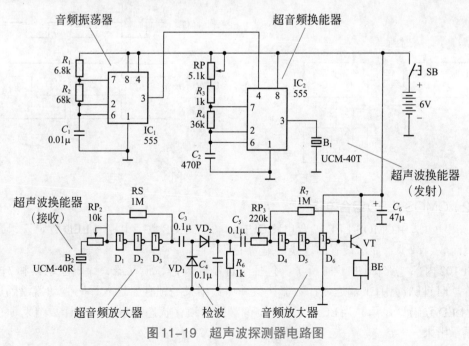

图11-19 超声波探测器电路图

超声波探测器工作原理是，发射电路中的超音频振荡器产生的40kHz超音频振荡信号，被音频信号调制后，通过超声波换能器向外发射超声波束。接收电路中的超声波换能器接收到障碍物反射回来的超声波回波后，将其转换为电信号，经超音频放大、检波、音频放大后，使耳机发声。声音大小与接收到的超声波回波的强弱、即与障碍物的距离有关。图11-20所示为超声波探测器原理方框图。

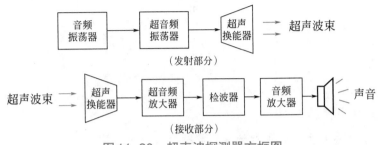

图11-20　超声波探测器方框图

（2）发射电路

发射电路由两个多谐振荡器组成。第一个多谐振荡器（IC_1）是音频振荡器，产生1kHz音频信号去调制第二个多谐振荡器。第二个多谐振荡器（IC_2）是超音频振荡器，振荡频率为40kHz（超声波频率）。

第二个多谐振荡器（IC_2）还是一个门控振荡器，555时基电路的复位端$\overline{MR}$（第4脚）没有直接接电源，而是接在IC_1的输出端（第3脚），这样一来，IC_2振荡与否便由IC_1的输出信号控制。IC_2第3脚的输出信号是间歇性的脉冲串，并驱动超声波换能器B_1发射被1kHz音频调制的超声波。

（3）接收电路

接收电路由两个CMOS电压放大器、检波器、射极跟随器等组成。当超声波换能器B_2接收到40kHz的超声波回波信号后，经超音频电压放大器（D_1、D_2、D_3）放大，倍压检波器（VD_1、VD_2）检波，得到1kHz音频信号。再经音频电压放大器（D_4、D_5、D_6）电压放大，射极跟随器（VT）电流放大后，驱动耳机发声。

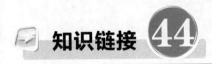

知识链接 44　超声波换能器

超声波换能器是工作于超声波范围的电声器件，其特点是能够将超声波转换为电信号，或者将电信号转换为超声波。

1. 超声波换能器的种类

超声波换能器包括超声波发射器和超声波接收器两大类，超声波发射器的功能是将电信号转换为超声波信号发射出去，超声波接收器的功能是将接收到的超声波信号转换为电信号，也有些超声波换能器同时兼具发射和接收功能。图11-21所示为常见超声波换能器。

图11-21　超声波换能器

超声波换能器具有多种类型，包括压电式、磁致伸缩式、电磁式等，最常用的是压电式超声波换能器。

2. 超声波换能器的符号

超声波换能器的文字符号为"B"，图形符号如图11-22所示。

图11-22　超声波换能器的符号

3. 超声波换能器的参数

超声波换能器的参数主要是中心频率、灵敏度、指向角等。

（1）中心频率就是压电晶片的共振频率。超声波换能器的中心频率有许多规格，从20kHz到数MHz都有。最常见的是中心频率为40kHz的超声波换能器。

（2）灵敏度是反映超声波换能器转换能力和效率的参数。灵敏度越高，对于超声波发射器来说所需发射功率就越低，对于超声波接收器来说接收微弱超声波信号的能力就越强。

（3）指向角是指超声波换能器灵敏度随超声波入射方向而变化的特性。超声波换能器的指向角一般为40°～80°。

4. 超声波换能器工作原理

超声波换能器的特点是能够完成超声波与电信号之间的相互转换。超声波换能器的核心是压电晶体，它是利用压电效应原理工作的。

超声波换能器内部结构如图11-23所示，由压电晶片、锥形共振盘、引脚、底座、外壳和防护网等部分组成。

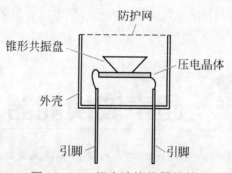

图11-23　超声波换能器结构

超声波发射器的工作原理是，当通过引脚给压电晶片施加超声频率的交流电压时，压电晶片产生机械振动向外辐射超声波。超声波接收器的工作原理是，当超声波作用于压电晶片使其振动时，压电晶片产生相应的交流电压通过引脚输出。锥形共振盘的作用是使发射或接收的超声波能量集中，并保持一定的指向角。

5. 超声波换能器的用途

超声波换能器的主要作用是超声波发射、超声波接收、超声波探测等。超声波换能器在遥控、遥测、无损探伤、医学检查等领域被广泛应用。

11.1.7 数字显示温度计

数显温度计采用3位LED数码管显示，可以测量-50℃～+100℃的温度，测量误差不大于0.5℃，具有测量范围宽、测量精度高、反应速度快、测量结果直观易读、便于远距离遥测和计算机控制等显著优点。该数显温度计不仅可以测量气温，若将温度传感器用导线连接出来，还可以用于测量水温、体温等。

数显温度计电路如图11-24所示，由温度传感器、测温电桥、基准电压、模数转换、译码驱动、显示电路、电源电路等部分组成。图11-25所示为电路原理方框图。

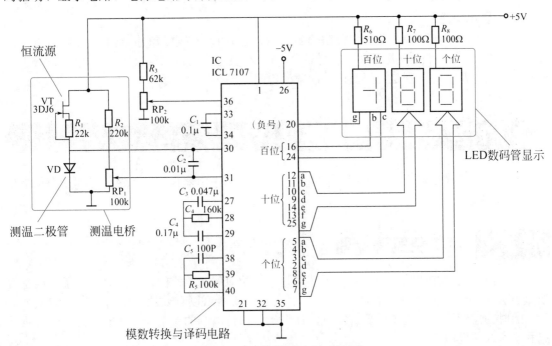

图11-24　数显温度计电路图

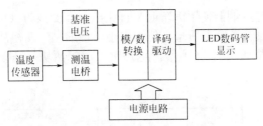

图11-25　数显温度计方框图

（1）温度测量电路

温度传感器采用常用的硅二极管1N4148。我们知道，P-N结的正向压降具有负的温度系数，并且在一定范围内基本呈线性变化，因此，半导体二极管可以作为温度传感器使用。硅二极管1N4148的正向压降温度系数约为-2.2mV/℃，即温度每升高1℃，正向压降约减小2.2mV，这种变化在-50℃～+150℃范围内非常稳定，并具有良好的线性度。如果用恒流源为测温二极管提供恒定的正向工作电流，可进一步改善温度系数的线性度，使测温非线性误差小于0.5℃。

VT、R_1、VD、R_2、RP_1等组成测温电桥。VD是作为温度传感器的测温二极管。场效应管VT与R_1构成恒流源，为VD提供恒定的正向电流。R_2和电位器RP_1构成电桥的另两个臂。

电桥的上下两端点接入直流工作电压，左右两端点（VD正极、RP_1动臂）输出代表温度函数的差动信号电压，其中，RP_1动臂为固定参考电压，VD正极为随温度变化的函数电压。

（2）模数转换与译码驱动电路

模数转换与译码驱动电路由三位半双积分A/D转换驱动集成电路ICL7107构成，其功能是将测温电桥输出的代表温度函数的模拟信号电压转换为数字信号，进行处理后去驱动显示电路。

ICL7107内部包含有双积分A/D（模/数）转换器、BCD七段译码器、LED数码管驱动器、时钟和参考基准电压源等，能够把输入的模拟电压转换为数字信号，并可直接驱动LED数码管显示，还具有自动调零、自动显示极性、超量程指示等功能。

（3）显示电路

显示电路采用了3只7段共阳极LED数码管，在ICL7107电路的控制下，将温度测量结果显示出来。由于百位的数码管只需要显示"1"和负号，所以只连接了它的"b、c、g"三个笔画。R_6、R_7、R_8分别是三只数码管的限流电阻。

▶ 11.2　汽车电器电路

现在小汽车越来越多地进入寻常百姓家，各种车用小电器也越来越多，给驾车出行提供了更多的方便。

11.2.1　汽车空气清新器

驾车出游是件愉快的事，但是车内环境是一个相对闭塞的空间，驾车时间长了车内空气质量就会下降，使人们感到有所不适。汽车空气清新器可以有效改善车内小环境的空气质量，随时为您营造大海边般的新鲜空气，使您始终保持清醒的头脑和充沛的精力，时刻维护您和您家人的健康与安全。

（1）电路构成原理

汽车空气清新器通过点烟器使用汽车12V直流电源，变换为3000V直流高压使空气电离产生大量负离子，从而改善了空气质量，使车内小环境的空气变得清新宜人。

汽车空气清新器电路如图11-26所示，电路中采用了两块时基电路（IC_1、IC_2），分别构

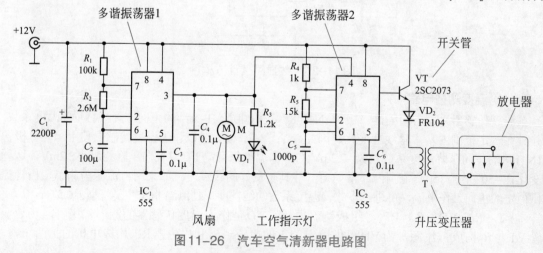

图11-26　汽车空气清新器电路图

成定时控制器和高频振荡器，晶体管VT等构成开关电路，T为升压变压器，M为微型风扇。图11-27所示为整机原理方框图。

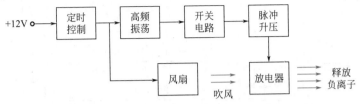

图11-27 汽车空气清新器方框图

（2）高频振荡器

高频振荡器由时基电路IC_2与R_4、R_5、C_5等构成，这是一个多谐振荡器，R_4、R_5、C_5为定时元件，决定电路的振荡频率f，$f=\dfrac{1.4}{(R_4+2R_5)C_5}$，$IC_2$的第3脚输出约为48kHz的高频脉冲电压。

（3）高压放电电路

当IC_2输出端（第3脚）为高电平时，开关管VT导通，12V电源经二极管VD流经变压器T的初级绕组。当IC_2输出端（第3脚）为低电平时，开关管VT截止，变压器T储存的能量通过其次级释放。

由于变压器T的初、次级变压比达1：300，次级脉冲电压高达3000V以上，通过放电器的尖端放电使空气电离而产生负离子。风扇M的作用是使负离子更快更好地扩散到周围空气当中去。

（4）定时控制器

时基电路IC_1与R_1、R_2、C_2等组成另一个多谐振荡器，这是一个超低频振荡器，振荡周期约为6min，其输出端（第3脚）输出为脉宽180s、间隔180s的方波。

高频振荡器IC_2的复位端（第4脚）受IC_1输出端（第3脚）的控制。当IC_1输出端为高电平时IC_2振荡。当IC_1输出端为低电平时IC_2停振，输出端恒为低电平。IC_1与IC_2共同作用的结果是，电路工作3min、暂停3min，间歇性地产生负离子。

风扇电动机M也受IC_1输出端的控制，与IC_2同步工作。发光二极管VD_1是负离子发生电路工作指示灯。

11.2.2 车载MP3转发器

MP3转发器可以将MP3播放器的音乐或歌曲转发至汽车的音响系统进行播放，使您在驾车出游途中随时可以欣赏到高保真的立体声乐曲，而且可以与同车人共享，既拓展了MP3播放器的功能（个人聆听扩展为多人同时聆听），也拓展了汽车音响系统的音源（MP3可以随时下载更新自己喜爱的歌曲）。

MP3转发器实际上是一个使用汽车12V直流电源的调频立体声转发器，它将MP3播放器输出的立体声音频信号用调频方式发射出去，利用汽车上现有的调频收音机接收播放。其最大的方便之处是，不需要对汽车原有音响电路进行任何改动。

MP3转发器电路如图11-28所示，电路中采用了调频立体声发射器专用集成电路BA1404（IC_1），因此电路简洁、音质好、调试简单、工作可靠。

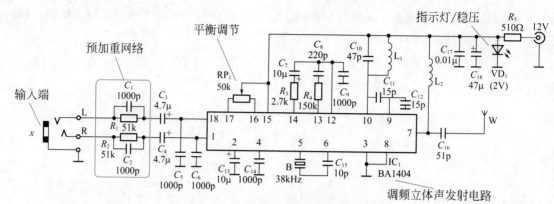

图 11-28　MP3 转发器电路

（1）专用集成电路

BA1404 是专为调频立体声发射机设计的单片集成电路，内部电路结构如图 11-29 所示，包含有立体声放大器、平衡调制器、38kHz 振荡器、射频振荡器、射频放大器等单元电路，接上少量外围元器件即可构成完整的立体声调制和发射电路，发射频率在 88 ～ 108MHz 调频广播范围内，由外接 LC 回路决定。

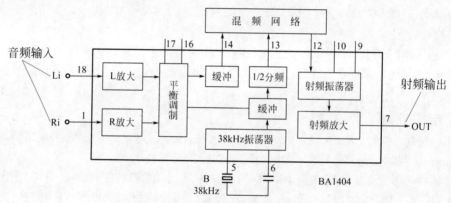

图 11-29　BA1404 结构原理

（2）电路工作原理

左、右声道音频信号分别由第 18 脚和第 1 脚输入 IC_1（BA1404），由内部的 L 放大器和 R 放大器分别放大后，进入平衡调制器，调制后的立体声信号由第 14 脚输出。

R_1 与 C_1（R_2 与 C_2）构成时间常数为 50μs 的输入端预加重网络，以与调频收音机的频率特性相配合。C_3、C_5 是输入耦合电容。RP_1 为平衡调节电位器。

38kHz 振荡器需外接 38kHz 晶体，振荡信号经缓冲和 1/2 分频后，由第 13 脚输出 19kHz 的导频信号。R_3、C_7、R_4、C_8 构成混频网络，将第 14 脚输出的立体声信号与第 3 脚输出的导频信号混频为复合信号，再由第 12 脚进入 IC_1，去调制射频信号。

L_1、C_{10}、C_{11}、C_{12} 通过第 10 脚和第 9 脚与 IC_1 内电路组成射频振荡器，振荡频率取决于 L_1、C_{10}，约为 92MHz。被复合信号调制后的射频信号经内部射频放大器放大后，从第 7 脚输出，由 C_{16} 耦合至天线 W 发射出去。

（3）供电电路

集成电路 BA1404 电源电压允许范围为 1.0 ～ 2.5V，汽车 12V 电源必须经降压后方可作为工作电源。R_5 为降压电阻，VD_1 为稳压管，这里采用发光二极管代作稳压管。发光二极管管压降一般为2V，具有一定的稳压特性，同时兼作工作指示灯，一举两得。C_{17}、C_{18}为电源滤波电容。

11.2.3 酒后驾车报警器

酒后驾车是十分危险的，也是交通安全法规所严格禁止的。酒后驾车报警器能够自动检测驾车者是否饮酒，如检测到驾车者已饮酒即发出强烈的声光报警，提醒驾车者不能开车，也提醒同车人员劝阻饮酒者开车，以保证安全。

酒后驾车报警器电路如图11-30所示，由酒精气敏传感器、射极跟随器、电子开关、多谐振荡器和声、光报警电路等部分构成，图11-31所示为其原理方框图。

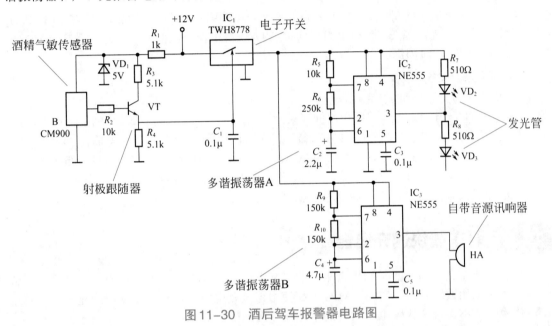

图11-30 酒后驾车报警器电路图

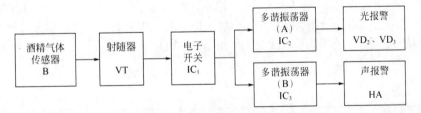

图11-31 酒后驾车报警器方框图

（1）酒精检测电路

B为酒精气敏传感器CM900，其输出端电压会随着环境中酒精气体浓度的增加而升高。晶体管VT构成射极跟随器，以提高传感器B的输出负载能力，缓冲后续控制电路对传感器的影响。

平时，传感器B输出端电压为"0"，VT截止输出也为"0"，后续电路不工作。

当有饮酒者在其近处时，传感器B感受到周围环境中的酒精气体分子，其输出端电压随即上升，VT射极输出电压也同步上升，当该电压达到电子开关IC_1的开启电压时，IC_1接通声、光报警电路的电源，发出声、光报警信号。

由于传感器B的工作电压为5V，因此将汽车12V电源经R_1降压、VD_1稳压为5V后作为B和VT的工作电压。

（2）电子开关电路

IC$_1$为高速电子开关集成电路TWH8778，其第5脚为控制极，控制电压约为1.6V，通过控制电压的有无即可快速控制后续负载电路的通断。

当IC$_1$第5脚无控制电压时，电子开关关断，第1脚与第2脚之间截止。当IC$_1$第5脚有控制电压时，电子开关打开，第1脚与第2脚之间导通，+12V电源加至IC$_2$、IC$_3$使其工作。TWH8778内部包含有过压、过流和过热等保护电路，工作稳定可靠。

（3）光报警电路

IC$_2$及其外围元器件组成光报警电路。时基电路IC$_2$构成多谐振荡器，输出周期约为800ms的方波。

IC$_2$第3脚对电源和对地分别接有发光二极管VD$_2$和VD$_3$，当第3脚输出为+12V时，VD$_3$获得工作电压而发光。当第3脚输出为0V时，VD$_2$获得工作电压而发光。综合效果是VD$_2$与VD$_3$以0.4s的间隔轮流闪烁。

（4）声报警电路

IC$_3$及其外围元器件组成声报警电路。时基电路IC$_3$也构成多谐振荡器，但R_9与R_{10}阻值相等，C_4充电时间（经过R_9、R_{10}）是放电时间（只经过R_{10}）的两倍，IC$_3$第3脚输出的是不对称方波。

当IC$_3$第3脚输出为+12V时，自带音源讯响器HA发声。当IC$_3$第3脚输出为"0"时，自带音源讯响器HA停止发声。综合效果是讯响器响1s、停0.5s、再响1s、再停0.5s……

将报警器固定在汽车仪表盘上，电源线插头插入汽车点烟器。当酒后驾车者欲开车时，报警器迅即发出强烈的声、光报警信号予以警示。

11.2.4 车载快速充电器

车载快速充电器的功能是利用汽车上的12V电源为镍氢充电电池快速充电。许多时尚数码电子产品例如数码相机、MP3、MP4等都使用镍氢充电电池，有了车载快速充电器，驾车出游休闲时就不必再为数码电子设备的电池耗尽而烦恼了。

车载快速充电器电路如图11-32所示。电路中IC采用了镍氢电池快速充电控制集成电路MAX712，可对两节镍氢充电电池进行全自动快速充电。VT为充电电流控制晶体管。R_5为取样电阻，R_1为降压电阻。发光二极管VD$_1$为工作指示灯，VD$_2$为快充指示灯。整机输入电源为12V。

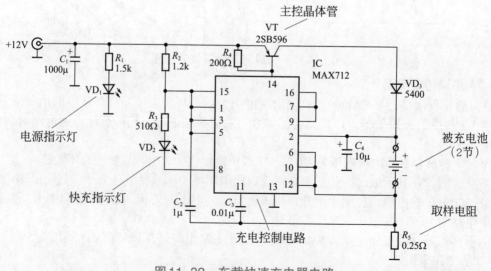

图11-32　车载快速充电器电路

（1）充电控制集成电路

充电控制集成电路MAX712内部包含有定时器、电压增量检测器、温度比较器、欠压比较器、控制逻辑单元、电流电压调节器、充电状态指示控制电路、基准电压源和并联式稳压器等。图11-33所示为MAX712各引脚功能。

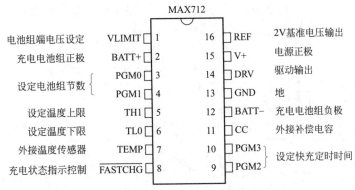

图11-33　MAX712各引脚功能

MAX712具有较完备的智能充电控制与检测功能，其特点为：①可以为1～16节镍氢电池（串联）充电。②快速充电电流可在$\frac{1}{3}C$～$4C$之间选择（C为镍氢充电电池的额定容量）。③具有电压增量检测法（ΔV法）、定时法、温度监测法三种结束快速充电的方式可供选用。④基本充满后自动由快速充电转为$\frac{1}{16}C$的涓流充电。⑤具有充电状态指示功能。⑥具有被充电池电压检测控制功能。

本电路中，MAX712连接成对两节镍氢电池串联充电模式，设定镍氢电池容量为2000mA·h，充电时间为180min，快速充电电流为1A（充电率$\frac{1}{2}C$），涓流充电电流为125mA（$\frac{1}{16}C$）。选用电压增量检测法，当被充电池电压的增量为"0"（$\Delta V/\Delta t = 0$）时，结束快速充电转为涓流充电。

（2）电路工作过程

接通12V电源，VD_1（红色LED）亮。当接入两节镍氢充电电池后，IC首先对被充电池进行检测，如果单节电池的电压低于0.4V，则先用涓流充电，待单节电池电压上升到0.4V以上时，才开始快速充电，快充指示灯VD_2（绿色LED）亮。

IC内部电路通过检测取样电阻R_5上的电压降来监测和稳定快充电流。如果R_5上电压降小于250mV，IC驱动输出端DRV（第14脚）则使控制晶体管VT增加导通度以增加充电电流，反之则减小充电电流，以保持恒流充电。

当被充电池基本充满、电压不再上升时（即电池端电压的增量为"0"时），IC内部电压增量检测器将检测结果送入控制逻辑单元处理后，通过电流电压调节器使电路结束快速充电过程并转入涓流充电，同时通过第8脚使快充指示灯VD_2熄灭，直到切断12V电源为止。

12.2.5 车载逆变电源

节假日与亲友一起驾车出游是大多数有车一族的现代休闲方式。车载逆变电源的功能是将汽车上的12V直流电源转换为220V交流电源，作为电水壶、电烤炉、电吹风、电须刀、电子荧光灯等电器设备的电源，为你驾车外出休闲时使用电炊具等提供方便。

（1）电路原理

图11-34所示为车载逆变电源的电路图，该电路实际上是一个数字式准正弦波DC/AC逆变器，具有以下特点：①采用开关电源电路，转换效率高达90%以上，自身功耗小。②输入直流电压12V，输出交流电压220V。③额定输出功率300W，可以扩容至1000W以上。④采用2kHz准正弦波形，无需工频变压器，体积小重量轻。

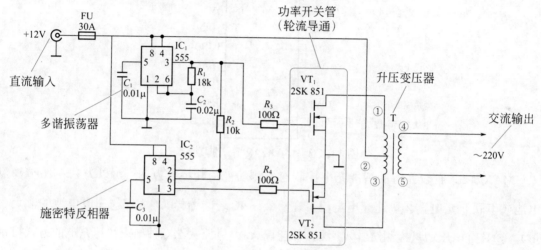

图11-34　车载逆变电源电路图

车载逆变电源电路包括多谐振荡器、反相器、开关电路、升压电路等部分组成，如图11-35原理方框图所示。电源逆变原理是，多谐振荡器和反相器组成逆变控制信号源，控制开关电路和升压电路的工作；开关电路和升压电路组成逆变主体，将汽车上的12V直流电压转变为220V交流电压。

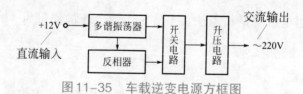

图11-35　车载逆变电源方框图

（2）控制信号源电路

时基电路IC_1构成对称型多谐振荡器，振荡频率2kHz，占空比1∶1，从其第3脚输出完全对称的方波脉冲。时基电路IC_2构成施密特触发器，作为反相器使用，将IC_1输出的方波脉冲倒相后输出。

IC_1与IC_2的第3脚分别输出互为反相的方波脉冲，作为逆变主体电路的控制信号，分别经电阻R_3、R_4控制大功率开关管VT_1、VT_2轮流导通。由于时基电路输出端具有200mA的驱动能力，因此可以直接驱动大功率开关管工作。

（3）逆变主体电路

大功率场效应管VT_1和VT_2是逆变开关管，与变压器T一起完成电源逆变任务。当IC_1第3脚输出为"+12V"时，开关管VT_1导通（此时VT_2截止），+12V电源通过变压器T初级的上半部分（②端→①端）经VT_1到地。

当IC_2第3脚输出为"+12V"时，开关管VT_2导通时（此时VT_1截止），+12V电源通过变压器T初级的下半部分（②端→③端）经VT_2到地。通过变压器T的合成和升压，在其次级即可获得220V的交流电压，其频率约为2kHz。

由于变压器线圈对高频成分的阻碍，其次级的波形已不是方波，可称之为准正弦波。采用较高频率的准正弦波形，有利于提高效率和革除工频变压器，也能使大多数电器正常工作。大功率场效应管VT_1、VT_2均工作于开关状态，因此管子自身功耗并不很大。

（4）输出功率的扩容

如需输出更大功率，可选用更大电流的功率场效应管，也可采用两管并联的方法提高输出功率。

11.2.6 汽车冷热两用恒温箱

汽车冷热两用恒温箱采用半导体电制冷技术，既可以致冷，又可以致热，箱内温度可在0～50℃范围内调节，并且具有自动恒温控制功能，无噪声、无污染、绿色环保，是驾车出行时的好伴侣，夏天可以用它来携带冷饮，冬天可以用它来保温饭菜，使旅途变得像在家里一样方便。

汽车冷热两用恒温箱电路如图11-36所示，由测温电路、控制电路、半导体制冷/制热组件等部分组成，使用汽车12V电源。

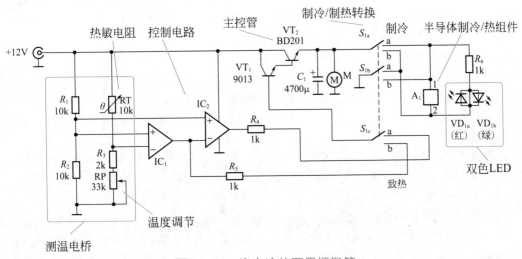

图11-36 汽车冷热两用恒温箱

（1）半导体制冷/制热原理

A_1为半导体制冷/制热组件，它是利用半导体的珀尔帖效应实现电制冷的一种器件，其原理结构如图11-37所示，由半导体温差电偶元件、导流片、导热板等组成。

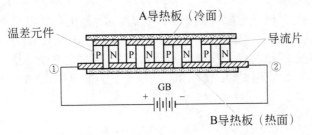

图11-37 半导体制冷/制热组件

一对P、N型半导体材料即构成一个温差电偶元件，当电流从P型半导体流向N型半导体时，PN接头处会吸收热量，如图11-38（a）所示。当电流从N型半导体流向P型半导体时，NP接头处会释放热量，如图11-38（b）所示。

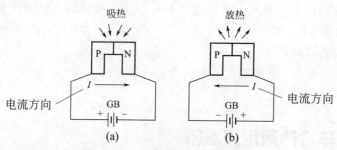

图11-38　温差电偶工作原理

半导体温差电制冷组件一般由若干个温差电偶元件组成，它们在电气上是串联的，电流依次通过各个温差电偶元件。而这些温差电偶元件在热交换上是并联的，所有的PN接头与A导热板紧密接触，所有的NP接头与B导热板紧密接触，A、B导热板均由陶瓷等绝缘材料制成。

当按图11-37所示方向给半导体温差电制冷组件加上直流电源时，电流从①端流向②端，A导热板即形成组件的冷面（吸热面），B导热板即形成组件的热面（放热面）。如果将直流电源正、负极颠倒，使电流从②端流向①端，则B导热板成为组件的冷面（吸热面），A导热板成为组件的热面（放热面）。可见，半导体温差电制冷组件具有逆运用功能，可以方便地实现制冷与制热的转换。

（2）温度控制原理

集成运算放大器IC_1、IC_2等组成温度控制电路，R_1、R_2、RT及R_3+RP构成测温电桥，RT为负温度系数热敏电阻，RP为设定温度调节电位器。当温度发生变化时，测温电桥输出误差信号，经集成运放IC_1放大后控制半导体电制冷组件的工作状态，使恒温箱内的温度保持在设定的温度值。

S_1为制冷/制热转换开关，双色发光二极管VD_1为工作状态指示灯，M是强制散热用微型风扇。电路特点是只用一个测温元件（热敏电阻）和一套控制电路，兼做制冷控制和制热控制。

（3）制冷过程

当S_1置于"制冷"挡时，电路为制冷工作状态。集成运放IC_1、IC_2的"+"输入端均被R_1、R_2组成的分压器偏置在$1/2V_{CC}$（即6V）处，IC_1的"－"输入端接热敏电阻RT。

当箱内温度高于设定温度时，RT阻值变小，IC_1输出端为低电平，经IC_2倒相为高电平使控制管VT_1、VT_2导通，组件A_1通电制冷，双色发光二极管VD_1的b管芯发绿光，指示正在制冷。

当箱内温度下降到设定温度以下时，IC_1输出端变为高电平，经IC_2倒相为低电平使控制管VT_1、VT_2截止，组件A_1停止制冷，绿灯熄灭。调节RP可改变制冷设定温度。

（4）制热过程

当S_1置于"制热"挡时，电路为制热工作状态。IC_1输出端的电平不经IC_2倒相直接控制VT_1、VT_2。当箱内温度低于设定温度时，RT阻值变大，IC_1输出端为高电平，控制管VT_1、VT_2导通，组件A_1通电制热，双色发光二极管VD_1的a管芯发红光，指示正在制热。

当箱内温度上升到设定温度以上时，IC_1输出端变为低电平，VT_1、VT_2截止，组件A_1停止制热，红灯熄灭。调节RP同样可改变制热设定温度。